U0183780

体系仿真技术

Simulation Technology for System of Systems

黄晓冬　何　友　谢孔树　蔺美青　著

電子工業出版社
Publishing House of Electronics Industry
北京 · BEIJING

内 容 简 介

本书围绕复杂体系仿真系统的开发实践需求，以“高性能、高精度、高逼真、高可信”为目标，通过将大型复杂体系仿真软件的开发作为软件工程的一个特例，从软件工程的角度揭示了体系仿真系统的开发与执行过程。同时，运用反射式面向对象和离散事件仿真理论，详细介绍了自主研发的体系仿真平台技术及应用案例，展示了作者团队的最新研究成果。

本书适合高等院校相关专业本科生、研究生，军用仿真行业科研和从业人员参考阅读。

未经许可，不得以任何方式复制或抄袭本书之部分或全部内容。
版权所有，侵权必究。

图书在版编目（CIP）数据

体系仿真技术/黄晓冬等著. —北京：电子工业出版社，2022.12
ISBN 978-7-121-44586-6

Ⅰ. ①体… Ⅱ. ①黄… Ⅲ. ①系统仿真 Ⅳ. ①TP391.9

中国版本图书馆 CIP 数据核字（2022）第 221970 号

责任编辑：张正梅
印　　刷：天津画中画印刷有限公司
装　　订：天津画中画印刷有限公司
出版发行：电子工业出版社
　　　　　北京市海淀区万寿路 173 信箱　　邮编：100036
开　　本：720×1000　1/16　印张：16.75　字数：348 千字
版　　次：2022 年 12 月第 1 版
印　　次：2022 年 12 月第 1 次印刷
定　　价：98.00 元

凡所购买电子工业出版社图书有缺损问题，请向购买书店调换。若书店售缺，请与本社发行部联系，联系及邮购电话：(010)88254888，88258888。

质量投诉请发邮件至 zlts@phei.com.cn，盗版侵权举报请发邮件至 dbqq@phei.com.cn。

本书咨询联系方式：zhangzm@phei.com.cn。

序

半个多世纪以来，仿真技术在各类应用需求的牵引及有关学科技术的推动下，已经形成了较完整的专业技术体系，并迅速发展为一项通用性、战略性技术。仿真技术与高性能计算一起，已经成为继理论研究、实验研究之后，第三种认识、改造客观世界的手段。当前，仿真技术已渗透和影响到国计民生、国家安全和社会生活等领域的方方面面，且伴随着大数据、云计算、区块链、智联网和元宇宙等新概念、新应用、新模态的横空出世，新一代仿真技术必将赋能各方，推动实现人类社会、信息空间和物理空间的融合发展。尤其在军事应用领域，战争的资源消耗巨大、破坏性极强、结果难以预料，鉴于仿真技术具有经济性和可重复性的天然优势，人们对未来战争的研究和实践将越来越依赖于仿真技术。

体系仿真是以体系为研究实践对象的仿真活动。体系的发展可以追溯到 21 世纪初，随着系统的发展演变，当系统概念不足以描述系统间协同和涌现效应等非典型复杂系统特征时，体系概念应运而生。随着人类认知范围的拓展和认知能力的提升，经典系统论已经无法满足体系认知的需要，从而就推动产生了体系工程的研究热潮。体系仿真作为研究体系和体系工程实施的重要手段，经过近二十年的快速发展，已经在理论、方法和工程技术等方面结出了累累硕果，为仿真学科建设发展奠定了很好的基础。近年来，伴随着“体系对抗”“网信体系”“智能复杂体系”等概念的不断提出与演进，体系研究进入到新的历史阶段，推动体系仿真成为了仿真学科领域的研究热点。走进网络化、智能化新时代，智慧城市建设、经济和国防发展等推动仿真科技的“智慧赋能”，体系仿真在云网一体、人工智能等新一代信息技术的加持下，对未来数字生态建设以及战争形态演变将发挥不可估量的“催化”作用。

本书以软件工程和体系仿真的学科融合为视角，将基础理论、工程需求和实践经验融为一体，明确了“高性能、高精度、高逼真、高可信”的体系仿真目标，构建了面向体系仿真的平台路线、技术途径及应用案例。本书的难能可贵之处在于：将大型复杂体系仿真软件的开发作为软件工程的一个特例，从软件工程的角度揭示仿真系统开发执行过程，实现了现代软件设计技术与仿真技术的融合创新，并充分展示了本书作者团队近年来的研究成果。总体来说，新时代背景下的体系仿真处于蓬勃发展阶段，本书立足仿真学科建设急需，对体系仿真相关理论、方法和工程技术进行系统的梳理总结和发展展望，本书的出版可以说是恰逢其时，对于推动仿真学科的建设发展具有深远意义。同时，本书对于推动我国仿真系统研发和产业化进程，引领带动仿真行业发展具有重大的技术牵引作用。

中国工程院院士

李伯虎

2022 年 4 月

前　言

仿真是目前研究现代战争最经济、最有效的手段。然而，国内大型军用仿真系统的开发和应用长期依赖国外仿真平台，严重制约了国内仿真技术的发展和进步。“十三五”以来，国家和军队下决心研发自主可控的仿真平台，作者团队基于二十多年的理论方法研究和应用实践，聚焦复杂体系仿真集中攻关，成功研制了具有自主知识产权的体系对抗仿真平台，一举打破国外同类软件的垄断，解决了体系仿真“卡脖子”问题，这对于推动我国仿真系统研发和产业化进程，确保军用仿真应用的信息安全，具有深远的影响和重大的军事应用价值。

鉴于国内外尚无将软件理论和体系仿真技术与工程实践应用深度融合的相关图书，作者团队决定将近年来的研究成果进行深入总结，并以专著的形式公开出版。

本书尤其强调将基础理论、工程需求与实践经验相结合，按照“理论、设计、工程、成果”四条主线展开：一是通过将大型复杂仿真软件的开发作为软件工程的一个特例，从软件工程的角度揭示仿真系统的开发与执行过程；二是通过将反射式面向对象理论应用到仿真系统的设计中，展示了现代软件设计的重要技巧和方法；三是通过将离散事件仿真（DEVS）理论融入具体的体系仿真需求，展示经典仿真理论在体系仿真系统开发中的应用；四是通过在重要章节介绍作者团队提出的理论方法和技术路线，展示了团队近年来的创新成果。这些研究成果对于解决军用和民用领域的大规模群体行为仿真应用问题，如重大作战与演习的模拟、大规模核酸检测模拟演练、大型活动筹备规划等，有十分重要的参考和应用价值。

本书的出版得到了中国航天科工集团李伯虎院士、北京航空航天大学李妮教授、南京航空航天大学燕雪峰教授、海军航空大学徐从安副教授的大力支持和帮助，在此深表感谢。作者项目团队温玮和凌绪强在攻读博士学位期间，对体系仿真平台的研发做出了重要贡献；中央军委装备发展部军用仿真技术专业组的领导和专家对仿真平台的研发给予了大力支持；中国航天科工集团四院指挥自动化中心赵亚丽研究员、文斌研究员，中国航天科工集团五院总体部殷建丰研究员对仿真平台的推广应用做了诸多工作；中国科学院自动化研究所张琳研究员参与了平台研发、测试和本书部分内容的编写；电子工业出版社张正梅编辑对本书的出版投入了大量的精力和关注；海军航空大学于婷助理对全书的文字录入和格式编排付出了辛勤的劳动，在此一并表示诚挚的谢意。

我们对本书虽力求完善，然而由于时间和水平有限，书中难免存在不妥及疏漏之处，恳请广大读者不吝赐教，以使本书得以不断补充和完善。

作 者

2022 年 2 月于烟台

目 录

第 1 章 概述 ······ 1

1.1 体系对抗仿真 ······ 1

1.1.1 体系对抗相关概念 ······ 1

1.1.2 体系对抗领域的特点 ······ 2

1.1.3 体系仿真实验方法 ······ 3

1.1.4 体系仿真支撑平台 ······ 5

1.1.5 体系仿真应用系统 ······ 8

1.1.6 体系仿真应用模式 ······ 9

1.2 国内外现状 ······ 11

1.2.1 国内外大型仿真系统与平台 ······ 11

1.2.2 国内外仿真系统与平台的主要差距 ······ 12

1.2.3 体系仿真面临的主要挑战 ······ 13

1.3 研究思路与原则 ······ 13

1.4 本章小结 ······ 14

第 2 章 相关技术基础 ······ 15

2.1 面向对象技术 ······ 15

2.1.1 基本概念 ······ 15

2.1.2 面向对象的分析与设计 ······ 16

2.1.3 面向对象的优势与不足 ······ 17

2.2 软件体系结构与设计模式 ······ 19

2.2.1 软件体系结构 …… 19
2.2.2 软件设计模式 …… 21
2.3 计算性反射技术 …… 22
2.3.1 基本概念 …… 22
2.3.2 反射系统基本原理 …… 23
2.3.3 反射与软件适应性 …… 26
2.4 建模仿真技术 …… 28
2.4.1 基本概念 …… 28
2.4.2 建模方法与语言 …… 30
2.4.3 离散事件系统规范 …… 31
2.4.4 网络化仿真 …… 32
2.4.5 并行仿真 …… 36
2.4.6 分布并行一体化仿真 …… 40
2.4.7 云仿真 …… 41
2.5 本章小结 …… 42

第 3 章 体系仿真过程 …… 43
3.1 体系仿真开发执行过程模型 …… 43
3.2 体系仿真支撑服务及工具 …… 45
3.2.1 仿真引擎服务 …… 46
3.2.2 体系建模工具 …… 48
3.2.3 实体装配工具 …… 53
3.2.4 想定编辑工具 …… 56
3.2.5 实验设计软件 …… 58
3.2.6 分析评估工具 …… 61
3.2.7 导调控制软件 …… 62
3.2.8 可视化软件与界面框架 …… 65
3.2.9 资源管理工具 …… 67
3.3 相关标准规范 …… 70
3.4 本章小结 …… 72

第 4 章 体系建模技术 …… 73
4.1 体系仿真概念模型 …… 73
4.1.1 公共概念模型 …… 73
4.1.2 体系仿真领域概念模型 …… 75

4.2 多视图协同建模技术 ······ 77
4.2.1 视图的概念 ······ 77
4.2.2 体系对抗系统视图模型 ······ 78
4.2.3 体系对抗业务视图 ······ 79
4.2.4 模型视图的语义及表示法 ······ 85
4.3 本章小结 ······ 89

第 5 章 实体建模技术 ······ 90
5.1 实体静态结构建模 ······ 90
5.1.1 组合化建模 ······ 91
5.1.2 参数化建模 ······ 93
5.2 实体行为与决策建模 ······ 94
5.2.1 基于任务计划的行为建模 ······ 95
5.2.2 基于行为树的行为建模 ······ 102
5.3 基于 SRML 的仿真建模语言 ······ 108
5.3.1 SRML 简介 ······ 108
5.3.2 XESL 建模语言 ······ 110
5.4 本章小结 ······ 115

第 6 章 体系仿真模型框架 ······ 116
6.1 模型框架视图 ······ 116
6.1.1 基于 OODA 环的模型视图 ······ 116
6.1.2 基于实体的模型视图 ······ 117
6.2 模型的分类与构成 ······ 119
6.2.1 装备模型 ······ 119
6.2.2 环境模型 ······ 120
6.2.3 行为决策模型 ······ 121
6.2.4 毁伤裁决模型 ······ 122
6.3 本章小结 ······ 123

第 7 章 体系仿真运行支撑环境 ······ 124
7.1 仿真架构模式 ······ 124
7.1.1 对称式架构模式 ······ 124
7.1.2 前后台架构模式 ······ 126
7.1.3 云仿真架构模式 ······ 127

7.2 高性能分布式面向对象仿真引擎 ······ 128
7.2.1 概述 ······ 128
7.2.2 系统架构 ······ 129
7.2.3 功能结构 ······ 130
7.2.4 接口与服务 ······ 131
7.2.5 组件化集成 ······ 132
7.3 本章小结 ······ 134

第 8 章 仿真时间管理与调度 ······ 135
8.1 仿真时间推进机制 ······ 135
8.1.1 概述 ······ 135
8.1.2 混合时间推进机制 ······ 137
8.2 仿真调度方法 ······ 139
8.2.1 大规模多粒度并行调度方法 ······ 139
8.2.2 分布并行一体化调度方法 ······ 142
8.3 典型优化调度策略 ······ 144
8.4 本章小结 ······ 146

第 9 章 仿真对象与事件管理 ······ 147
9.1 对象组织管理 ······ 147
9.2 对象生命周期管理 ······ 150
9.2.1 对象创建 ······ 150
9.2.2 对象命名与 ID 管理 ······ 151
9.2.3 对象生命状态管理 ······ 152
9.3 对象组合与嵌套 ······ 152
9.4 仿真对象序列化 ······ 153
9.5 仿真事件管理 ······ 154
9.6 本章小结 ······ 157

第 10 章 体系仿真实验及评估技术 ······ 158
10.1 仿真实验相关概念 ······ 158
10.1.1 实验设计 ······ 158
10.1.2 实验因素 ······ 159
10.1.3 实验指标 ······ 159
10.1.4 实验方案 ······ 160

10.1.5 实验评估……160
10.2 体系仿真实验设计……160
10.2.1 实验设计流程……160
10.2.2 实验设计框架……161
10.2.3 实验设计方法……162
10.3 体系效能评估分析……167
10.3.1 体系效能评估……167
10.3.2 体系效能分析……173
10.3.3 智能化评估分析……179
10.4 本章小结……189

第 11 章 体系仿真应用案例……190
11.1 海战场体系仿真……190
11.1.1 海战场体系仿真需求……191
11.1.2 海战场体系仿真建模……191
11.1.3 海战场体系仿真系统……198
11.1.4 海上编队联合作战实验……201
11.2 大规模核酸检测模拟演练……205
11.2.1 模拟演练场景配置……206
11.2.2 模拟演练模型构建……208
11.2.3 模拟演练系统设计……210
11.2.4 模拟演练实验评估……213
11.3 本章小结……220

第 12 章 回顾、建议与展望……221
12.1 研究成果总结回顾……221
12.1.1 体系仿真过程模型与平台框架……221
12.1.2 体系仿真建模技术……221
12.1.3 仿真引擎核心技术……222
12.1.4 体系仿真实验与效能评估技术……222
12.1.5 体系仿真案例……223
12.2 问题与建议……223
12.2.1 面向体系仿真的多视图建模方法……223
12.2.2 自组织行为的模拟……223
12.2.3 基于应用特征的高性能计算……224

12.2.4 模型粒度动态控制……224
12.2.5 防系统崩溃的可信计算……224
12.2.6 面向过程的序贯实验设计……224
12.2.7 基于仿真大数据的评估优化……225
12.3 研究方向展望……225
12.3.1 基于云计算的体系仿真……225
12.3.2 智能化仿真……225
12.3.3 虚实共生的数字孪生……226

附录 A HDOSE 仿真引擎编程模型与接口规范……227
附录 B 中英文缩略语对照表……244
参考文献……250

第 1 章

概述

1.1 体系对抗仿真

1.1.1 体系对抗相关概念

系统[1]（System）是指由相互关联、相互制约、相互作用的若干组成部分结合而成的具有特定功能的有机整体，同时，它又是从属的更大系统的组成部分。体系（System of Systems，SoS）是由原本各自独立的系统个体通过“信息”搭建的“纽带”，将彼此联结成为一个由“独立系统”作为组成成分构成的大系统[2]。体系在整体功能和行为上表现出单个系统无法表现的特征，特别是自组织性和涌现性。简单地说，体系是由系统构成的更大的系统，是多个系统的综合集成。体系具有以下特点：体系内各系统松散耦合，独立运行，相互依存；体系中各系统各自开发和演化，独立采办，时间进度不统一；体系具有生命周期，通常以渐进的方式逐步成型，到了一定阶段也会随着系统的老化而不断衰退，直至消亡。对体系的研究，在空间上具有整体性，不能孤立地研究，因为个体不能反映体系整体的特性；在时间上具有动态性，必须放到动态时间尺度上进行研究，而不能仅靠静态的分析。

武器装备体系[3,4]（Weapon Equipment System of Systems）是在一定的战略指导、作战指挥和保障条件下，为完成一定的作战任务，由功能上互相联系、互相作用的各类武器系统组成的更高层次的系统。从装备单体到装备系统，从装备系统再到装备体系，这是按照一定的机制进行综合集成，使结构趋于完备、功能得到跃升的过程。武器装备体系是现代战争作战体系的重要基础。按武器装备体系在战争中的作用不同，可将其分为主战装备、电子信息装备、综合保障装备。按武器装备体系的组成要素在作战任务中的功能不同，一般可将其分为预警、侦察、情报和战场监视系统，作战指挥系统，通信系统，战场管理系统，电子信息战系统，火力打击平台或主战武器系统，以及作战支援和技术后勤保障系统。

作战体系（Battle System of Systems）是一个具有适应威胁环境功能的动态系统，包含人、装备、环境等多方面的要素，由具有自主特性的感知、指控、通信、火力等组分系统构成。这些组分系统本身具有独立的功能，规模可调节，具有适应性。作战体系与单个组分系统相比，具有更强的自组织特性和涌现性。

体系对抗是两个相互敌对的作战体系之间发生的作战行动。武器装备体系侧重于体现装备系统间静态的关系和特征，而作战体系侧重于体现装备系统在一定的战场环境下通过人的指挥和操作产生的动态关系。武器装备体系需要在作战体系中检验，而武器装备体系是构成作战体系的“原材料”。本书所论及的体系对抗均指作战体系的对抗。

现代战争作战要素的高度耦合及战场空间的高度信息化，使得交战双方更关注影响整个作战体系的主要因素和核心节点，人们对战争制胜机理的研究也更倾向于从作战体系顶层出发，通过探索性分析逐步求精，寻找关键时机、关键环节和关键要素，因此对体系对抗的研究成为人们研究现代战争的重要视角[5-7]。

信息化条件下作战体系对抗的主要因素包括情报侦察与预警、信息收集与融合、数据传输与安全、电磁对抗与反对抗、空间对抗、兵力结构与部署、行动计划与对策、武器系统能力、指挥与协同运用等。概括起来，这些因素主要体现在战场感知、信息通信、指挥控制和交战火力四个方面。战场感知的主要特征是情报探测手段多样，数据收集分发体系复杂多变，但最终的结果或目标是态势共享；信息通信是作战体系网络化、信息化的基础，其主要特征是网络拓扑复杂，连通关系具有随机性；指挥控制的关系越来越趋于扁平化，并具有自主适应与动态重组的特性；交战火力具有立体性、多样性和分布性等特性。

1.1.2 体系对抗领域的特点

现代战争对资源的巨大消耗性、破坏性和结果的难以预料性决定了人们对战争的研究越来越依赖模拟仿真的手段。目前，在武器装备体系顶层设计、重大装备战技指标验证与优化、典型场景与任务的作战方案推演等应用方向，体系对抗仿真（以下简称体系仿真）已成为研究和分析问题的主要手段。

与装备级仿真或其他非对抗性的系统仿真相比，体系仿真中仿真对象的动态性、关联性和依赖性更加复杂且易变。例如，每个兵力单元通常是一个实体，每个兵力单元作为一个可运动的平台关联到一种类型上（如某型号飞机或舰艇），平台上会搭载武器和作战装备。某些武器（如导弹）在发射前不具有独立的行为能力，但在发射后会成为一个实体，而搭载的作战装备（如雷达）通常固定在平台上，并与平台存在信息交互关系。另外，每个作战单元在仿真中都会随机地创建或消亡，这些变化会影响系统运行时的逻辑结构和信息流程。除此之外，兵力之间还存在通信关系和指挥关系，而通信关系需要通信设备的支持，通信关系是指挥控制关系的基础。另外，当仿真对象发生交互时，通常表现为访问者引用被访问者的状态，即发布的数据显示的是仿真对象的状态。总体来说，体系对抗问题主要有如下几个特点。

（1）从体系的组成成分看，涉及的内容要素多、规模大、层级多、耦合强。

（2）从体系对抗的过程看，组成成分的规模、数量、结构、类型、关联关系均处于动态变化中。

（3）从体系的内在属性看，它是一个连续离散混合系统，既有随时间的演变，也有事件触发的突变。

（4）从体系涉及的学科知识看，涉及力、声、热、电、光等物理和信息学科领域，以及运筹、博弈、心理、意志、智能等行为和认知学科领域。

针对体系对抗问题的上述特点，体系建模和仿真主要考虑以下几个原则。

（1）相似与同构原则：仿真系统中的实体与物理系统中的实体有明确的相似与对应关系，系统逻辑结构基本相同。

（2）动态重组与适应原则：系统结构、信息流程、逻辑关系、业务关系均会根据战场环境和态势的变化而不断变化与重组；仿真实体在仿真过程中会动态创建、加入、退出或消亡；仿真对象具有多个实例。

（3）时空一致原则：仿真系统不但要模拟现实世界中的逻辑关系，通常还要模拟现实世界中的时间因果性和空间一致性。对于大规模分布交互仿真系统，维护这种一致性具有一定的挑战性。

1.1.3 体系仿真实验方法

建模与仿真技术和高性能计算（High Performance Computing）一起，已成为继理论研究和实验研究之后第三种认识、改造客观世界的重要手段[8]。体系仿真实验是认识和探索体系演化内在规律的主要手段，其基本原理就是在模拟还原战场体系对抗过程的基础上，通过策略和方案设计，探索体系对抗制胜机理，最终应用于作战概念演示验证、装备体系论证、战术战法演练和典型场景下“背靠背”模拟演练等应用领域，支撑回答“仗怎么打”“兵怎么练”等备战练兵的核心问题。

体系仿真建模与实验原理如图 1.1 所示。战场以成建制兵力、装备体系和作战信息网络为基本构成要素，作战过程以“观察—判断—决策—行动”环（OODA 环）为核心，融合智能、物理和信息各要素，表现为策略、战术、战法的使用。装备配置的性能、部署、运用，以及交战过程中状态流、情报流和指令流的变化，这些构成了体系仿真建模的对象。以模型为核心构建体系仿真系统，并将其作为探究战场制胜机理的基本依托。围绕体系作战使命任务，科学设计策略、方案和价值标准。作为仿真系统的输入和输出，通过仿真实验进行效能评估、效能分析和迭代优化，最终形成作战知识、决策智慧。

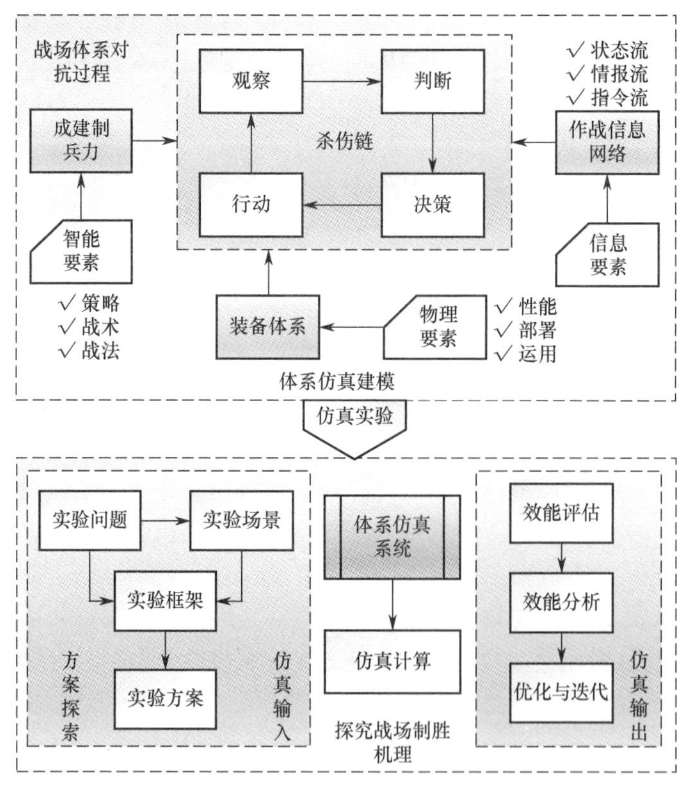

图 1.1　体系仿真建模与实验原理

模拟战场体系对抗的一般过程为：抽象出作战过程中的作战实体，以及实体的行为序列，在一定场景条件下，按照任务序列调度模型，计算迭代实体和任务状态并进行可视化呈现。

探究战场制胜机理的一般思路为：仿真实验输入为战场作战策略、方案，仿真实验输出为作战效果，科学设计仿真实验的输入和输出，通过关联分析、影响分析和灵敏度分析，不断优化、迭代作战策略、方案，进而研究和寻求战场制胜机理。

1.1.4 体系仿真支撑平台

“工欲善其事，必先利其器”。体系仿真系统规模大、变化快等特点导致系统开发难度大，因此需要一系列的工具、模型、数据作为基础进行研发，这就涉及体系仿真平台。体系仿真平台是以行业相关规范为指导，以仿真引擎为核心，以体系对抗模型和数据为基础，以支撑建模验模、资源管理、想定开发、实验规划、仿真运行、仿真评估等过程中涉及的工具为内容的集合。工程实践证明，体系仿真平台是开发和构建高质量体系对抗仿真系统的必要环境，同时也是连接上层应用、中间领域模型和底层支撑技术（计算机技术、建模技术、信息技术）的桥梁，是解决模型复用、实现系统互操作、优化提高性能的关键，对建模仿真的应用模式、管理模式和支撑技术等方面有较大的影响，对推动仿真系统和仿真产品的产业化也有较大的促进作用[9-13]。

国外十分重视这方面的基础性研究[14]，其典型的研究历程是，在研发相关大型仿真应用系统的过程中，抽象与精炼出共性的框架和平台，进而提出一系列指导性的规范和标准。为了高效开发各类体系仿真应用系统，我国必须掌握自主的体系仿真实验与评估关键技术，以解决国外“卡脖子”问题和仿真系统的信息安全问题，并促进我国仿真产业的健康发展。

如图 1.2 所示，体系仿真平台的作用可以概括为，将现实世界的体系对抗场景快速、逼真地映射为软件领域的仿真系统。

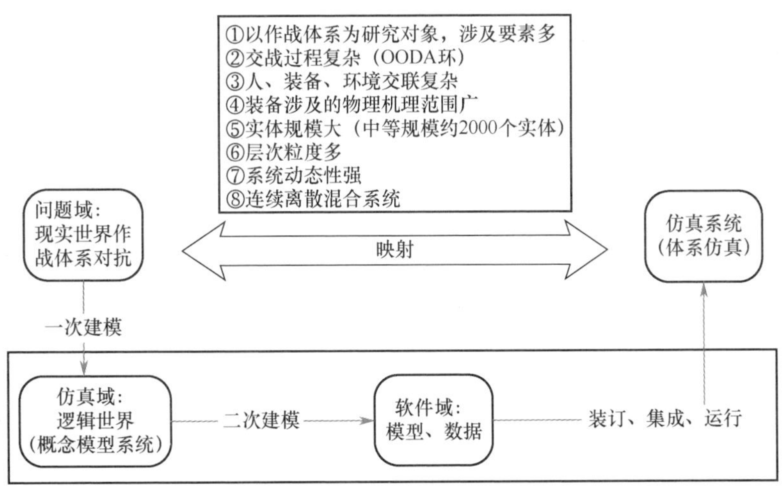

图 1.2 体系仿真平台的作用

具体地说，体系仿真平台有以下几个方面的作用。

（1）过程指导：引导一次建模，简化二次建模，确保各个环节平缓过渡。

（2）规范约束：提供建模、集成、仿真、实验、评估、数据等各方面的规范。

（3）资源复用：提供仿真框架、模型、数据等可复用的资源。

（4）工具支撑：提供建模开发、想定开发、实验规划等工具。

我们可以认为，体系仿真是软件工程面向体系仿真领域的一个特例[9]，因此，体系仿真平台是体系仿真领域的计算机辅助软件工程的支撑环境。值得一提的是，体系仿真平台主要支撑大型复杂系统的开发，并不是所有体系仿真系统的开发都需要它。另外，相对于最终系统，体系仿真平台只是半成品，仿真的多样性决定了大多数项目需基于体系仿真平台进行二次深度的开发。因此，追求平台功能的大而全往往导致平台冗余和开发应用系统困难；相反，小而精且扩展性强的平台往往具有更广泛的适用范围。体系仿真平台的核心是仿真引擎，它是决定平台能力的关键，而仿真引擎的可扩展性、可靠性、便捷性是至关重要的几个属性，本书后续章节将对仿真引擎进行更深入的分析和探讨。

随着网络化仿真应用的快速发展和大型复杂仿真软件系统的出现，仿真系统从单机集中式控制向以网络为中心的分布式异构平台转移，其运行环境从传统的封闭、静态、稳定的情形转变为开放、动态、多变的情形，发生了质的变化。这使得仿真系统研究的主要问题从具有明确的边界和需求向边界开放、需求递增的复杂系统的增长性开发、部署、运行与维护演变。仿真系统研制的方法也从分解、还原逐步求精，向自主适应综合集成演变。在这种背景下，仿真支撑平台面临着新的挑战，体系仿真平台尤其在敏捷性、协同性、适应性与高性能等方面有更高的要求。

1. 敏捷性

敏捷性要求仿真系统具有快速构建能力。具体地说，就是从需求分析、顶层设计和建模开始，直到编码、集成和联试，通过一系列的工具形成一个完整的解决方案，整个过程能快速贯通和无缝衔接。提高仿真系统的敏捷性常用的技术有以下几个。

（1）提供高级的接口和共性的服务，编程模型易理解、效率高，图形界面友好，所见即所得。

（2）支持多种复用方式，特别是支持组件级模型复用，能支持组合式仿真系统重构。

（3）提供自动化的代码生成工具和便捷的系统管理等工具，减少仿真系统的代码开发和维护量。

（4）支持增量式和螺旋式开发过程，使开发阶段的各个环节均可以正向旋转和逆向回滚，支持大系统在集成与联调过程中边开发、边调试、边集成、边改进。

2. 协同性

协同性是大型复杂系统开发及跨项目中的模型复用的必然要求，包括开发阶段、开发工具及开发人员之间的协同。提高协同性常用的技术有以下几个。

（1）采用层次化和正交化的分解原理，从不同的维度抽象形成公共框架，分离出专属的概念和特征。

（2）以标准的可扩展的行业规范为基础，确保在信息共享的情况下，能根据应用系统的需要进行定制和领域化。

（3）各种建模方法、建模语言之间能相互转换、映射、关联和融合。

3. 适应性

适应性是指工具、模型或系统面对外部环境变更时所表现出的应对能力。外界环境既包括用户需求，也包括软硬件平台的基础设施。提高适应性常用的技术有以下几个。

（1）具有良好的架构和微小的可扩展内核（微内核），支持在开发、初始化和运行等不同阶段进行重配置或重构，使微内核可以根据需求演变成一个功能型系统。

（2）基于动态软件体系结构、动态重配置、演化计算等技术，使仿真核心支撑软件具有适应动态场景或环境变化的能力。

（3）能面向复杂的软件环境，支持多种底层协议和软硬件平台，支持数字仿真与半实物仿真及与实装集成，支持异构系统集成。

（4）能根据不同的用户习惯和偏好进行定制，如支持多接口、多语言和界面的定制。

4. 高性能

随着装备功能的不断增加、规模的不断扩大、精度的不断提高，人们对仿真应用系统的性能提出了越来越高的要求，仅依靠硬件性能的提高永远也满足不了这些要求。提高性能的技术有以下几个。

（1）根据仿真的目的控制好模型粒度，在保证结果可信、过程逼真的基础上，粒度尽量合适，过细的粒度会大幅降低系统性能。

（2）根据应用系统的特点和结构，适配合适的计算架构和体系结构模式，这需要具体问题具体分析，实践中往往是同一类系统采用几种典型的计算架构。适配计算架构的基本原则包括负载均衡、避免等待、整体最优等。

（3）尽量挖掘系统的资源潜能。例如，对计算资源的利用，要充分运用现代软硬件基础设施，将多核并行、分布式计算、集群计算的能力发挥到最大。

（4）尽量减少系统不必要的消耗。例如，针对仿真系统交互多而单次交互数据量不大的特点，通过报文合并可以大幅减少通信带宽，而对分布式异地仿真而言，可采用 DR 推算方法减少通信带宽。

1.1.5 体系仿真应用系统

体系仿真应用系统是在体系仿真平台的基础上，集成与仿真内容相关的模型和数据等资源而形成的应用系统，主要包括如下几类。

1. 装备体系论证仿真系统

装备体系论证仿真系统通过大样本仿真实验和效能评估对新装备的关键指标进行论证；通过仿真推演分析装备在体系中的贡献；在体系对抗的场景中，通过全维度的战场态势动态过程展示新装备、新战法。

2. 装备研制仿真系统

装备研制仿真系统在体系对抗的场景中对装备能力进行效能分析，寻找总体设计缺陷，对装备的关键设计方案、作战流程及战技指标进行优化。

3. 实验鉴定仿真系统

实验鉴定仿真系统在体系对抗的场景中还原被鉴定装备在实战条件下的可用性、有效性、可靠性、可维护性，以及人和环境与装备的适配性、对手的破坏性，评估需求满足情况，寻找装备缺陷，检验装备质量，发现装备体系的不足。

4. 战法战术推演与实验系统

战法战术推演与实验系统基于体系对抗的场景，在抽象关键要素和有效界定问题的边界条件的基础上，还原实战条件下的战场态势，通过大样本实验和人在回路推演，寻找优化的或可接受的作战策略和作战方法。

5. 装备模拟训练系统

装备模拟训练系统主要包括两类。一是指挥/决策训练系统：基于体系对抗的场景，在还原实战条件下战场态势的基础上，模拟交战结果和指挥流程，提高指挥人员的临机处理能力和协同作战能力。二是操作技能训练系统：在还原实战条件下战场态势的基础上，模拟操作的效果，提高使用人员对装备的熟练程度。

上述各类应用均依赖公共的体系仿真环境，主要差异在于关注点不同，从而导致输入变量和输出结果不同，如图 1.3 所示。其中，装备论证方向，装备的任务场景相对固定，重点关注战技指标和性能；装备研制方向，装备性能初步确定，重点关注技术原理和实现方案；实验鉴定方向，被试装备已经基本定型，重点关注该装备在不同的任务环境下的表现；战法研究方向，装备能力是确定的，重点关注在对抗条件下如何发挥最大作战效能；模拟训练方向，与战法研究方向类似，但系统是人在回路的，关注如何提高人的能力，并达到人与装备协同最优。

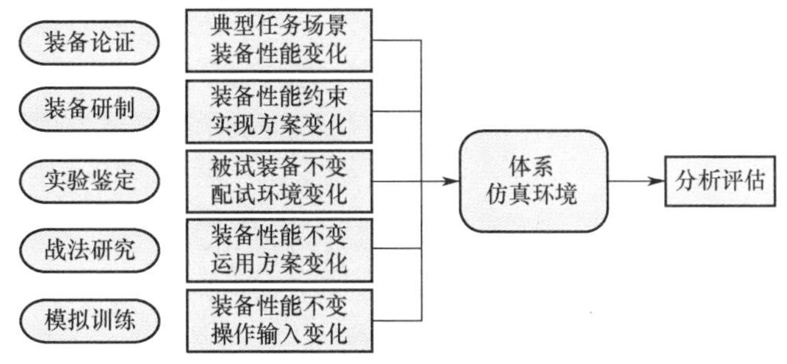

图 1.3　几类体系仿真应用的对比

当然，上述应用方向之间并没有不可逾越的鸿沟，对于具体项目和系统而言，可能具备多方面的功能。目前广受关注的 LVC（Living，Virtual，Constructive）联合军演系统，被认为是多类应用系统的综合集成，它可以全面检查和考核装备指标的合理性、性能的完好性、操作的正确性及运用的合理性。典型 LVC 联合军演系统的组成如图 1.4 所示，其核心是支持 LVC 时空同步和多源混合驱动与集成的体系仿真和集成环境，实兵通过实兵信息采集系统接入，人在回路的模拟器通过模拟器接入系统接入，实装指挥系统通过信息网关接入。

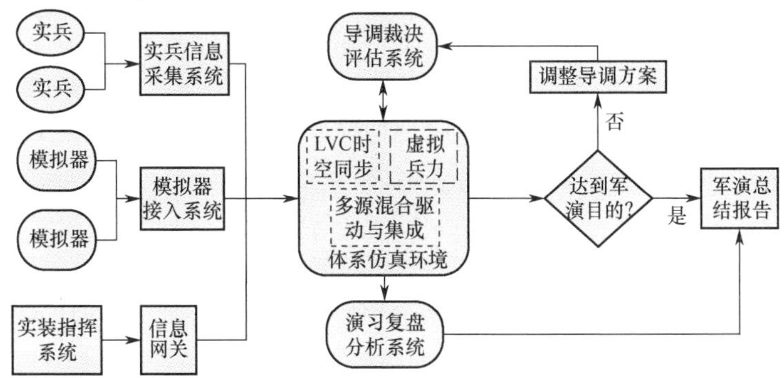

图 1.4　典型 LVC 联合军演系统的组成

1.1.6　体系仿真应用模式

体系仿真应用模式主要有两种，即开环的在线仿真推演模式和闭环的仿真实验模式。

1. 在线仿真推演模式

在线仿真推演模式指用户通过前端工具或模拟器实时进行人在回路的输入，输入数据后立即对仿真过程和仿真结果产生影响，如图 1.5 所示。在线仿真推演模式通常运行在局域网环境中，对用户的输入响应有较高的要求。在线仿真推演模式作为一种人在回路的体系仿真形式，具有真实性、不可预知性和对抗性等特点。通过人为干预的方式，避免了计算机程序对人类行为决策模拟的不准确，有利于对实验细节进行研究和推敲，尤其适合应用于对指战员的指挥决策能力训练和对战术战法关键问题的研究。

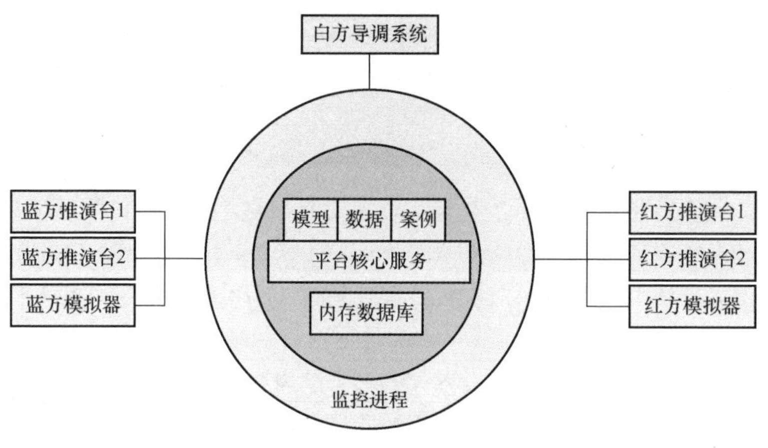

图 1.5　在线仿真推演模式

2. 仿真实验模式

闭环的仿真实验模式指用户通过实验前端的任务规划工具和场景设计工具将所有仿真实验所需的参数统一提交到后台服务器，服务器计算完毕后，用户再通过仿真分析评估工具直接得到实验结论，如图 1.6 所示。仿真实验模式运行在局域网或广域网环境下，由于对前端输入的响应没有实时性要求，因此可以采用更灵活的 B/S 架构。无论哪种模式，仿真服务均运行在后端服务器上（Web 服务器）。

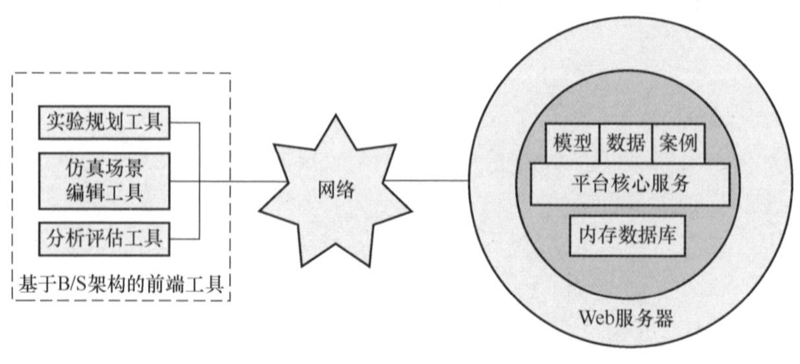

图 1.6　仿真实验模式

仿真实验模式是通过大量实验产生大量数据的方法对特定的武器装备体系对抗仿真问题进行分析评估的一种仿真形式。由于武器装备体系对抗仿真中存在大量的不确定因素，可通过蒙特卡罗实验方法产生大量的仿真数据，再利用分析评估工具对仿真数据进行有针对性的分析评估。通过本平台提供的技术和工具构建适用于研究对象的体系作战环境，以评估、论证武器装备的性能指标，优化作战方案，分析作战效能等。

1.2 国内外现状

1.2.1 国内外大型仿真系统与平台

装备体系对抗仿真支撑平台是体系仿真应用系统的开发和运行环境，其通常来源于某个或某系列大型体系仿真应用，在此基础上进行抽象和通用化处理，形成平台，最后基于平台开发其他应用系统[14]。例如，美国空军针对电子战分析领域的需求，开发了电子战数字评估系统（ECDES），建立了仿真模型代码实现标准。建模与仿真主计划（MSMP）推出后，电子战数字评估系统得到了升级和优化，具有更强的通用性和可扩展性，并更名为联合建模与仿真系统（Joint Modeling and Simulation System，JMASS）。JMASS 的目标是在提供可重用的建模与仿真资源库的同时，开发一个规范的建模仿真体系结构和工具集，支撑对电子战环境下的武器系统进行工程级/交战级建模与仿真的分析、开发、采办及测试与评估。JMASS 包括三个部分：第一部分是模型标准，包括可重用模型的开发接口和集成规范；第二部分是仿真支撑环境，包括仿真引擎、可视化开发工具、分析工具等；第三部分是资源库，包括各类数据和可复用的模型。JMASS 已成为美军在工程级和交战级建模与仿真的事实标准和公用技术，有超过 1400 家用户，广泛用于采办、分析、训练和实验领域。

联合作战仿真系统（JWARS）是美军开发的战役级推演系统。该系统面向最终的军方用户，包括国防部部长办公室、联合参谋部、后勤部和作战司令部，具备作战策划实施、兵力评估研究、武器采办分析、作战概念研究、规则条令开发等功能。

联合仿真系统（JSIMS）是美军为了解决各类模拟训练系统技术体系和标准不统一、互操作性差、难以实现联合训练等问题而开发的项目。JSIMS 通过与联合作战空间中的指挥、控制、通信、计算机和情报系统互联，创建一体化的联合作战空间，为受训者（主要是作战参谋人员）提供通用和统一的环境和作战视图，最终形成接近实战的联合训练环境。

扩展防空仿真系统（EADSIM）是面向防空反导和空间战领域的集分析、训练、作战筹划于一体的多功能战术级仿真系统，由美国陆军空间与导弹防御司令部实验床产品办公室管理。该系统在美军国防分析与训练领域得到了非常广泛的应用，全球官方用户超过 300 家。海湾战争期间，EADSIM 在“沙漠盾牌”和“沙漠风暴”作战计划的拟订和实施中得到了应用。

近年来，国外可用于体系对抗或交战级以上仿真的商业化平台主要有 VRForces、STK、4ACES。其中，VRForces 模型体系完整，参数化配置能力强，但模型精度低，新开发模型困难，性能较差，不支持多次实验和仿真分析，主要适合用作兵力容器，为精度要求不高的系统提供战场态势；STK 具有模型专业、精度高、速度快、使用简洁等优点，主要用于在单机上做分析，不支持新开发模型的集成，主要应用领域也限制在空天装备的系统设计、验证和任务分析上；4ACES 是以 C^4ISR 为中心的体系分析类系统，具有模型体系完整、架构合理、作战要素齐全等优点，其缺点是模型精度较低，不直接支持用户开发和定制模型，不能直接用于训练。

国内用于体系仿真系统开发的平台主要有 HDOSE[15]、CISE[16]、XSIM[17]等。近年来，这几个平台在行业中得到了不同程度的推广和应用。

总体来说，目前国外体系仿真系统与平台由于商业或技术封锁的原因，不支持用户开发和集成模型，或者二次开发难度大，它们更像具有一定通用性的仿真应用系统。国内自主开发的体系仿真系统与平台的扩展性和集成能力比较强，基本上都实现了参数化和组件化，是真正意义上的开发平台，但在仿真资源的丰富性、模型的精度和可信度等方面存在较多的问题。

1.2.2 国内外仿真系统与平台的主要差距

与国外发达国家相比，我国在体系仿真领域的差距主要体现在如下几个方面。

（1）规范是引领和支撑行业发展的核心成果，目前国内主要参考、借鉴和追踪国外的相关规范，缺少符合自身行业发展的规范体系。

（2）在智能化建模、综合自然环境建模、多分辨率建模等关键技术的掌握和应用方面，国内与国外存在较大的差距。

（3）仿真系统或仿真平台的关键指标和高级特性，如复用性、协同性、便捷性、高效性、可信度等，国内与国外存在一定的差距。

（4）国内仿真系统或仿真平台的可靠性和成熟度与国外存在较大的差距，体现在使用案例的数量、仿真资源的丰富性、作战要素考虑的齐备性、效果的逼真性等方面。

1.2.3　体系仿真面临的主要挑战

（1）问题的复杂性。由于体系仿真实验与评估涉及的作战要素多、装备交联复杂、实体规模大、模型数量多、层次粒度多、系统动态性强、非线性显著、演化结果多样、连续离散混合，因此，体系仿真系统是目前公认的最复杂的仿真系统之一。

（2）模型的多样性。体系仿真需要大量可信的、多专业的、不同分辨率的模型作为支撑，并要求这些模型能反映环境特征、物理机理或博弈过程。因此，要求模型构建过程便捷高效，构建方式灵活，能支持连续、离散混合仿真对象的统一建模，支持基于模型内部机理、外部特性、样本数据等多种建模方式，支持不同类别模型的快速开发、复用和集成。

（3）运行的高效性。由于现代体系对抗作战制胜机理与主要矛盾的发现和抽象过程比较困难，系统的涌现性和自组织性显著，体系仿真不得不在底层兵力实体模拟的基础上进行大样本的仿真实验，这使得系统的计算负荷十分沉重。充分挖掘现代计算系统的能力并提高算法的效率，是提高系统运行性能的主要手段。

（4）误差的可控性。仿真系统与原系统必然是有误差的，且精度要求越高，性能必然越低，这就使合理控制误差精度变得十分重要。误差不可控意味着仿真系统不可信，从而使所有相关活动都失去意义。具体来说，就是要确定在哪个级别（量子级、原子级、信号级、数据级、性能级）设定随机概率分布，以求在系统性能和精度之间找到一个最佳平衡点。

1.3　研究思路与原则

本书主要针对体系仿真涉及作战要素多、装备交联复杂、实体规模大、层次粒度多、动态演化快等特点，围绕高效地开发高精度、高可信、高性能、高逼真的体系仿真系统的需求，结合作者团队近 20 年来在体系仿真平台研发和案例应用实施的工程实践，从体系仿真基础理论、体系仿真过程与工具、体系建模、高性能仿真、体系仿真实验评估和典型应用案例等方面展开讨论。

本书的研究特色在于：将基本理论、实际工程需求和作者的开发经验进行融合与创新，全书形成四条研究主线。一是从仿真理论的角度，通过将 DEVS 理论与实际体系仿真需求相结合，展示了 DEVS 理论在实际仿真系统中的应用。二是从软件设计的角度，通过将反射式面向对象理论应用于仿真系统的设计，展示了体系仿真软件工程实践的一般方法和设计技巧。三是从软件工程的角度，将大型复杂仿真软件开发作为软件工程特例，通过将软件工程基础理论有机融入复杂的仿真软件工程实践需求，揭示了仿真系统的开发及执行过程。四是从成果的角度，通过在重要章节讨论作者团队提出的理论方法和设计方案，展示了作者团队近年来的创新成果。

体系仿真平台是开发大型体系仿真应用系统的关键，也是本书的主要研究内容。现代体系仿真平台用于高可信的体系仿真系统的快速开发和快速运行，它通常遵循“共享、复用、协同”的设计理念。其中，“共享”既包括设计开发时的资源共享，也包括运行时的资源共享；“复用”是平台为应用提供服务的主要特征，平台中很多机制均要体现出对复用的支持；“协同”则包括平台工具之间及开发应用人员之间的高效协同。具体包括如下几条原则。

（1）规范指导。以行业目前已广泛采用和认可的规范（XML、UML、SRML、HLA、TENA 等）为基础，研究适合体系仿真的平台规范，并以之为指导开展平台研发。

（2）应用牵引。以大规模多任务联合作战体系仿真应用需求为牵引，充分考虑联合作战实体规模大、模型种类多、集成方式复杂等严苛条件。

（3）开放扩展。通过层次化正交化平台体系结构，为平台的柔韧性和演化性提供保障，通过参数化、组件化技术，使模型可以组合和扩展，保证平台的开放性和扩展性。

（4）突出核心。体系仿真系统以仿真引擎为核心，通过精心设计易理解的对象化编程模型、组件级与成员级多层次集成机制、分布并行一体化的调度和交互策略，保证仿真引擎具有易使用、易演化、高性能的特点。

（5）强调复用。通过将模型和数据进行合理的切割，在平台提供的参数化、组件化机制的基础上，通过模型体系、任务模板等复用形式为应用系统开发提供丰富的素材和便捷的复用机制。

（6）一体化支持。以系统全生命周期开发执行过程为主线，实现资源管理和平台工具一体化的无缝集成，显著提高基于平台进行开发和应用的便捷性。

（7）多种应用场景。支持大样本军事仿真分析和高采样率实时训练仿真，充分发挥云计算、分布并行一体化计算的优势，并能通过配置的方式实现运行方式的切换。

1.4 本章小结

本章在讨论体系仿真的基础概念的基础上，分析了国内外体系仿真系统及平台的发展现状和面临的挑战，最后总结了体系仿真系统和平台的研究与开发思路。

第 2 章

相关技术基础

2.1 面向对象技术

体系仿真的核心问题是体系的建模。尽管仿真和计算机技术飞速发展，新技术层出不穷，但目前进行建模最有效、最实用的方法依然是面向对象技术，一些新方法只能作为面向对象技术的补充。面向对象技术是 20 世纪 90 年代以来软件领域最重要的成果，为推动软件工程的发展起到了里程碑的作用。面向对象技术最重要的贡献是“缩小对信息资源的认知和处理间的隔阂”[18]，它既提供了对现实世界的认知和分析方法，也提供了构造软件世界的建模及开发方法。

2.1.1 基本概念

早期在亚里士多德、黑格尔的哲学著作中，多次提到“对象”一词。在这些先哲的著作中，“对象”是一个只可意会不可言传的基础概念。在现代数学中，集合这个十分基础的概念，也是借助“对象”进行定义和解释的，即集合是具有某种相同属性的研究对象组成的一个总体。也就是说，集合是对象的集合。

面向对象[19]作为计算机领域的术语，是 20 世纪 80 年代在计算机科学中产生的一个新概念，它延续了哲学上“对象”的广泛性和包容性，并被赋予了明确的内涵和特点。面向对象的观点是，世界是由对象组成的，每个对象都有其自身的属性与方法，并有一种“自我意识”，它能自己管理、约束和表现自己，在行为和表现方式上都有良好的封装性，不同对象及其相互作用的联系（消息关系）构成不同的系统。对象是一种普遍适用的基本逻辑结构，包含了一定信息的实体，它“知道一些事”“能干一些事”“能请求别人做一些事”。对象是自主的，其本身有足够的能力完成相应的工作，其他对象没有必要也不应该干预其内部运作，而只能对该对象发出某种请求（消息），至于对象如何做出响应，是它自己的事。用对象的概念可表示现实世界的任何事物，也可以是对计算机软件或硬件本身甚至计算机运行过程的某种抽象。因此，在作为“对象”这个意义上，所有的事物都是统一的。正是这种认识，为人们对软件（甚至硬件）的分析、设计和系统实现提供了统一的观点。

从软件工程角度来看，面向对象要求在软件开发过程中，建立以客观世界为主体的对象模型体系，追求将现实世界的问题空间向软件的解空间直接映射。因此，面向对象的基本定义是：通过模拟现实世界中的继承、聚合、多态等特征，并将其作为基本的软件实体单元，使人们从对象建模的角度去认识和分解现实世界的问题。

2.1.2 面向对象的分析与设计

面向对象技术起源于面向对象程序设计语言（OOPL），但编程并不是软件开发问题的主要根源，需求分析与设计更值得关注。因此，面向对象技术的焦点不应该只对准编程阶段，而应更全面地对准软件工程的其他阶段。面向对象技术的真正意义是，它适合解决需求分析与设计的复杂性，并实现需求分析与设计的复用。基于这种考虑，人们把面向对象的研究重心从面向对象编程（OOP）转向面向对象分析/面向对象设计（OOA/OOD），由此自 20 世纪 80 年代后期以来，出版了一大批关于 OOA/OOD 的著作[20]。

简单地说，面向对象分析就是运用面向对象的方法进行需求分析，其主要任务是针对具体的问题运用面向对象（OO）方法，建立一个反映问题域的 OOA 模型。OOA 强调直接针对客观存在的实体设立 OOA 的模型对象，问题域（问题空间）存在哪些值得考虑的事物（问题空间中的元素）和事物之间的关系（问题空间结构），OOA 模型中就有哪些对象和对象间的关系。现实中的对象名字、对象之间的一般与特殊关系、整体与部分关系、属性依赖关系和动作依赖关系都可在 OOA 模型中直接体现。这种直接的建模原则及其所使用的形象的概念使得 OOA 模型与现实事物有最大程度的相似性，不存在理解障碍。

与 OOA 对应，OOD 是指运用面向对象方法进行系统设计。OOD 在对 OOA 进行过渡的基础之上，加上实现方面的考虑（如人机界面、数据存储、通信协议、任务调度），将 OOA 中确定的对象与计算机中的对象集成到一起。原则上，OOD 不应该对 OOA 模型做大量的修改，而适量的优化与扩充是必需的。OOA 与 OOD 在模型结构与表示方法上是统一的。从 OOA 到 OOD 的过程，也是一个从抽象到具体的过程。

OOA 与 OOD 实际上是一个建模和描述的过程，两者都基于共同的原则——问题空间到解空间的直接映射。但在面向对象建模方法上，可谓百花齐放：面向对象技术领域的一大流派代表人物 James E. Rumbangh 等人提出了对象模型模板（OMT）技术模型。OMT 有三种模型，即对象模型、动态模型和功能模型。Coad 及 Yourdon 提出了 Yourdon 方法，并将 OOA 模型分为类/对象层、结构层、主题层、属性层、服务层。Shlaer 及 Mellor 建立的系统模型则包括信息模型、状态模型、过程模型三种基本模型，G. Booch 提出了 Booch 方法；Jacobson 提出了面向对象软件工程（OOSE）方法。

面向对象领域过多的概念与表示方法也给人们带来了困惑，人们希望能有一种公共遵守的标准与表示方法，要求它有充分的表达力，同时避免过分复杂，通过它来达到描述和解决问题、方便技术交流的目的。在这种背景下，E. Rumbangh 和 G. Booch 首先合作，将各自提出的方法结合起来，并于 1995 年公开发表了第一个版本——统一建模方法（Unified Method）。后来，Jacobson 也加入这个行动，并于 1996 年推出了统一建模语言（Uniform Modeling Language，UML）[21-22]。不过，确切地说，UML 并不是建模方法的集大成者，它是一种面向对象的建模语言，给出了一套规范的用于建模的元素及其表示符号，并定义了它们的语义，而不是讲述如何建模[23]。即便如此，UML 所定义的建模元素及其表示符号对建模的过程仍有一定的指导作用。

2.1.3　面向对象的优势与不足

1. 优势

1）基于面向对象的软件可理解性更佳

基于面向对象思想进行软件设计和实现，是以客观现实为出发点进行抽象、映射和分解，这就使得软件更具可理解性。应用面向对象方法时，关键在于将现实世界的物理构造系统以对象的形式映射为计算机模型，软件开发者将应用领域中的概念、原理、流程和通信技术等融入软件开发过程中，这是典型的软件工程方法学的“返璞归真”。

面向对象的软件开发过程自始至终都在考虑如何建立问题领域的对象模型。构建对象模型的基本过程为：首先确定问题领域的对象实体，进而确定需要使用的类、对象，最后在对象之间建立消息通道以实现对象之间的联系。在此过程中，开发者通过用户持续进行交流，逐渐加深对应用系统的认识，同时确保了应用系统与用户认知的无缝衔接，也保证了软件系统的可理解性。

2）基于面向对象的软件系统结构更稳定

传统的软件开发过程是基于功能分解方法实现的，建立起来的软件系统的结构直接依赖系统所要完成的功能。这样一来，就存在一个突出的问题：若系统的功能需求发生了变化，则有可能引起软件结构的整体变动。与传统的结构化系统构造方法不同，面向对象方法是以对象为中心来构造软件系统的。基本做法为：用对象模型对应问题领域中的实体，对象之间的交互对应问题领域中实体之间的联系。当系统的功能需求改变时，通常是先对系统进行重新组合、重载定制、接口重封装等改造，从而重新定义其向用户展示的功能和接口，而并不需要改变整个软件结构。从本质上讲，面向对象方法是通过对象实体的建模，将对客观物理世界的模拟达到"化整为零"的效果。如果功能上有调整，只需要定位到某个具体对象的局部，对单个对象的设计进行调整即可，有效地避免了"牵一发而动全身"的被动局面，确保了软件系统结构的稳定性。

3）基于面向对象的软件更具复用性和维护性

软件复用是提高软件生产力的主要途径之一，是软件工程关注的焦点。传统的软件复用技术是利用标准函数库，但标准函数缺乏必要的"柔性"，大多数的库函数往往只提供最基本、最常用的功能，不能适应不同应用场合的不同需要。与传统方法相比，面向对象方法通过对象实体的设计，提供了更多的复用机制，如继承、重载和聚合等，以及解耦合机制，包括消息、接口等。在利用可重用的对象实体构造新的软件系统时，不需要重新进行对象的编码，只需要进行接口和消息适配，因而具有更大的灵活性，大大方便了软件的升级与维护。

2. 不足

随着人们对面向对象技术的认识加深，面向对象中的一切都是"对象"的观点显露出一些问题，集中体现为，描述复杂的现实世界的概念和术语太少，视角太单一，且缺少对系统部署和集成方面的描述方法，主要表现如下。

（1）对象的发现、认识及描述在本质上是由主观认识决定的，主观认识的差异导致不同的人对同一事物构建的对象模型见仁见智。在认识客观对象时，人们在多大程度上理解了对象本身？又能在多大程度上对对象的模型做出令人满意的描述和解释？有时，人们甚至根本没有认识到对象的存在，因为现实世界的对象，其本质是多方面的，不但存在像"自行车""桌子"这样的具体对象，也存在"数据源""进程"这样的抽象对象。不同的人对相同现实系统的认识不同，导致其建立的模型可能大相径庭。

（2）对象的粒度通常过于细腻，难以描述大粒度实体的活动，进行复杂系统建模时常会出现“只见树木，不见森林”的情况，使人们不能很好地看到系统的整体结构与组织，因此，软件框架、设计模式与软件体系结构引起了人们的广泛关注与研究。

（3）当用面向对象方法描述不相关的实体某一方面的共同行为（横切），或者用对象模型描述系统的非功能特征（如序列化、数据库访问、可视化）时，对象模型会显得十分生硬和难以理解，程序逻辑也容易陷入混乱。针对这个问题，人们提出了面向方面（Aspect Oriented）的方法进行补充[24]。

（4）面向对象方法缺少对系统部署、组装、分布等技术的支持，随着网络技术的发展和网络化应用的增长，这种缺陷日益突出，因此，组件技术、面向服务的技术得到了人们的重视和发展。

（5）从软件复用角度来看，面向对象代码的复用只是软件中一种比较低级的复用手段，其不利于从整体角度或在设计之初考虑高层软件元素的可复用性。另外，对象接口也往往成为制约对象复用的关键因素。为了让对象间的交互更加灵活，人们提出一系列解决方案，如基于角色的建模、基于事件系统的隐式调用、基于元接口的动态查询等。

2.2 软件体系结构与设计模式

2.2.1 软件体系结构

软件体系结构也称软件架构，相关概念在 20 世纪 60 年代左右开始出现。到 20 世纪 70 年代中后期，由于结构化方法的出现与大量应用，“软件工程”的概念被提出，软件开发有了概要设计与详细设计。此时，软件体系结构的概念已明确被提出，大量的研究文献开始出现[25-35]。

从抽象层次来看，软件体系结构是从比数据结构和算法更高的视角来描述和分析软件系统，是从较高层次考虑软件元素及其相互间的交互与拓扑结构。这些交互与组织满足一定的限制，表现出一定的风格特征，遵循一定的设计准则，能够在一定的环境下进行演化。

一个体系结构应该从哪几个视点进行考虑？各个视点由哪几个视图构成？这是研究体系结构的重要出发点。其中，最经典的方法是 Kruchten 提出的“4+1”视图，它包括逻辑视图、开发视图、过程视图、物理视图，并通过场景将这四个视图有机地结合起来，细致地描述了需求与体系结构的关系[30]。

从软件开发过程来看，软件体系结构是软件需求与软件设计的桥梁。在此基础上，软件用户、分析人员、开发人员可以有效地进行交流，以支持系统的需求向设计和实现平稳过渡。

从软件复用的角度来看，软件体系结构是软件中一种高层的可复用元素，也是一种最重要的复用元素，体现了软件中从代码复用到设计复用和过程复用的发展趋势。

由于软件体系结构是软件开发早期决策的结果，因此保持软件体系结构的稳定性具有十分重要的意义。如果在开发后期发现早期的软件体系结构与系统的需求不相匹配而不得不更改，那么后果可想而知。因此，人们在研究软件体系结构时，一方面十分重视软件体系结构的特征（风格）与功能要求、质量特性（如可移植性、可扩展性）、性能特性（如实时性、吞吐量）匹配度的研究，另一方面也十分重视软件体系结构的演化性和动态适应能力[37-40]，使其在集成或运行时，拓扑结构能适应环境的变化，从而降低因软件体系结构决策失误带来的风险。

对软件体系结构的研究集中在以下几个领域。

（1）软件体系结构描述语言（Architecture Describe Language，ADL）。

（2）软件体系结构描述构造与表示。

（3）软件体系结构分析、设计与验证。

（4）软件体系结构发现、演化与复用。

（5）基于体系结构的软件开发方法研究。

（6）领域定制软件体系结构（Domain Specified Software Architecture，DSSA）。

（7）软件体系结构支持工具。

其中，ADL 是软件体系结构领域最早和成果较多的研究方向；DSSA 方向也有了颇多的研究成果。由于特定领域内的模型具有较大的相似性，因此发现或抽象出特定领域的体系结构相对容易，实践证明这也是一个很好的研究思路。目前，人们已开发出电信领域的体系结构、CASE 体系结构、CAD 软件体系结构、信息系统体系结构、专家系统体系结构等。软件体系结构在某一领域的应用，在一定意义上标志着该领域的成熟，是促进该领域进一步发展和应用的重要手段。

框架（Framework）是软件体系结构的实现，它是一组在特定领域可复用的相互协作的类。它规定了应用系统可复用的成分，即整体结构、类和对象的分割、各部分的主要职责、对象间的相互协作及控制和计算流程。框架预定了这些设计参数，使应用的开发者专注于应用本身的特定细节。由于框架记录了相关领域内共同的设计决策，是这些应用系统的参数化和抽象化表达，因此框架特别强调可复用性。从组成成分来看，框架可以分为两部分：可定制的部分（热点）和稳定的不可修改的部分（冰冻点）。热点记录了同类系统可参数化的、支持变更的内容，冰冻点记录了系统中共同的抽象。框架的热点与特定应用成分集成的方式通常有接口规约（定义调用与回调）、继承、截取器、配置等。

2.2.2 软件设计模式

面向对象提供了软件设计的基本原理、方法和语言，但是在实践中如何运用它并服务于工程实现，还有很长的路要走，而且不同的设计师针对相同的问题产生的设计方案也会大相径庭。如何针对相似的问题总结好的方案和“套路”，正是设计模式（Design Pattern）要解决的问题。

设计模式是对面向对象设计中反复出现的问题的解决方案。这个术语是由 Erich Gamma 等从建筑设计领域引入计算机领域中的[41]。Christopher Alexander 说过：“每个模式都描述了一个在我们周围不断重复发生的问题，以及该问题的解决方案的核心。这样，你就能一次又一次地使用该方案而不必做重复劳动。”尽管 Alexander 所指的是城市和建筑模式，但他的思想同样适用于面向对象设计模式，只是在面向对象的解决方案中，对象和接口相当于墙壁和门窗。两类模式的核心都在于提供相关问题的解决方案。具体地说，面向对象软件设计模式通常描述了一组相互紧密作用的类与对象，设计模式确定了所包含的类和实例，以及它们的角色、协作方式和职责分配。同时，它还可以作为一种讨论软件设计的公共语言和交流术语，使得优秀设计者的设计经验可以被其他设计者掌握。

文献[41]总结了三大类（共 23 种）面向对象设计模式，其中创建型模式 5 种，结构型模式 7 种，行为型模式 11 种。这些模式为设计优秀的面向对象软件提供了很好的思路和方案。

一般而言，一个模式有以下四个基本要素。

（1）模式名称（Pattern Name）：一个助记名。它用一两个词来描述模式的问题、解决方案和效果。命名一个新的模式会增加设计词汇。设计模式允许人们在较高的抽象层次进行设计。基于一个模式词汇表，人们就可以讨论模式并在编写文档时使用它们。模式名称可以帮助人们思考，便于人们与其他人交流设计思想和设计结果。找到恰当的模式名称也是人们设计模式编目工作的难点之一。

（2）问题（Problem）：描述了应该在何时使用模式。它解释了设计问题和问题存在的前因后果，描述了特定的设计问题，如怎样用对象表示算法等；也可能描述了导致设计不灵活的类或对象结构。有时候，问题部分会包括使用模式必须满足的一系列先决条件。

（3）解决方案（Solution）：描述了设计的组成成分，以及它们之间的相互关系、各自的职责和协作方式。因为模式就像一个模板，可应用于多种场合，所以解决方案并不描述一个特定而具体的设计或实现，而是提供问题的抽象描述，以及讲述怎样用一个具有一般意义的元素组合（类或对象组合）来解决这个问题。

（4）效果（Consequences）：描述了模式应用的效果及使用模式时应权衡的问题。尽管人们在描述设计决策时，并不总提到模式效果，但它们对于评价设计方案、理解使用模式具有重要意义。软件效果大多关注对时间和空间的衡量，也表述语言和实现问题。因为复用是面向对象设计的要素之一，所以模式效果包括它对系统的灵活性、扩充性或可移植性的影响，显式地列出这些效果对理解和评价这些模式很有帮助。人们站在不同的角度会对什么是模式和什么不是模式有不同理解。一个人使用的模式对另一个人来说可能只是基本构造部件。

虽然设计模式描述的是面向对象设计，但它们都基于实际的解决方案，这些方案的实现语言是 C++、Java 等主流面向对象编程语言。

框架与设计模式和体系结构均有密切的关系，它们都是高层次的可复用成分。设计模式比框架更抽象，是比框架更小的体系结构元素，而框架则集成并具体化多个设计模式。设计一个框架时，通常会选用一种体系结构（风格），并且这种体系结构将作为框架的主要成分被共享和复用。动态体系结构可以延迟对体系结构的样式和风格进行早期决策，有利于减少设计风险，并提高系统的可复用性。因此，基于动态体系结构的结构框架具有十分明显的优势。在框架开发中，模式关注抽象的、普遍的概念之间的结构，在软件域和问题域均是如此。在分析阶段，模式关注问题域的结构；在设计阶段，模式关注软件实体之间的逻辑结构；在实现阶段，模式关注代码之间的结构，以提高设计信息在实现时的可见性，并保证提供扩展和变更的能力。

2.3 计算性反射技术

2.3.1 基本概念

反射（Reflection）的概念被引入人工智能领域，其初衷是为了模拟人类的脊髓处理问题的方式。1982 年，其研究成果被 B.Smith 引入计算领域，很快引发了计算机科学领域对反射性的研究[42]。为了与人工智能领域的反射区分，计算领域的反射也被称为计算性反射（Computational Reflection）[43]。反射技术首先被程序语言的设计领域采用，在面向对象语言中的应用最为突出，典型的如 OpenC++[44]、MetaJava。近年来，反射技术也被应用于操作系统和中间件系统[45]，并被认为是下一代中间件的关键技术。

一般来说，反射性是实体按照描述和操作实体所面临的问题域相同的方式来描述和操作实体自身的能力。软件系统对自身的描述称为“系统自述”（Self-Representation），而自述模型和数据与系统实际状态和行为相一致的机制称为“因果关联”（Causally Connected）。系统自述与因果关联是反射系统的两个最基本特征。因此，简单地说，实现系统的反射就是要进行系统自述并实现因果关联。

可以看出，反射性的概念严格区分了计算系统与现实世界，这是理解反射性的关键[46]。基于这个区分，可以引出下面几个概念：现实世界称为计算系统的领域（Domain）；计算系统与领域之间的相互表示和映射称为因果关联。将另一个计算系统作为领域的计算系统称为元系统；作为领域的系统称为目标系统；元系统对目标系统的处理称为元计算。由基本计算引发元计算的过程称为上行活动（Shift-up Action）；反之，由元计算引发（目标系统的）计算的过程称为下行活动（Shift-down Action）。通过这些概念可知，反射性是指计算系统将自身作为领域的这种特性，反射系统是将自身作为目标系统的元系统。反射系统对自身进行的推理与操纵称为反射计算。

2.3.2　反射系统基本原理

1. 反射系统的结构

根据上面的概念可以看出，反射系统至少有两个层次：元系统层和目标系统层，分别简称为元层和基本层，如图 2.1（a）所示。反射系统可以迭代，即将元层作为领域抽象出元—元层，从而可以产生更多的层。通常，反射系统迭代三次以上就没有太多意义了，并且会造成开发人员难以理解系统的后果，因此，通常情况下，反射系统不超过四层，即基本层（也称实例对象层或 M0 层）、模型层（M1 层）、元模型层（M2 层）、元—元模型层（M3 层），如图 2.1（b）所示。上一层是下一层的生成系统，或者说它具有对下一层的反射（Reflect），而下一层是对上一层的实例化，或者说它具象化（Reify）了上一层。反射系统这种多层式的结构模型被形象地称为“反射塔”。对对象系统而言，在元层中的对象称为元对象，在基本层中的对象称为基本对象。相邻层之间的访问接口称为元对象协议（MOP）。本书除非特别声明，所谓的反射均指对象系统的反射。

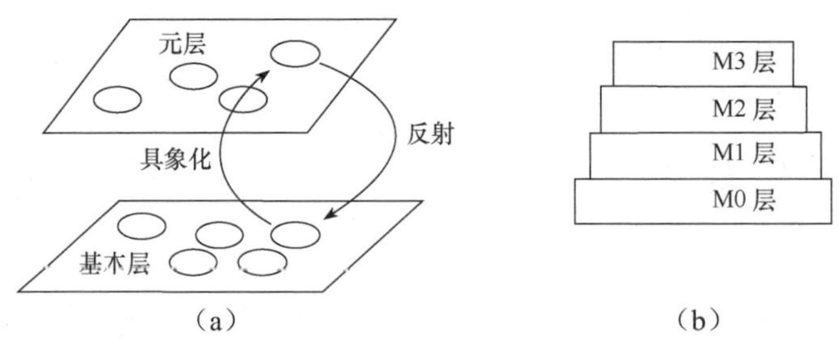

（a）　　　　　　　　　　（b）

图 2.1　反射系统的层次结构（反射塔）

引入上行与下行活动的概念可以描述反射系统的工作过程：基本层对象为实现应用功能而开始运行活动，其运行活动被元层对象捕获（Trap），导致计算上下文切换到元层（上行活动）。元对象根据其运行逻辑，利用元计算结果反过来影响基本层的对象，计算上下文再次切换到基本层（下行活动）。这个过程还可以反映反射系统的一个重要特性：透明性（Transparency）。

反射系统的透明性意味着基本对象的活动自动被元层捕获，基本层意识不到元层的行为，由透明度进行量化。透明度表现为基本层与元层进行集成时，基本层对象发生变化的多少，即基本层中需要多少代码去支持与元层集成。透明性对基本层而言是一个十分重要的特性，透明性越好，基本层中与反射有关的代码越少，因此基本层的开发也就越容易。基于这一原理，对于反射式中间件和框架系统，为了提高系统的易用性，应最大可能地提高反射系统的透明性。

反射系统的另一重要特性是开放性（Openness）。反射系统的系统自述和因果关联机制使系统运行时内部的状态和行为是可观和可控的，这为系统不需要重新编译就实现结构和行为的进化提供了可能，从而为软件系统与外界发生信息交换提供了途径。由于适应性的必备条件是系统能与外界发生物质、能量或信息交换，因此，反射系统的开放性为软件系统的适应性提供了有力的保证。

2. 反射的内容与粒度

通常，在设计和实现一个反射系统时，首先需要考虑的问题是反射的内容，即对软件系统的什么特征进行自述。反射的内容按抽象层次可分为体系结构级反射、构件级反射和语言基本实体级反射。体系结构级反射主要具体化系统中构件的拓扑关系、构件活动与交互的基础设施（如互操作协议、系统资源占用情况）等高层抽象信息。构件级反射主要具体化构件的接口信息、构件组装机制、构件的服务。（面向对象）语言基本实体级反射主要具体化类运行时信息、对象属性信息、方法调用关系与调用参数等。非纯面向对象语言（如 C++）不具备运行时代码的表示功能，因此需要进行扩展才能具有反射能力；而纯面向对象语言（如 Java、SmallTalk）具备运行时代码的表示功能，但由于其运行时的表示是只读的和不完整的，因此只具有部分反射能力。由于软件体系结构（Software Architecture，SA）反映的是系统的高层特征，将 SA 进行自述和因果关联对系统的调整具有效果明显、与具体应用无关等优点，因此 SA 的反射是人们研究的热点。

反射的内容按类型分，可分为结构反射、交互反射和行为反射。结构反射指具体化系统的拓扑结构特征，通过对系统运行时的结构进行建模，并实现基本层实际结构与元层模型之间的因果关联。交互反射可分为交互的基础设施的反射和交互语义的反射。其中，交互的基础设施的反射主要用于分布式系统中，其为对象之间的交互通道进行建模和自述，以实现系统对象之间通信的安全性、透明性、高效性、可靠性和协议无关性，大多数反射式中间件均属于这一类；交互语义的反射则是建模对象之间的协作关系和交互的角色，使角色能以动态、透明的方式复制到对象实体上。引入反射性的目的在于使对复杂的交互和协作关系的管理隐藏在元级中。行为反射指具体化系统活动过程及其所需的数据，通过观察和操纵活动过程和元数据，实现对系统行为的监视和调整。

反射的内容也确定了反射粒度（Granularity），反射粒度被定义为：计算系统中被元实体具体化的最小的实体。对象系统的反射粒度可分为类级、对象级、方法级和方法调用级。任何高层的反射都是对基本粒度的反射进行进一步抽象和综合的结果。

3. 典型反射模型

反射模型（Reflection Model，RM）指元对象与基本对象的因果关联形成的结构映射关系，是反射式系统非常重要的设计内容。文献[47]将反射模型分为四种类型，分别是元类模型（Meta-Class Model，MCM）、元对象模型（Meta-Object Model，MOM）、消息具象化模型（Message Reification Model，MRM）、通道具象化模型（Channel Reification Model，CRM）。

1）MCM

在 MCM 中，元对象具象化设计时的类信息，元对象与基本对象的因果关联关系为实例化关系，即基本对象是元对象的实例。由于类是由多个对象共享的，因此元对象也由多个基本对象共享，是一对多的关系。此时，反射模型具有类级的反射粒度。

2）MOM

MOM 比 MCM 更具有一般性，即用元对象去抽象基本对象的特征，并在运行时应用这些特征执行操作，如序列化、显示等。MOM 具有对象级的反射粒度。显然，当这些特征信息是对象创建信息时，MOM 中元对象与基本对象之间的因果关联关系为实例化关系，此时 MOM 退化为 MCM。

3）MRM

在 MRM 中，元对象具象化对象之间的交互，交互关系被抽象为消息，它反映了对象之间的调用关系。当元层捕获调用请求时，元对象（消息）产生；当元计算结束时，消息也被终止。通常，MRM 中的元计算主要完成发布消息、定位响应消息的基本对象等工作。

4）CRM

CRM 是 MRM 的变体，CRM 的元对象是通道。通道与消息的不同之处在于通道具有相对的固定性，它表示两个对象之间潜在的交互所需的逻辑连接。通道可以在系统初始化时构造，也可以在第一个消息产生时构造。构造完毕后，通道一般情况下不会消亡，除非两个对象被确定为以后不再发生交互行为。MRM 与 CRM 均具有方法级的反射粒度。MRM 的特点是灵活，不需要记忆状态，比较适合描述进程内对象之间的交互；而 CRM 可以维持更复杂的连接上下文，因此更适合分布式系统。

4. 关联时机

关联时机指元对象与基本对象因果关联的时机，关联时机可以是编译时（Compile-Time）、装载时（Load-Time）或运行时（Run-Time）。编译时的反射利用编译器实现对编程语言的扩展，由于因果关联的开销产生在编译时，因此其通常在运行时具有较佳的性能，但是这种因果关联是静态的，而且运行时反射模型不复存在，自述信息可能会散布在代码中，且不可再修改，因此缺少灵活性。装载时的反射在程序被装载时产生并装配元对象，在运行时元对象及相关元数据可以保留或修改，并且运行时具有较好的性能，因此是一种较好的方案。其缺点是由于装载时的顺序是不可控的，因此元对象之间不能存在依赖关系，否则系统会出错。运行时的反射的因果关联可以发生在运行时的任何时候。其优点是灵活，可以描述运行时的系统特征，能实现系统的动态观察与调整。但是，是因果关联的建立会导致性能的损失。

影响反射系统性能的两个重要因素是元对象的生命周期和元计算的时间。元对象的生命周期过长，会占用内存；但生命周期过短，可能导致元对象频繁创建与消亡，会占用过多的 CPU 资源。元计算的时间指元层捕获基本层时计算上下文切换所需的时间，元计算的时间越长，系统的性能损失越大。

2.3.3 反射与软件适应性

1. 软件适应性

软件系统在解决越来越复杂的现实世界的问题并使计算系统得以广泛应用的同时，自身却日趋复杂易变，形态多样，规模庞大。互联网的飞速发展进一步导致软件系统运行环境的开放化和复杂化，软件系统的开发、集成、运行、维护和演化越来越困难。究竟什么样的软件形态、什么样的软件开发方法和模式能很好地适应目前的情况，是人们研究和思考的焦点。

构造性和演化性是软件的基本属性。构造性表示对客观世界的描述与表达能力，而演化性表达其潜在的构造性，是对构造属性的变更特性的描述。软件演化是指在软件生命周期内对软件维护和软件更新的过程和行为。现在，软件运行在开放的环境中，较以往更容易受到需求变更、结构调整、功能增加、运行环境变化等的影响，这对软件的演化能力提出了更苛刻的要求。在这种背景下，软件演化性被认为是软件适应性的一个特例。

关于软件适应性的概念，目前并没有统一的认识。本书认为，软件系统的适应性是指软件系统与其操作环境相协调的过程，是当软件的运行、维护、开发和支持环境发生变化时，软件系统能通过改变结构、控制参数或控制策略来保持一定的功能，从而在新的环境下继续发挥作用的能力[48,49]。软件的适应性表现在软件系统的运行、演化、开发等各个方面。在运行阶段，软件的适应性是系统运行过程中具有应对环境变化，维持自身处于良好状态，从而保证应用逻辑得以执行的能力。我们把软件监视和调整软件自身状态的这种能力或特性称为适应性机制，把应对问题域的适应性规则称为适应性策略。适应性机制通常具有如下特征：①可观性，适应的内容必须被明确地建模和描述出来；②可控性，适应性模型具有可变特征，并为这些变化给出接口；③透明性，软件系统本身的适应不会被应用察觉到，这样既可以提高易用性，减轻应用的负担，也可以使之与应用分离出来，便于演化。适应性策略更加贴近具体应用，需具体问题具体分析，本书不做讨论。

2. 反射技术对软件适应性的支持

适应性系统必须是开放系统，开放系统只有通过与外界发生物质、能量或信息的交换，才能达到适应的目的。反射技术为系统的开放提供了实现手段，其系统自述和因果关联机制使系统的高层抽象结构在运行时可观并可控，为提高系统的适应性提供了基础，因此，利用反射技术提高软件架构的演化性和动态性是非常有效的途径[48-52]。概括地说，反射技术对软件的作用表现在如下几个方面。

（1）反射技术可以使系统在设计和部署时的高层特征（如体系结构）可见和可调整，便于运行时从整体上修改软件系统的结构和行为。常规软件的体系结构等高层信息是在设计文档中，实现后隐式地散布在代码中。

（2）反射技术的开放性使系统在运行时可以接受修改和调整，从而可能为系统分析时没有被定义的功能和延迟设计时所需的某些策略提供更多选择，进而降低设计的风险，有利于系统开发和复用。

（3）反射技术的自述特性有利于软件模块之间动态理解对方的语义，使模块更具弹性，系统集成变得更加容易。

（4）反射技术便于对软件系统的关注点进行建模，关注点可以是功能相关的，也可以是非功能相关的。各个关注点可以被独立地分解和建模，便于系统各个方面的特征单独进化。通常，非功能特征是难以用基本对象进行建模的，而元对象可以实现横切模式并对非功能特征进行描述。

2.4 建模仿真技术

半个多世纪以来，建模仿真技术在各类应用需求的牵引及有关科学技术的推动下，已经形成了较完整的专业技术体系，并迅速地发展为一项通用性、战略性技术。它与高性能计算（High Performance Computing）一起，成为继理论研究和实验研究之后第三种认识、改造客观世界的重要手段[8]。目前，建模仿真技术正在向以网络化、虚拟化、智能化、协同化、普适化为特征的现代化方向发展。提高建模与仿真的综合性、真实性、实时性、可复用性、互操作性及其和人与环境交互的协调性，是当前仿真技术发展的主要目标。当前仿真技术的重点研究领域有仿真技术新理论、新方法，高性能/高可信仿真技术，智能化仿真，体系仿真及评估新技术等。

2.4.1 基本概念

仿真（Simulation）是一门综合性技术，以控制论、系统论、相似原理和信息技术为基础，以计算机和专用设备为工具，利用系统模型对实际的或设想的系统进行动态实验。由于现代计算机在仿真中扮演了至关重要的角色，因此通常仿真也被称为计算机仿真。系统、模型、计算机构成了计算机仿真的三个基本要素，它们的关系可用图 2.2 来描述。

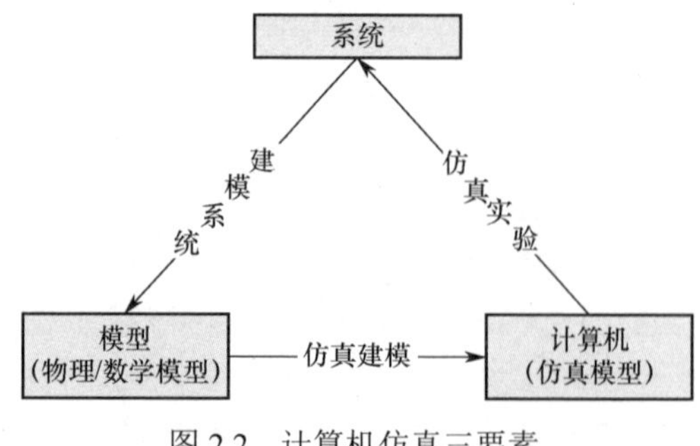

图 2.2　计算机仿真三要素

系统[1]（System）是由相互关联、相互制约、相互作用的若干组成部分结合而成的具有特定功能的有机整体，是被仿真的对象。仿真系统是基于仿真技术构建的人工系统。现代仿真系统的核心是软件，但区别于一般意义上的软件系统，仿真系统是对动态特征的刻画，即仿真系统中所有对象的状态均为时间的函数，时间可以是连续的，也可以是离散的。

模型[1]是对现实世界的事物、现象、过程或系统的某种本质或特征的简化描述。模型可以是物理模型、数学模型或结构模型。对计算机仿真而言，模型指数学模型或结构模型，而将数学模型或结构模型进一步翻译形成的计算机程序，则称为仿真模型，它构成了仿真系统的主要内容。将现实世界抽象成数学模型或结构模型，称为一次建模；将数学模型或结构模型翻译成计算机程序，称为二次建模。无论是一次建模还是二次建模，都会在一定程度上带来误差，因此，仿真系统可以逼近真实系统，但永远不可能完全还原真实系统。

粒度是模型非常重要的一个属性，它是一个反映模型的精细程度和对细节还原能力的指标。粒度细表示细节还原能力强，粒度粗表示细节还原能力弱。细粒度模型运行时会消耗更多的计算资源和存储资源。值得一提的是，模型的粒度细并不代表模型准确，只有在模型构建正确且与模型粒度匹配的情况下，构建的模型才能更准确。举例来说，经典的牛顿力学原理与宏观低速的运动物体是相匹配的，它可以准确反映这个范畴下的运动规律，但如果用牛顿力学原理构建微观世界的运动模型，粒度虽然更细了，模型却不准确了。模型分辨率是与模型粒度含义相近的一个概念，在一定程度上可以互换，但两者也有细微的差别。一般认为，分辨率是模型当前运行效果反映出来的细腻程度，因此分辨率更能体现动态可变的含义，而粒度通常是在模型构建时规划和设计的。

仿真是用虚拟的和近似的方法来逼近真实的情况，主要适合解决以下问题。

（1）难以用数学公式描述的系统，或者没有有效求解的数学方法。

（2）虽然可以用解析方法解决问题，但数学分析与计算过于复杂，这时计算机仿真可能提供简单可行的求解方法。

（3）不确定性因素在大规模对象的相互作用中存在，希望预测结果的统计规律。

（4）希望能在较短的时间内观察到系统发展的全过程，以估计参数对系统行为的影响。

（5）当难以在实际环境中进行实验和观察时，计算机仿真是唯一可行的方法，如对太空飞行的研究。

（6）需要预测系统在未来的变化，如天气预报、全球变暖的研究等。

（7）需要对系统或过程进行长期运行的比较，从大量方案中寻找最优方案。

2.4.2 建模方法与语言

1. 建模方法

建模方法是建模与仿真领域不变的研究主题。

按建模对象的类别划分，可将建模方法分为人体建模、环境建模和实体建模。人体建模主要涉及模拟人体器官组织和人体在外界物理刺激下反应的人体物理建模。典型的人体建模技术有人体外表、功能、性能和行为建模等。环境建模主要解决环境仿真模型的建立问题。典型的环境建模技术有环境的概念模型技术、环境模型数据表示技术、地形/地貌/海洋/大气/空间/电磁/光学环境等的建模技术等。实体建模涉及工程与非工程领域各类实体的建模技术，如导弹、飞机、舰船、雷达等。随着人工智能（AI）技术的发展，智能实体建模与人的行为建模已融为一体，两者之间没有明确的界限。

按建模技术原理不同，大致可将建模技术分为机理建模技术、系统辨识建模技术、多分辨率建模技术、面向对象建模技术。其中，机理建模技术主要针对研究对象的领域特点建立描述其运行机理的模型，包括：①连续系统建模技术，如线性/非线性、连续/离散、确定/随机、集中/分布、定常/时变、存储/非存储等；②离散事件系统建模技术，如面向活动、面向事件、面向进程、Petri 网等，其中 DEVS[53]方法有严谨的理论基础，应用范围也非常广泛，是最重要的建模方法；③智能系统建模技术，如符号定向图、神经网络、模糊神经网络、多智能体建模；④灰色系统建模技术，如灰色微分方程；⑤电磁环境与光学环境等建模技术，如有限元方法/有限元分析、时域有限差分法、矢量衍射计算、波阵面基础公差分析等[54]。

按建模对象的层次不同，可将建模分为系统建模和实体建模。系统建模侧重于描述系统的整体组成、结构、交互、部署、演化等特征，如面向对象建模方法、高层建模方法，柔性建模方法、组件化建模方法[55]、参数化建模方法、多分辨率建模方法[55-63]、多视图协同建模方法[64, 65]。实体建模侧重于描述实体内部特征和内在的运行规律，如最小二乘、极大似然、有限元、矢量衍射计算、神经网络、概率分布建模等。

对体系建模与仿真而言，比较重要的建模方法包括多分辨率建模、多视图协同建模、参数化组合化建模等。多分辨率建模方法关注建模过程的多个层次和多种模式，并且在运行过程中涉及各种分辨率模型的分解、聚合、组合机制。多分辨率建模的概念于 20 世纪 80 年代起源于美国 RAND 公司。进入 21 世纪，世界新军事变革的浪潮滚滚而来，现代战争呈现出一些新的特点：战略、战役、战术之间的界限趋于模糊；多军兵种之间展开联合作战；战争的复杂度增加；作战样式不断翻新；战争的信息化程度越来越高。多分辨率建模方法可以从不同的角度、不同的层次较好地描述战场实体和行为过程，被认为是解决目前作战仿真有关问题的有效方法。

多视图协同建模方法在从多个角度、多个阶段、多个用户对同一对象进行建模的基础上，进行模型视图的融合，形成更全面的模型。该方法强调在建模过程中对不同关注点先分离后协同。由于大型复杂仿真系统的开发需要以领域知识为基础，由仿真专家和软硬件工程师协同工作才能完成，考虑到每个参与者的知识结构的差异，且每个人都有各自的关注点，因此，一个好的建模方法应该有效地分解出这些关注点，然后自动地将它们进行融合与集成。多视图协同建模方法较好地实现了这一点。

2. 建模语言

目前复杂系统的建模语言多种多样，按用户接口形式来分，有基于图形的建模语言和基于文本的建模语言；按仿真程序的集成方式来分，有面向过程的建模语言和声明式建模语言；按仿真对象的学科构成来分，有多领域建模语言和单领域建模语言；按仿真对象的连续离散特性来分，有连续建模、离散建模和混合建模语言；按仿真软件的实现思想来分，有面向功能、面向对象和面向组件的建模语言。典型的建模语言有 UML[23]、SRML[66]、Modelica[67]等。

体系仿真最常见的建模语言是 UML（统一建模语言）和 SRML（仿真参考标记语言）。UML 是一种综合的通用建模语言，适合对诸如由计算机软件、固件或数字逻辑构成的离散系统建模，不适合对诸如工程和物理学领域中的连续系统建模。

SRML 是美国 Boeing 公司于 2002 年制定的基于 XML 标准的仿真参考标记语言规范，同年提交到 W3C，并将其作为标准草案发布。提出 SRML 的初衷，是希望通过 Web 技术，使仿真模型的接收、处理和执行按一种标准和公认的方式进行，正如 HTML 语言用于在互联网上描述文本和其他媒体，而 MathML 用于描述数学计算一样。SRML 基于 XML 的特征，SRML 与平台无关，而且很容易获得 Web 相关技术的支持，因此，它势必成为一种广泛使用的仿真语言。由于 SRML 语言只定义了语法和描述框架，对具体描述内容及语义并没有说明，因此，针对仿真应用领域的特点对 SRML 进行定制和扩展是 SRML 研究和应用的关键[68, 71]。

2.4.3 离散事件系统规范

离散事件系统规范（Discrete Event System Specifications, DEVS）[53]是由 Zeigler 提出的系统描述规范，它在自动机的基础上，增加了时间基和事件的概念，同时提供了模块化、层次化和形式化描述机制，可用于描述离散系统以及状态连续但受离散事件控制的混合系统，是研究和应用现代仿真系统的基本理论和方法，在国内引起了广大学者的关注和高度重视[69, 70]。

DEVS把每个子系统都看作一个具有独立的内部结构和明确的I/O端口的模块，并将其称为基本模型。基本模型描述了离散事件系统的自治行为，包括系统状态转换、外部输入事件响应和系统输出等。基本模型包括如下信息。

（1）输入端口的集合：用于接收外部事件。

（2）输出端口的集合：用于发送事件。

（3）状态变量与参数的集合。

（4）时间推进函数：用于控制内部转移的时间。

（5）内部转移函数：定义在到达时间推进函数给定的时间后，系统将改变的状态。

（6）外部转移函数：定义接收到输入信息后，系统如何改变其状态。

（7）输出函数：在内部转移发生前产生一个外部输出。

基本模型可以通过一定的连接关系组成组合模型，组合模型可以作为更大的组合模型的元素，从而形成可复合迭代的层次化模型树。

在DEVS中，模型的执行是通过抽象仿真器实现的。抽象仿真器是一种算法描述，用以说明如何将执行指令隐含地传送给模型，从而产生模型的行为。抽象仿真器与模型之间存在对应的关系，它负责收发消息，调用模块的转移函数，并修改本地的仿真时钟。

DEVS作为一个通用的描述规范，在结合具体应用领域时，可以根据需要进行定制和扩展；同时由于DEVS没有定义可视化的描述规范和可执行的描述语言，因此相关学者以DEVS为基础，在形式化扩展、面向领域的定制及可视化建模补充等方面开展了大量的研究[71-77]。

2.4.4 网络化仿真

1. 分布交互仿真

分布交互仿真（Distributed Interactive Simulation，DIS）技术的应用使跨区域、跨平台、大规模异构系统仿真成为现实，仿真环境从单一的主机发展到以网络为中心的分布式平台。从广义上说，分布交互仿真是指通过某种标准的网络协议和技术，实现地理上不同分布的仿真器和仿真模块的连接，形成一个逼真的、复杂的、交互的虚拟仿真环境，以支持仿真系统的集成，提高仿真的可信度。由于IEEE 1278协议也称DIS协议，因此，狭义的分布交互仿真特指基于IEEE 1278协议的仿真。

分布交互仿真主要有如下几个特点。

（1）在体系结构上，由过去的集中式、封闭式发展到分布式、开放式和交互式，构成互操作、可移植、可伸缩及强交互的协同仿真体系结构。

（2）在功能上，由原来的单个武器平台的性能仿真，发展到在复杂环境下以多武器平台为基础的体系仿真。

（3）在技术上，从单一的构造仿真、实况仿真和虚拟仿真，发展成集上述多种仿真为一体的综合仿真系统。

（4）在效果上，由只能从系统外部观察仿真的结果，或直接参与实际物理系统的测试，发展到能参与到系统中，与系统进行交互，并可得到身临其境的感受。

分布交互仿真是计算机技术的进步与仿真需求不断发展的结果，其特征主要表现在六个方面，即分布性、交互性、异构性、时空一致性、开放性和实时性。

（1）分布性。分布式交互仿真的分布性表现为地域分布性、任务分布性和系统分布性。地域分布性是指组成仿真系统的各个节点处于不同的地域；任务分布性是指同一个仿真任务可以由几台计算机协同完成；系统分布性是指同一个仿真系统可以分布在不同的计算机上。

（2）交互性。分布式交互仿真的交互性包括人机交互和作战时的对抗交互。所谓人机交互，是指参与作战演习的人员通过计算机将其对仿真系统的命令传达给仿真系统；所谓对抗交互，是指参与作战的对抗双方交互作战信息。

（3）异构性。分布式交互仿真的一个突出特点是将地域上分散、由不同的制造厂商开发、系统的硬件和软件配置各不相同、实体表示方法与精度各异的仿真节点联结起来并实现互操作。

（4）时空一致性。在分布式交互仿真系统中，人通过对计算机生成的综合环境的各种真实感受来做出响应，从而形成人在回路的仿真，所以系统必须保证仿真系统中的时间和空间与现实世界中的时间和空间的一致性。时空一致性是指各节点或各软件对象的行为根据所模拟的时空关系，与真实的时间因果顺序和空间位置一致。

（5）开放性。开放性是指体系结构的开放性，其目的是建立一种具有广泛适用性的系统结构框架，在这一框架下，可以实现各类系统或子系统的集成，以构建大规模和多用途的作战仿真。

（6）实时性。实时性要求实体状态必须是实时更新的，实体之间的信息必须是实时传播的，图形显示必须是实时生成的。

2．高层体系结构

1995 年，美国国防部（DoD）提出了建模与仿真主计划（MSMP），其目标是：促进仿真系统之间及其与 C^4ISR 系统之间的互操作；建模与仿真资源可重用并成为公共资源。MSMP 包括三个公共的技术框架，即高层体系结构（HLA）[78]、任务空间概念模型（CMMS）和数据标准（DS）。CMMS 是仿真的一致性与权威性表达的基础；DS 是模型、仿真和 C^4ISR 系统中数据表达的标准；HLA 是仿真系统互连的标准，是实现 MSMP 的关键。

1996 年 8 月，HLA 基本接口规范 1.0 被 AMG（Architecture Mangement Group）接受，并被美国国防部采办与技术办公室准许作为标准技术体系结构，用于美国国防部的所有仿真系统。特别是在 2000 年 9 月，IEEE 仿真互操作标准委员会（SISC）发起了基于 DMSO HLA 定义 1.3 版本的讨论，修改后的 IEEE M&S HLA 标准系列 IEEE P1516、IEEE P1516.1、IEEE P1516.2/D5 经 IEEE 投票和批准，已成为正式的 IEEE 标准，从 2001 年起，美国国防部淘汰了所有与 HLA 不相容的项目。

HLA 引入了运行支撑环境（Run Time Infrastructure，RTI），明确地将仿真应用模型和仿真支撑服务（如数据分发与时间管理）分离，以提高仿真系统的可重用性与互操作性，方便新的仿真系统与原有系统进行集成。HLA 框架定义的接口规范是 HLA 的主要内容，它定义了六种服务，分别是联邦管理、声明管理、对象管理、所有权管理、时间管理和数据分发管理。实现其接口规范的软件称为 RTI，RTI 作为联邦执行的核心，其本质上是一个面向分布交互仿真领域的中间件，其跨越计算机平台、操作系统和网络系统，为联邦成员提供运行所需的服务。从基本接口规范 1.0 的制定至今，国内外已经产生了由不同组织开发的 RTI。RTI 实现的关键技术是 RTI 体系结构、RTI 过程处理模型、RTI 时间管理算法和 RTI 数据分发管理算法。

HLA 规范定义的另外两项内容是 HLA 规则（HLA Rule）和 HLA 对象模型模板（HLA OMT）。HLA 规则（仅有 10 条）定义了 HLA 框架的基本原则。根据 HLA 框架和规则，一个基于 HLA 的仿真系统称为一个联邦，它由一系列联邦成员（成员内含有一系列仿真对象）和一个公共的基础设施组成，因此它在体系结构上具有事件系统的特征。

互操作是 HLA 的关键目标。所谓互操作，指的是系统或过程的可交互部件，可在事先没有约定的数据通信方式的情况下，所提供的能够协同工作的能力。HLA 的互操作模型分为四层，即应用层、模型层、服务层和通信层。HLA 应用层的互操作是由联邦成员使用 HLA 成员接口规范来实现的，成员之间使用这一规范，通过 RTI 来相互传递约定的数据。这个约定的数据通过标准的、通用的方式来描述，这就是对象模型模板（OMT）。基于 OMT 定义和描述整个联邦的仿真对象模型及其交互活动的数据集称为联邦对象模型（Federation Object Model，FOM）；用来定义单个成员的仿真对象模型及其可能发生的交互的数据集称为仿真对象模型（Simulation Object Model，SOM）；用来定义仿真活动的某一方面或某一部分的“零件型”数据集合称为基于对象模型（Base Object Model，BOM）[79]。

随着 HLA 相关技术的推广和大量应用，HLA 应用系统开发工具研究成为仿真领域新的关注方向。美国国防部总结了前期 HLA 开发的经验，结合软件工程的要求，提出了联邦开发与执行过程（FEDEP）规范[80]，以指导仿真的发起方、开发方与应用方共同协作，按照一定的工程方法开发基于 HLA 的仿真系统。基于 FEDEP，人们提出了仿真工具体系，明确了各个开发阶段的各种自动化/半自动化工具，其中包括软件开发中的各种通用工具，如需求分析工具、对象系统建模工具、编译调试工具、配置管理工具等，也包括与仿真相关的专用工具，如场景想定工具、仿真推演工具、概念模型分析工具、SOM/FOM 模型开发工具、联邦部署工具、联邦运行与集成工具，以及各种通用的联邦成员，如数据记录器、联邦分析成员、联邦管理成员等。HLA 的开发细节过于烦琐，为了提高开发效率，文献[81，82，49]讨论了基于 HLA 的柔性开发框架。

HLA 解决了建模与仿真领域仿真器的开发和应用较为独立、仿真器之间互操作性差的问题，为仿真系统的“集成化、网络化”提供了框架和标准。随着技术的发展，HLA 出现了各种不足之处。①HLA 支持采用面向对象的思想来分析和设计仿真系统，但是实际上只支持成员之间的接口对象化，对于成员内部的仿真对象如何组织与管理，并没有给出相应的方案和模式。②HLA 支持基于 RTI 实现成员之间的集成，但成员的粒度比较粗，成员的复用实际上是难以实现的。③HLA 采用了总线式的集成架构，这使集成总线 RTI 容易成为系统性能的瓶颈，尤其是在交互密集且对同步要求高的应用中。HLA 中的 FOM 和 SOM 都是在联邦设计时预先定义好的，在联邦开发阶段（FEDEP 定义的第四个阶段），FOM 与 SOM 必须确定下来，因此，基于 SOM 的联邦成员不可能做到“即插即用”和支持动态配置。基于以上理由，HLA 主要适用于中等耦合、系统需求明确、接口固定、成员共性特征明显（如均为飞行模拟器）的应用场景。

3. 基于 Web 的仿真

随着以 Web 为核心的互联网技术的发展，利用互联网强大、成熟的技术支持仿真系统的集成成为人们关注的热点。美国国防部建模与仿真办公室组织美国海军研究院、乔治梅森大学及 SAIC 公司开展了将 Web 技术作为通用框架的研究，提出了可扩展的建模与仿真框架（eXtensible Modeling and Simulation Framework，XMSF）[83]。XMSF 被定义为基于 Web 的建模与仿真的一系列标准、原型和实践途径，其目的是形成和发展新一代建模与仿真应用，并使它们之间能够进行更好的交互。XMSF 涉及一系列技术和规范，但 Web 和 XML 技术是其中的基础和核心[83]。

2.4.5 并行仿真

随着仿真系统的功能不断增加、规模不断扩大、精度不断提高，人们对仿真计算环境的性能提出了越来越高的要求，特别是在超高速飞行器仿真、复杂军事体系对抗系统仿真、核反应堆仿真、巨型网络系统仿真等应用中，仿真平台的计算能力成为影响项目成败的关键因素之一。显然，提升硬件的性能无法满足这类系统对仿真计算环境性能的苛刻要求，无论处理器性能提升多少，软件都有可能迅速将其吞噬。况且，计算机硬件毕竟受物理极限的约束，处理器主频的提升已经遇到了瓶颈，因此，计算系统进入了多核和集群时代。这种硬件结构的变化，需要上层的软件系统采用并行和协同计算的模式与之相适应。在这种背景下，利用高性能并行计算技术的并行仿真成为仿真领域的一个研究热点。

1. 并行计算与并行仿真

并行仿真以并行计算为基础。并行计算是指在多台计算机上将一个应用任务分解为多个子任务，不同的子任务分配给不同的处理器，各个处理器之间相互协同，同时执行子任务的过程。并行计算可分为时间上的并行和空间上的并行，时间上的并行指流水线技术，而空间上的并行则指多个处理器并发地执行计算。

并行算法指适合在并行计算系统中执行的算法，好的并行算法应充分发挥并行计算机的潜在计算能力，有效提高并行度。并行算法按运算对象可分为数值并行算法、非数值并行算法；按并行进程执行顺序可分为同步并行算法、异步并行算法、独立并行算法；按计算任务可分为细粒度并行算法（基于向量和循环级并行）、中粒度并行算法（基于较大的循环级并行）和粗粒度并行算法（基于子任务级并行）。通常，对于特定的具体算法的研究（如并行排序算法），适合设计中细粒度的并行算法策略，而对于非特定的通用的并行计算方法的研究，则适合设计粗粒度的并行计算策略。

从程序和算法设计人员的角度来看，并行计算可分为数据并行和任务并行。数据并行把大的任务化解成若干个相同的子任务，处理起来比任务并行简单。目前，并行算法是一门还没有发展成熟的学科，虽然人们已经总结出了相当多的经验，但是远远不及串行算法那样丰富。并行算法设计中最常用的方法是 PCAM 方法，即划分（Partitioning）、通信（Communication）、组合（Agglomeration）和映射（Mapping）。其中，划分就是将一个问题平均划分成若干份，并让各个处理器同时执行；通信就是分析执行过程中所要交换的数据和任务的协调情况；组合就是要求将较小的问题组合到一起以提高性能和减少任务开销；映射则是将任务分配到每个处理器上。

并行算法与串行算法最大的不同之处在于，并行算法不仅要考虑问题本身，而且要考虑所使用的并行模型支撑环境。概括地说，影响并行仿真系统的几个瓶颈因素有以下几个。

（1）实际系统的并行特性。

（2）仿真中的时间模型和抽象层次。

（3）仿真系统的分解方法。

（4）仿真平台的结构和操作系统的特点。

（5）通信延迟。

（6）仿真子系统切换费时。

（7）仿真同步策略。

2. 并行仿真支撑环境

并行仿真支撑环境可分为四层，即并行计算机、并行操作系统、并行编程环境、并行仿真引擎（并行仿真框架内核）。

1）并行计算机

并行计算机的研究主要集中在空间的并行问题上。空间上的并行导致两类并行计算机的产生，按照麦克·弗莱因（Michael Flynn）的说法，机器分为单指令流多数据流（SIMD）和多指令流多数据流（MIMD），而常用的串行机称为单指令流单数据流（SISD）。MIMD类的机器又可分为常见的五类：并行向量处理机（PVP）、对称多处理机（SMP）、大规模并行处理机（MPP）、工作站集群（COW）、分布式共享存储处理机（DSM）。目前，PVP和MPP受研制费用高、售价高等因素的影响，其市场受到一定的限制；SMP受共享结构的限制，系统的规模不可能很大，主要应用在微型计算系统中；而COW具有投资风险小、可扩展性好、可继承现有软硬件资源、开发周期短、可编程性好等特点，目前已成为并行处理的主流。

2）并行操作系统

并行操作系统是指挖掘现代高性能并行计算机计算潜能的计算机操作系统，它针对计算机系统的多处理器设计要求，除了完成单一处理器系统典型的作业与进程控制任务，还必须协调系统中多个处理器或计算核心同时执行不同作业和进程，或者将一个作业分配到多个处理器上执行。同时，并行操作系统必须为各个处理器上的任务提供通信与同步机制。

按控制方式分，并行操作系统可分为主从式操作系统、独立式操作系统、浮动式操作系统、多线程操作系统四种类型。主从式操作系统的主要特点是将所有中断与系统服务安排在主处理器上运行，其余处理器的管态进程均要送到主处理器上执行。独立式操作系统的特点是每个处理器上都有一个操作系统内核。浮动式操作系统是主从式的变体，即主处理机与从处理机可以切换。多线程操作系统在浮动式操作系统的基础上做了进一步改进，其主要特点是定义线程的概念。线程是具有最小进程状态和寄存器内容的轻量级进程，它是可以独立调度的执行单元。多线程操作系统要求内核分块足够少，足以使多个处理器可以同时在内核中运行，这时便形成了多线程内核。多线程操作系统目前已成为现代操作系统的主流。

3）并行编程环境

并行编程环境是指并行算法的开发和运行环境。常见的并行编程环境分为消息传递、共享存储、数据并行。消息传递接口（MPI）是典型的基于消息传递的并行编程环境，其最终目的是服务于进程间通信这一目标，它已成为标准（有不同的具体实现，如由美国阿贡国家实验室和密西西比州立大学联合开发的 MPICH 等），是多主机联网（如 MPP 和 COW）协作进行并行计算的环境，也可以用于单主机上多核/多 CPU（如 SMP）的并行计算，不过效率较低。它能协调多台主机之间的并行计算，因此并行规模的可伸缩性很强，从个人计算机到世界级的超级计算机，都可以使用。其缺点是使用进程间通信的方式协调并行计算，这导致并行效率较低、内存开销大、不直观、编程复杂。

共享存储并行编程（Open Multi-Processing，OpenMP）是用于共享内存并行系统的多线程程序设计的一套指导性注释，其主要用于对称多处理机（SMP）的硬件环境。OpenMP 支持的编程语言包括 C 语言、C++和 Fortran；而支持 OpenMP 的编译器包括 Sun Studio 和 Intel Compiler，以及开放源码的 GCC 和 Open64 编译器。OpenMP 提供了对并行算法高层的抽象描述，程序员通过在源代码中加入专用的编译指令 pragma 来指明自己的意图，由此编译器可以自动将程序进行并行化，并在必要之处加入同步互斥及通信。当选择忽略这些 pragma，或者编译器不支持 OpenMP 时，程序又可退化为通常的程序（一般为串行），代码仍然可以正常运作，只是不能利用多线程来加速程序的执行。

OpenMP 提供的这种对于并行描述的高层抽象，降低了并行编程的难度和复杂度，这样程序员可以把更多的精力投入到并行算法本身上，而非其具体实现细节。对基于数据分集的多线程程序设计，OpenMP 是很好的选择。同时，OpenMP 还具有更好的灵活性，可以较容易地适应不同的并行系统配置。线程粒度和负载平衡等仍是传统多线程程序设计中的难题。

统一计算设备架构（Compute Unified Device Architecture，CUDA）是 NVIDIA 公司推出的通用并行计算架构，该架构使图形处理器（Graphics Processing Unit，GPU）能解决复杂的计算问题。它包含了 CUDA 指令集架构及 GPU 内部的并行计算引擎。开发人员现在可以使用 C 语言来为 CUDA 编写程序，所编写的程序可以在支持 CUDA 的处理器上以超高的性能运行，以实现 GPU 用于图像计算以外的目的。

近年来，异构多核系统的协同计算受到人们的重视，随着各种 CUDA-enabled GPU 进入市场，如何将它的高速计算能力应用于并行计算，如何将多台含有 CUDA-enabled GPU 的 SMP 搭建成集群，以及如何将 GPU 和集群的计算能力进行整合，将成为并行计算领域的研究重点。

4）并行仿真引擎

并行仿真引擎通常指并行仿真框架的内核，其在通用仿真引擎的基础上，封装并行操作系统和并行编程模型，以更高级和易用的方式，支持并行模型的开发和运行。并行仿真内核的主要功能是对并行仿真任务进行调度和划分，根据任务特点和仿真目标选择合适的仿真同步策略，这是并行仿真系统在实现过程中最重要的环节，也是对仿真系统的性能有重大影响的关键因素。国外比较典型的离散事件仿真环境有 SPEEDES（Synchronous Parallel Environment for Emulation and Discrete Event Simulation）、TWOS、IDES 等。其中，同步并行的 SPEEDES 是由美国国家航空航天局组织开发的，它将仿真互操作能力和高性能计算相结合，为计算密集型问题提供并行和分布的高性能仿真应用框架。当前美国国防部的一些主流仿真项目，包括联合仿真系统（JSIMS）、军事演习 2000（Wargame 2000）、JMASS（联合建模与仿真系统）、扩展防空实验床（EADTB）等，这些项目都将 SPEEDES 作为基础的仿真框架，以支持仿真系统的集成和运行。国内，文献[84-92]对并行仿真引擎的开发和实现进行了大量的研究，其中文献[90]在分析研究 SPEEDES 仿真引擎的基础上，提出了基于高性能计算的并行仿真建模框架的组成及功能，开发了“银河舒跑”（YH SUPE）并行离散事件仿真引擎，可支持共享内存并行仿真和 Cluster 集群及工作站联网。

仿真同步策略是仿真调度的核心问题。近年来相关的算法归纳起来主要有以下四种。

（1）时间驱动算法。该算法的原则是，仿真过程不是由事件驱动的，而是由时间驱动的。当仿真运行时，系统不考虑一个实体的输入信息是否发生变化，而是以仿真时间间隔为依据，依次执行各实体。虽然该算法简单，容易实现，但其低效率的缺点非常明显，因为无论一个实体是否需要运行，都会在每一仿真时刻被扫描到，这对存在许多低运行频率实体的仿真系统而言，资源的浪费是极其严重的。

（2）简单事件驱动算法。该算法首先保证仿真系统不是在每一仿真时刻都将内部的实体扫描一遍，而是由事件作为驱动信息运行实体。简单事件驱动算法在仿真系统中定义一个全局时钟变量，每次实体运行后，修改全局时钟，同时确定下一事件对实体的触发时刻。

（3）保守算法。该算法是并行仿真中最常用的算法之一，它最大的特征是严格防止在仿真过程中发生因果错误，即保证各类事件是按时间先后顺序处理的。最典型的一种保守算法是由 Chandy 和 Misra 提出的，但是，这种算法容易发生死锁现象。

（4）乐观算法。该算法是另一种最常用的并行仿真同步策略，它的目标是最大限度地发挥仿真系统的并行性，提高系统的运行效率。Jefferson 提出的时间弯曲（TimeWrap）是目前最常见的乐观算法。但是这种算法有一定风险，如果发生因果错误，就要回退到发生错误之前的时刻重新开始，因此需要大量的系统资源来保存仿真过程中系统的状态和数据。

2.4.6 分布并行一体化仿真

分布交互仿真与并行仿真在应用上有明显的侧重方向：分布交互仿真主要适用于交互密集的面向过程的训练类系统；并行仿真主要适用于计算密集的面向结果的分析评估类系统。从技术实现角度看，分布交互仿真的各个节点相对独立，模型开发比较容易；由于并行软件系统缺少明确的系统全局状态，运行时序不同导致不同的结果，以及与人们常规的串行化思维方式的巨大差异，因此，并行仿真应用系统的开发一直是令广大程序员头疼的事情。更重要的是，一些系统（如军事体系对抗系统）不但需要高性能的计算，还需要大量的人工操作和交互，即同时具有计算密集和交互密集的特征。在这种情况下，分布并行一体化的计算环境是很有必要的。

从技术上看，随着大型并行计算系统向集群化方向发展，而分布式系统向高带宽低延迟方向发展，在硬件平台上，分布与并行之间的界限越来越模糊。在这种背景下，分布和并行的融合，即一体化，是人们关注的焦点。

高性能分布并行一体化仿真环境有效结合了分布式系统与并行系统的优点，旨在为交互密集型和计算密集型系统提供统一可配置的仿真计算环境，良好的仿真软件框架可以使人们无须掌握太多仿真技术就能以较少的努力开发出高效的并行仿真应用系统，确保模型可以不加修改地得到复用，有效降低并行系统设计和开发的难度，促进具有混合特征的复杂异构系统的集成。

分布并行一体化仿真的核心是分布并行一体化仿真引擎，基于该仿真引擎的应用系统不但处理能力和容量更优，而且接口交互能力得到增强，这样既可满足分析类系统对计算能力的要求，也可满足训练类系统对交互能力的要求。同时，分布并行一体化仿真引擎为并行系统和分布系统的模型开发与集成提供了统一的标准，大大简化了模型的开发流程，提高了模型的可复用性。

分布并行一体化仿真的关键在于将进程级与实体级的计算组件进行一体化集成和统一调度。文献[13，15]讨论了分布并行一体化仿真引擎的实现，所开发的仿真引擎支持系统在分布、集群、多核三种环境下进行计算。

2.4.7　云仿真

云仿真[93-97]是一种基于网络（包括互联网、物联网、电信网、广播网、移动网等）、面向服务的仿真新模式，它融合与发展了现有网络化建模与仿真技术，以及诸如云计算、面向服务、虚拟化、高效能计算、物联网和智能科学等新兴信息技术，将各类仿真资源和仿真能力虚拟化、服务化，构成仿真资源和仿真能力的服务云池，并进行统一、集中的管理和经营，使用户通过网络和云仿真平台就能随时按需获取仿真资源与能力服务，以完成其仿真全生命周期的各类活动。

云仿真模式的实现涉及云构造和云应用。云由云服务提供商的云和用户注册的云构成。云应用步骤如下。首先，在安全体系的支持下，各类用户通过网络环境中的云仿真平台进行仿真任务需求的定义。其次，云仿真平台能按用户需求自动查找和发现所需资源（仿真云），并基于服务组合的方式，按需动态构造仿真应用系统（仿真云群）。最后，在云仿真平台对资源的动态管理下，该系统将进行网络化建模与仿真系统的协同运行，完成云仿真。云仿真的过程及应用如图 2.3 所示。

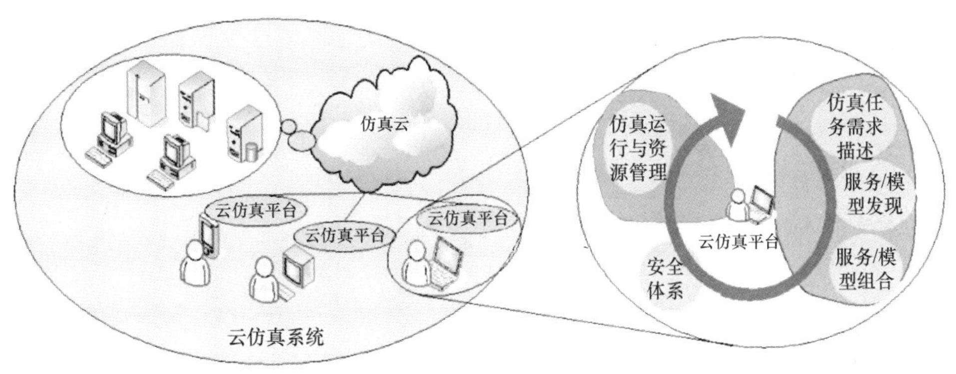

图 2.3　云仿真的过程及应用

云仿真是在云计算提供的基础设施即服务（IaaS）、平台即服务（PaaS）、软件即服务（SaaS）基础上的延伸和发展，它丰富和拓展了云计算的资源共享内容、服务模式和支撑技术。云仿真和云计算的关系如图 2.4 所示。

首先，在资源和能力共享方面，云仿真要能够共享软仿真资源（仿真过程中的各种模型、数据、软件、信息、知识等）、硬仿真资源（各类计算设备、仿真设备、实验设备等）和建模与仿真能力（支持虚拟、构造、实装三类仿真所需的建模、仿真运行、结果分析、评估与应用等各阶段活动的能力）。

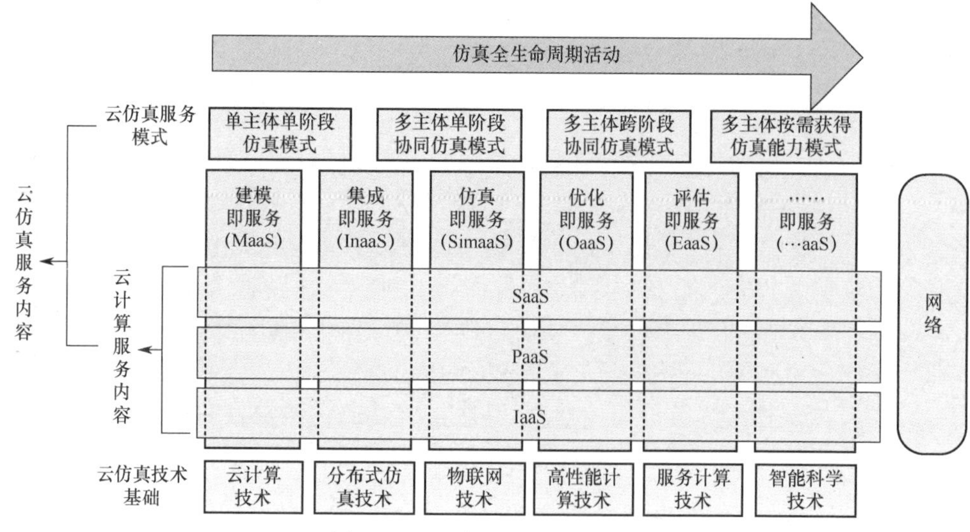

图 2.4　云仿真和云计算的关系

其次，在服务模式方面，云仿真能够支持用户网上提交任务，以及交互、协同和全生命周期仿真服务，具体包括：支持单主体（用户）完成某阶段活动（如专业建模）；支持多主体协同完成某阶段活动（如协同仿真）；支持多主体协同完成跨阶段活动（如协同运行、结果分析）；支持多主体按需获得各类仿真能力。

最后，在支撑技术方面，云仿真拓展、融合了云计算技术、分布式仿真技术、物联网技术、高性能计算技术、服务计算技术、智能科学技术。其中，云计算技术为云仿真中的仿真资源服务提供了使能技术与新仿真模式；分布式仿真技术为云仿真的异构模型和系统高效集成提供了使能技术；物联网技术为仿真领域各类物与物之间的互联和实现仿真智慧化提供了使能技术；高性能计算技术为云仿真求解复杂制造问题和开展大规模协同仿真提供了使能技术；服务计算技术为智能构造与运行虚拟化仿真服务环境提供了使能技术；智能科学技术为仿真资源 / 能力的智能化提供了使能技术。

2.5　本章小结

体系仿真涉及较多的基础技术，本章选了其中最重要的几个进行了分析和讨论，包括对现实世界及软件进行建模的面向对象技术、大型软件开发与设计的架构技术、提升软件演化能力和灵活性的反射技术，以及经典的建模与仿真技术。

第 3 章

体系仿真过程

仿真平台对仿真应用的开发执行作用可概括为：过程指导、规范约束、资源复用、工具支撑。这四个方面相辅相成，过程指导由过程模型体现，过程模型决定了各阶段的任务活动及对应的工具支撑，规范约束确保整个过程有章可循，而整个开发执行过程也是资源的加工、集成和应用过程。由此可见，开发执行过程具有贯穿全局的作用。

3.1 体系仿真开发执行过程模型

从软件工程角度来看，体系仿真开发执行过程是所有体系仿真系统研制和应用共同的指导依据，也是我们研究体系仿真的一个起点。传统的仿真工程主要包括建模、仿真和评估三个环节。考虑到参数化、组合化、组件化技术手段的大量运用，本书将建模过程分解为基础资源准备、模型集成组装、场景任务配置三个阶段。结合软件工程过程的一般方法，我们提出了体系仿真系统全生命周期五阶段过程模型。

如图 3.1 所示，体系仿真开发执行过程分为资源开发、主题策划、任务筹划、仿真运行、分析与评估五个阶段，每个阶段又可分为若干子阶段，而每个阶段及其子阶段均对应仿真平台的特定功能。

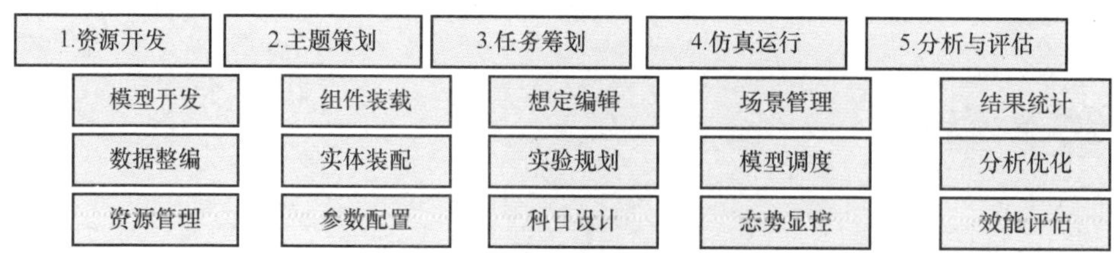

图 3.1　体系仿真开发执行过程模型

资源开发包括模型开发、数据整编、资源管理等子功能。模型开发首先基于可视化建模语言（如 UML 等）的顶层模型框架设计，明确模型之间的交互、派生等关系，然后开发与特定领域相关的算法代码，最终得到可复用、参数化、组件化的模型组件。数据整编指对非结构化数据进行来源分析、整理和入库，形成平台可直接访问和使用的数据集。资源管理指对模型全生命周期的相关文档、软件和数据资源进行统一的管理、访问和部署。

主题是指问题域相同或相似的一系列仿真任务，这类任务由相同类别的仿真实体、模型和基础参数数据支撑。引入“主题”这个概念是更好地体现以参数化、组件化为特征的平台对模型和数据资源的组合化复用，并准确界定开发的深度。例如，以模型开发为主要内容的资源开发属于深度开发，而主题策划属于简单便捷的开发。主题策划包括组件装载、实体装配、参数配置等子功能。

任务筹划是在仿真主题的基础上，根据实验任务进行想定编辑（确定实验场景中的仿真对象的初态和行动计划）、实验规划与科目设计，最后根据筹划内容生成多种形式的实验方案。如果服务于训练，则设计并配置相关训练科目。

仿真运行是在各类资源准备就绪的情况下，在底层软硬件环境的支撑下，由仿真引擎对模型进行集成和调度，以及对仿真场景进行控制和管理，同时可以根据需要把仿真场景数据输出以实现可视化。

分析与评估功能通常是在仿真结束后，对仿真结果进行统计分析及评估优化。当然，某些系统也需要进行实时在线评估。

需要指出的是，上述五个阶段并非严格按顺序执行的。考虑到具体的应用案例资源准备程度不同，以及开发者对不同主题的业务掌握和开发经验不同，案例开发的起点会有所不同，且在整体实施过程中，各个环节是不断迭代的。例如，在各类仿真资源都充分的情况下，可能直接进入主题策划；而在仿真资源完全不具备的情况下，则往往要根据仿真任务和场景倒推需要开发哪些资源，以及如何封装和部署资源。

3.2　体系仿真支撑服务及工具

根据体系仿真开发执行过程模型，为每个阶段定义相关的工具。如图 3.2 所示，仿真平台分为前台工具和后台服务。其中，前台工具的资源开发与管理工具对应资源开发阶段；实体装配和参数配置主要由实体装配工具完成，对应主题策划阶段；想定编辑工具和实验规划工具对应任务筹划阶段；仿真导调工具和运行管理工具对应仿真运行阶段；分析评估工具和可视化工具对应分析与评估阶段。后台服务的资源库用来存储和管理各个阶段产生的模型或数据，作为各工具交互的基础设施，在各个阶段均会参与。后台服务的仿真引擎在开发阶段只作为规范的形式出现，在仿真运行阶段和分析与评估阶段实际参与。

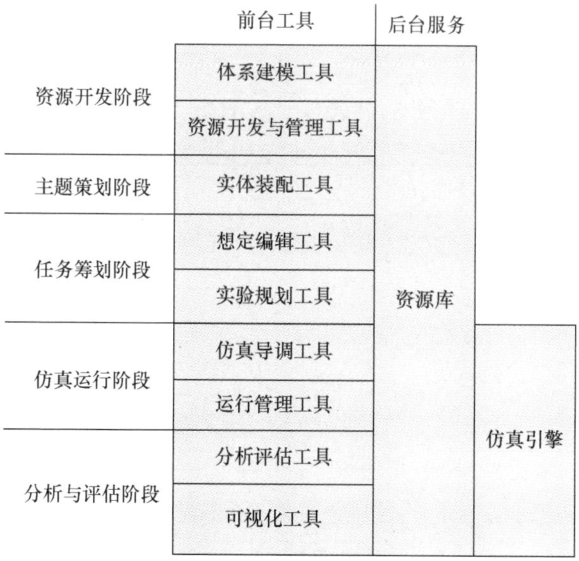

	前台工具	后台服务	
资源开发阶段	体系建模工具	资源库	
	资源开发与管理工具		
主题策划阶段	实体装配工具		
任务筹划阶段	想定编辑工具		
	实验规划工具		
仿真运行阶段	仿真导调工具		仿真引擎
	运行管理工具		
分析与评估阶段	分析评估工具		
	可视化工具		

图 3.2　仿真平台工具集的组成

基于体系仿真开发执行过程模型和工具功能的划分，在“十三五”期间，作者团队针对体系仿真涉及作战要素多、装备交联复杂、实体规模大、层次粒度多、动态演化快等特点，围绕高效地开发高精度、高可信、高性能、高逼真的体系仿真系统的需求，开发构建了具有自主知识产权的体系仿真平台工具集[9]。

如图 3.3 所示，仿真平台由仿真引擎和仿真工具组成。仿真平台的基本工作原理是：前期通过模型开发、数据整编、实体装配、想定开发等过程，开发者为系统的运行提供必要的资源，然后进入运行阶段；在运行阶段，仿真引擎从资源库中激活并加载仿真资源，创建仿真对象，仿真引擎的调度器对所有对象进行统一调度和驱动。仿真对象的状态可以来自自身模型的解算（模型驱动），也可以来自外部的模拟器、导调系统、实装系统的数据（数据驱动）。同时，仿真结果既可以由仿真引擎直接序列化到资源库，也可以输出到可视化系统。

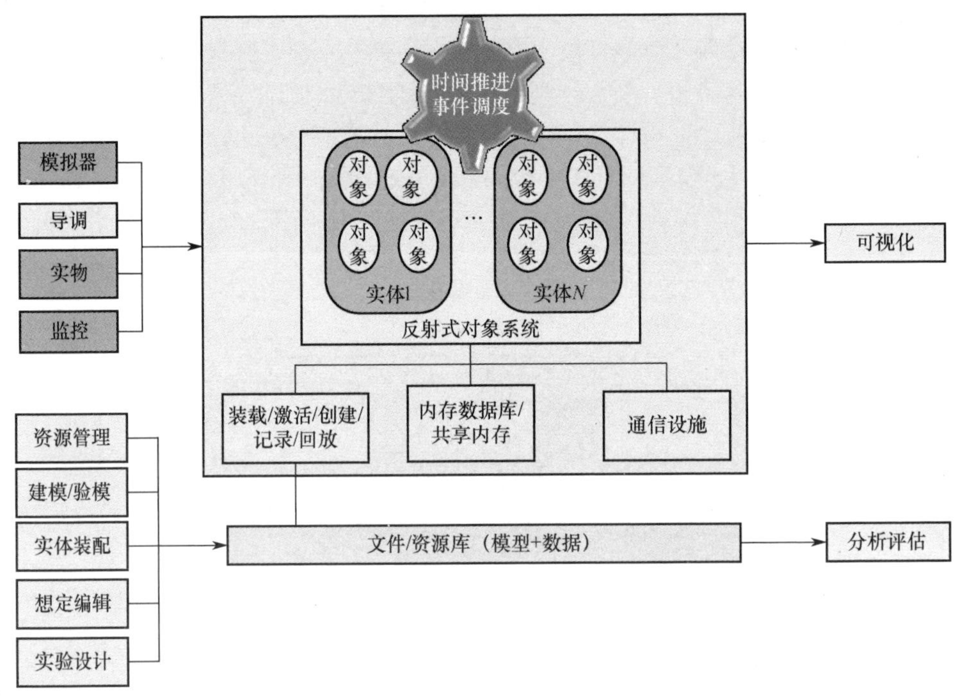

图 3.3　仿真平台的组成

3.2.1　仿真引擎服务

仿真引擎是仿真平台的核心，是仿真领域的“操作系统”。仿真引擎既是仿真系统的“发动机”，也是其“神经中枢”和“骨架”。仿真引擎通过定义一套开放的、可扩展的模型开发和集成规范，为模型的参数化和组件化提供支持，并在运行时对仿真对象、事件、时间进行管理。仿真引擎以软件框架的形式固化或预定义了仿真系统的体系结构和集成策略，同时为模型之间的通信、交互、调度、同步提供可复用的支撑和服务。

仿真引擎与模型框架既相互分离又密切相关。模型框架主要定义体系仿真领域内主要对象的功能、属性、交互、参数等内容，仿真引擎为模型框架的实现提供基础服务。因此，狭义的仿真引擎是指仿真系统集成和调度的内核；而广义的仿真引擎则包括仿真系统内核和模型框架。本书研究的平台仿真系统内核与模型框架是相互分离的，因此在没有特别说明的情况下，本书提到的仿真引擎指的是仿真系统内核。

国内外对仿真引擎及相关规范均开展了大量的研究[96, 98-101]，但目前普遍存在模型开发困难、功能服务少、运行性能低、集成机制单一、接口设计不合理等问题，严重制约了仿真系统的开发、使用和维护。针对军用高性能装备或体系仿真的需求，作者团队对仿真引擎进行了深入研究，在系统构建方式、系统集成方式、模型对象组织、仿真对象调度、系统运行性能、开发运行模式等方面取得了一定的进展，开发了高性能分布式面向对象仿真引擎（High Performance Distributed Object- Oriented Simulation Engine，HDOSE）[15]。以 HDOSE 为核心的体系仿真平台在多个军兵种领域得到了推广应用。

HDOSE 起源于某大型飞机模拟器项目，为分布实时紧耦合仿真系统提供集成，主要功能是封装中间件，为应用层提供简单易用的接口。经过 2001—2004 年的开发，形成 1.0 版本。HDOSE 1.0 的主要特征是具有反射式、对象化的编程模型。

HDOSE 2.0 开发于 2005—2009 年，主要新增特征包括：将底层通信协议/中间件与核心服务分离，使两者可以独立演化；模型以组件方式开发和集成，引入仿真参考标记语言（SRML），并将其作为模型描述规范。

HDOSE 3.0 开发于 2009—2013 年，目标是提高系统的性能。新增特征包括：支持多核并行调度和多级调度；通过报文合并、按需推送等方法优化了通信性能；编程模型上新增了对流对象的支持；实现了 Linux 和 Windows 64 位环境下多个版本的运行。

HDOSE 4.0 开发于 2013—2016 年，目标是为异类异构紧耦合系统集成，而不仅仅局限于为仿真系统服务。主要新增特征包括：对桥接器的接口进行了标准化设计和重构；开发了基于 TCP/IP、共享内存（SM）、反射内存（RM）等的多种类型桥接器。

HDOSE 5.0 开发于 2016—2019 年，该版本通过优化多核环境下的计算资源分配方案，大幅提升了针对大规模多粒度仿真模型的计算效率。

HDOSE 的功能虽然主要以 API 的形式呈现，但为了便于开发和调试应用系统，目前的最新版本也提供了一个带界面的外壳程序，其主界面如图 3.4 所示。

由于仿真引擎 HDOSE 的开发和应用涉及的技术内容较多，此处不展开讨论，后续章节将针对相关关键技术进行描述。

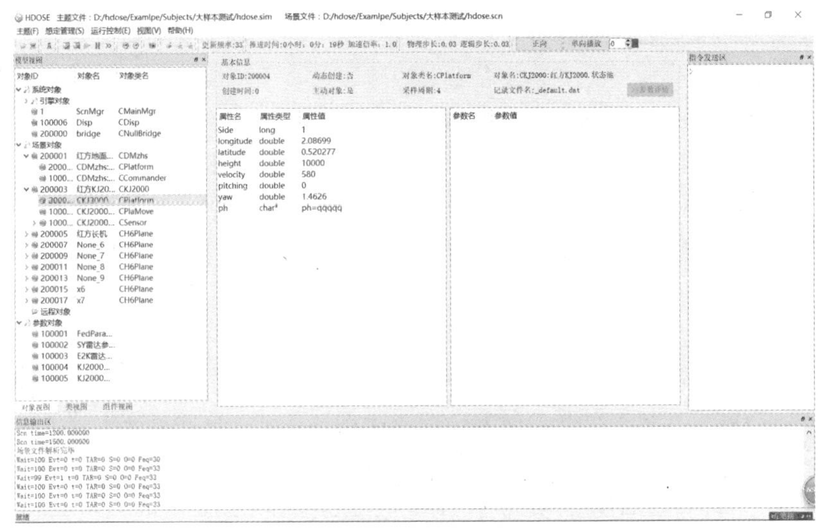

图 3.4　仿真引擎 HDOSE 外壳程序的主界面

3.2.2　体系建模工具

建模工具[102-104]定义了一套描述作战仿真相关的概念和配套图符，并以交互式“所见即所得”的方式描述了应用系统的组成、结构、接口、信息交互、动态行为、组件封装、实体组合、参数配置等关键特征，能帮助用户快速形成应用系统所需的模型体系，同时也为军方人员、工程人员、建模人员、开发人员、实验人员提供一个共同讨论、设计、建模和开发系统的环境。典型的体系建模工具主界面如图 3.5 所示。

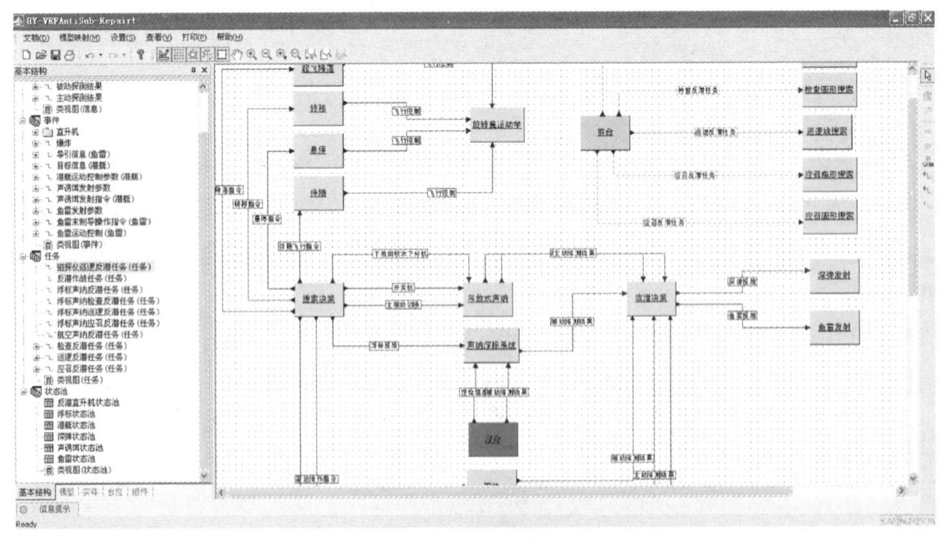

图 3.5　典型的体系建模工具主界面

工程区有 5 个标签窗口，第 1 个标签窗口主要用于对系统基本数据结构、状态池、信息模板进行建模；第 2 个标签窗口主要用于对组件模型进行编辑；第 3 个标签窗口主要用于对实体的状态池和模型的组装关系进行建模；第 4 个标签窗口主要用于描述人机界面与兵力模型之间的信息交联；第 5 个标签窗口用于描述基本结构、模型和实体与其软件载体（组件）之间的部署关系。视图区主要用于描述作战活动的流程和模型之间的信息交联关系。

1. 基本结构

基本结构包括以下节点：数据结构、连接、事件、指控事件、广播事件、情报事件、状态池。

（1）数据结构：用户可以自定义数据类型。定义后，在选择详细页面的参数集或属性集选择数据类型时可下拉显示出来。参数集中的参数支持顺序可调。数据结构定义界面如图 3.6 所示。

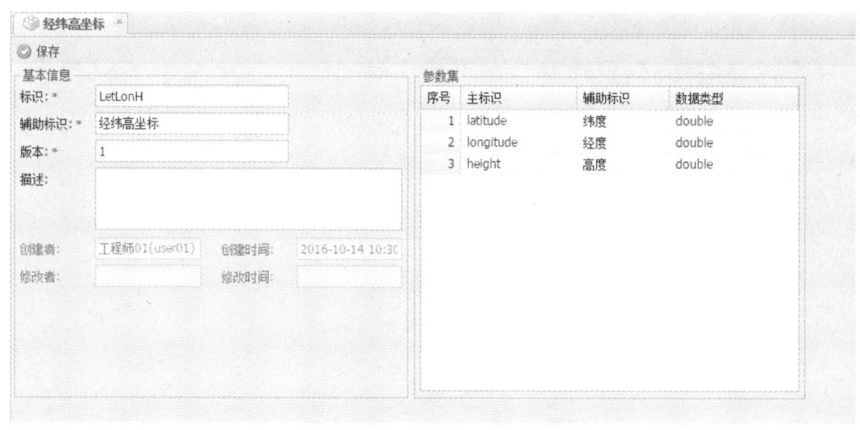

图 3.6　数据结构定义界面

（2）连接：周期性的交互信息，详细信息界面如图 3.7 所示。

图 3.7　连接（周期性的交互信息）界面

（3）事件：突发性、一次性的交互信息，详细信息界面如图 3.8 所示。

基本信息

标识：* CreateForceEntity

辅助标识：* 创建兵力实体

版本：* 1

描述：

传输策略 可靠优先 效率优先

参数集

序号	主标识	辅助标识	数据类型
1	EntityClassName	实体类名	char*
2	strName	名称	char*
3	SimObjId	实体对象Id	long
4	Pos	位置	LetLonH
5	Type	红蓝方标识	short
6	Kind	平台类型	short
7	Country	国家	short
8	Category	分类	short
9	SubCategory	子类	short
10	Specific	具体分类	short
11	extra	其它	short

成员函数

类型	返回类型	函数名称
static	void	ClassInit(ClassInfo *clsinfo)
virtual	void	OnInit()

图 3.8　事件界面

（4）指控事件、广播事件、情报事件：这是几类特殊的事件，其界面与事件界面相同。

（5）状态池：用于描述实体的状态信息，在组装实体时使用。静态参数不生成代码。状态池界面如图 3.9 所示。

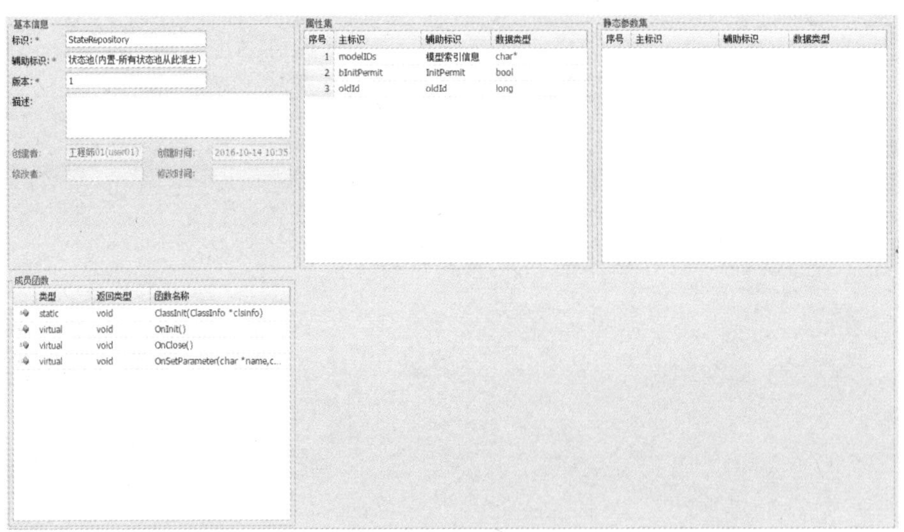

图 3.9　状态池界面

类视图可以利用可视化的手段描述类之间的派生关系。数据结构、连接、事件、状态池、功能模型界面都有类视图。类视图界面如图 3.10 所示。

2. 功能建模

功能建模包含后台模型（简称模型）和前台界面两种功能元素的定义。其中，后台模型用于封装和实现一定算法或数据结构；前台界面用于对后台模型产生的数据进行显示或控制。后台模型的定义界面如图 3.11 所示。

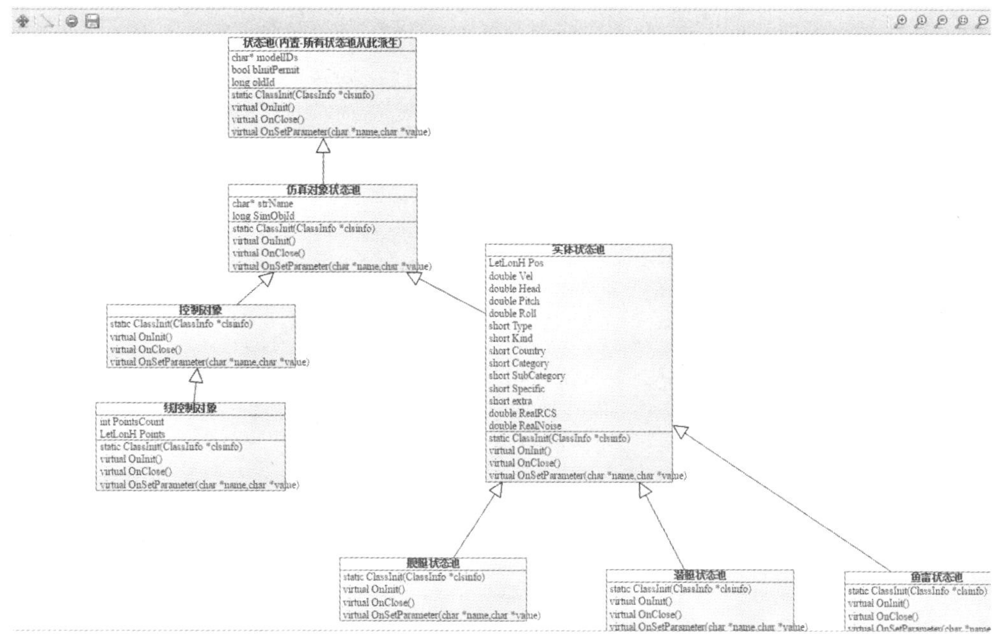

图 3.10　类视图界面

图 3.11　后台模型的定义界面

交互视图通过可视化的手段描述模型（包括界面）之间的信息交互，可拖拽模型或界面到画布，通过连线确定信息交互关系。连线是带有方向的箭头线，分为连接、事件（指控事件、广播事件、情报事件）。典型的交互视图如图 3.12 所示。

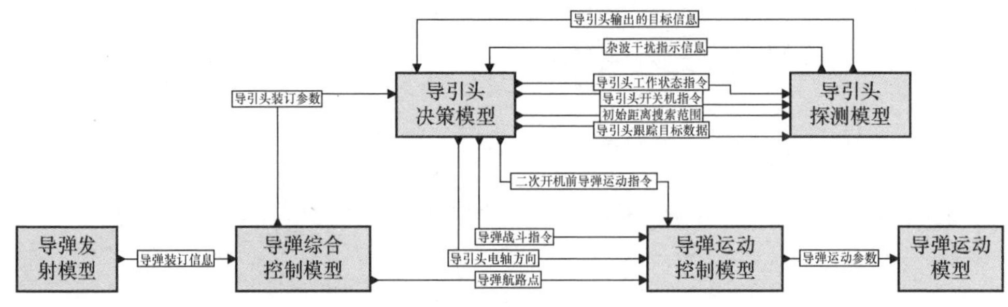

图 3.12　典型的交互视图

3. 组件定义

组件是用于封装特定功能的代码，在开发阶段以组件代码工程的形式存在，可以将之前的数据结构、连接、事件、状态池、模型、界面部署到组件中，根据部署情况生成相应的组件代码工程。组件定义界面如图 3.13 所示。

图 3.13　组件定义界面

4. 代码映射

1）代码生成

代码生成用于生成配置文件和组件代码两部分内容。

（1）配置文件包括联邦描述文件（.fed 文件）、成员描述文件（.sim 文件）、实体组装文件（.opd 文件）、组件描述文件（.mdf）。

（2）组件代码：根据部署的资源，生成组件代码工程。

（3）打包下载代码及描述文件。

2）代码逆向

可以选择某个类的头文件，只对属性进行扫描，分两种模式将改动更新到建模工程。首先需要判断类在当前工程中是否存在。

（1）覆盖模式：首先将工程中对应类的属性删除，然后将头文件中的所有属性添加进来。

（2）合并模式：将工程中与头文件中的属性进行并集操作，文件名称重复时只保留一份即可。

3）代码编辑

对已经生成的代码进行在线浏览和编辑。以 C++语言来格式化和高亮关键字显示代码。

3.2.3　实体装配工具

主题是指一系列仿真任务，这类任务可以由相同的仿真实体、模型和基础数据参数支撑。引入主题的目的是更好地实现资源的组合化复用。主题策划的功能通过实体装配工具实现。

实体装配工具用以定义一个仿真实验主题需要哪些实体；实体间关系如何（配置关系，如武器系统装配有哪些武器实体）；实体的基本参数有哪些；实体装配有哪些类型的装备或模型或组件，具体装备、模型或组件的参数有哪些，如何录入等。该软件是联系基础仿真模型与仿真实例的纽带，负责将抽象泛化的仿真模型实例化为可进行想定编辑和仿真运行的参数化、组合化仿真实体。实体装配工具主界面如图 3.14 所示。

图 3.14　实体装配工具主界面

1. 实体管理

（1）实体分类管理：类别包括地面车辆、设施、水面实体、水下实体、太空实体、飞机实体、生命体、武器实体等。

（2）对实体进行新建、删除、修改。

（3）对实体进行基本信息描述。

（4）将实体数据存入数据库，并能从数据库中读取出来，解析其相关参数。

2. 实体装配

1）实体模型聚合

以可视化图形描述和编辑实体由哪些模型聚合，同时描述每个模型聚合后的特征，包括模型名称、类型、计算分辨率等。实体模型聚合关系定义界面如图 3.15 所示。

图 3.15　实体模型聚合关系定义界面

2）实体参数装订

以可视化图形描述和关联实体或模型的参数集，支持参数集的查询和修改，并保持与资源库中的参数一致。

3. 主题配置

1）仿真成员的定义

成员是指仿真运行中的可执行程序。定义仿真成员的基本信息，如名称、创建者。组件可以部署到成员（.dll 库依赖.exe 程序才能运行）。成员参数包括成员名称、时间推进策略、仿真时钟信息、多线程支持、桥接器、运行模式、记录参数、运行次数、关联的实体参数数据库、关联的想定文件等。成员定义界面如图 3.16 所示。

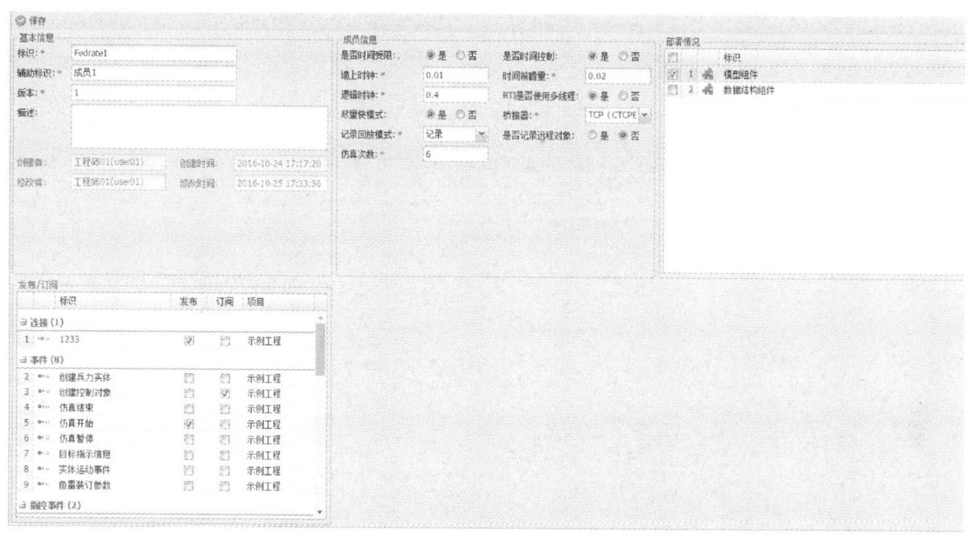

图 3.16　成员定义界面

2）成员订阅/发布关系设计

从系统接口中选取订阅/发布的信息接口；添加“查看订阅/发布关系”菜单，对工程中的订阅/发布进行统计，以二维表格的形式列出所有成员订阅、发布了哪些连接/事件（含状态池、模型）。

3）组件部署

选取已有的组件部署到成员中，当成员被初始化时，系统将加载该组件，实现组件到成员的集成。

4）数据导入/导出

（1）导出 OPD 文件、SIM 文件，包括实体组装文件和参数数据文件。导出实体可以选择部分导出或选择全部导出。

（2）将单个实体的组装关系、参数和所组装的模型及参数导出到某种格式的 XML 文件中。此文件内容与 OPD 文件内容稍有不同，因为 OPD 文件可能缺失某些基本的描述信息（这些描述信息在仿真运算时不被需要）。

（3）将单个装备型号的参数导出到某种格式的 XML 文件中。

（4）导入某个实体或装备型号的 XML 文件，能够将该实体或装备型号转存入数据库中，纳入整个软件中进行统一管理。

3.2.4 想定编辑工具

想定编辑工具用以规划战场初始的兵力部署，以及可计划的兵力行动和任务。由于想定编辑需要交互式的图形操作，并且与地理环境因素关系密切，因此想定编辑工具需要集成可视化模块和 GIS 服务模块，其主界面如图 3.17 所示。

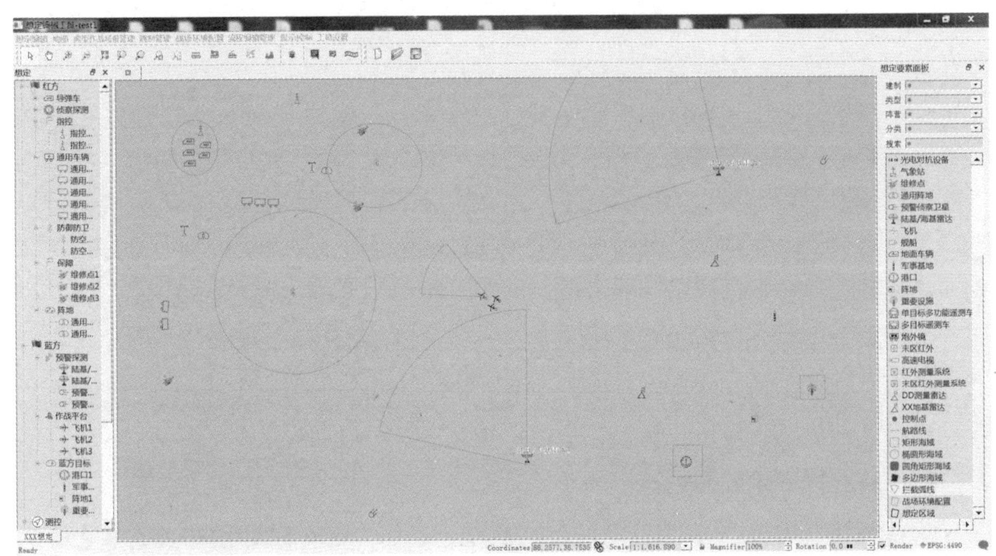

图 3.17　想定编辑工具主界面

1. 想定概要编辑

对想定的基本描述信息进行编辑，主要包括以下内容。

（1）想定描述：想定背景、基本内容等。

（2）仿真时间：仿真起止时间，具体到年、月、日、时、分、秒。

（3）作战区域：设置一个最大范围的矩形作战区域。

（4）随机数种子。

2. 兵力实体编辑

描述交战双方的兵力编成、兵力编组、兵力相关的设备与武器配备、初始位置及状态属性，并设置关联的仿真模型及参数。能够直接创建和编辑的主要是平台类实体，如飞机、舰艇等，其他的弹药类实体则是在仿真过程中由模型创建的。

兵力实体编辑的内容有以下几项。

（1）实体的基本运动状态（位置、速度、方位等）。

（2）实体的基本信息（实体 ID、敌我属性 ID、实体类型、外观类型等）。

（3）特征（如 RCS 特征、红外特征等）。

（4）资源（实体的武器、燃油等）。

（5）关联关系，如实体间的指控关系、兵力编组、搭载关系等。

3. 作战任务编辑

能够设置作战任务模板，对兵力实体赋予初始任务，包括以下内容。

（1）运动：变速、变向、变高，运动到某一位置点，沿路径运动。

（2）巡逻：区间巡逻、沿路径巡逻。

（3）等待：等待到某一时间、等待一段时间。

（4）编队：设定编队类型及实体相对位置。

（5）探测：设备选择、设备开启时空约束及事件触发类型。

（6）开火：设定武器、开火类型、发射弹药数。

4. 行为逻辑编辑

能够为指定的实体编辑行为逻辑，或者将已有的行为逻辑模板绑定到实体上。行为编辑支持脚本和行为树等方式。

支持将经过训练的具有决策判断能力的深度神经网络绑定到实体上。

5. 战场环境编辑

战场环境编辑包括设置战场环境区域、大气参数和海洋水文参数。

1）战场环境区域

可针对战术、战役仿真需要，对有特殊需要的战场区域进行划分，并设置该区域的战场环境参数。在不同战场环境区域，会有不同的大气和海洋环境状态。

2）大气参数

根据所需的大气数据的粒度，可以进行大气相关参数的设置，并根据不同的大气模型，解算某位置点的详细大气数据。

大气参数包括风向、风速、气压、温度、天气状况、能见度、云层厚度、云顶高、降雨量等。

3）海洋水文参数

根据所需的海洋水文数据的粒度，可以进行海洋水文相关参数的设置，并根据不同的海洋水文模型，解算某位置点的详细海洋水文。海洋水文参数包括海况、海水能见度、潮高、流向、流速、涌浪等级、涌浪方向、涌浪速度、平均水深、平均海水盐度、表面温度、平均海水密度、声学参数等。

3.2.5 实验设计软件

实验设计软件的主要功能是针对具有不同水平数的实验因子，选择合适的实验设计方法（如正交设计、均匀设计、拉丁超立方设计），同时支持其他算法的集成，通过进行实验设计，最终生成实验样本空间描述文件，并将其提供给支持大样本仿真实验的仿真引擎调度。实验设计软件主界面如图 3.18 所示。

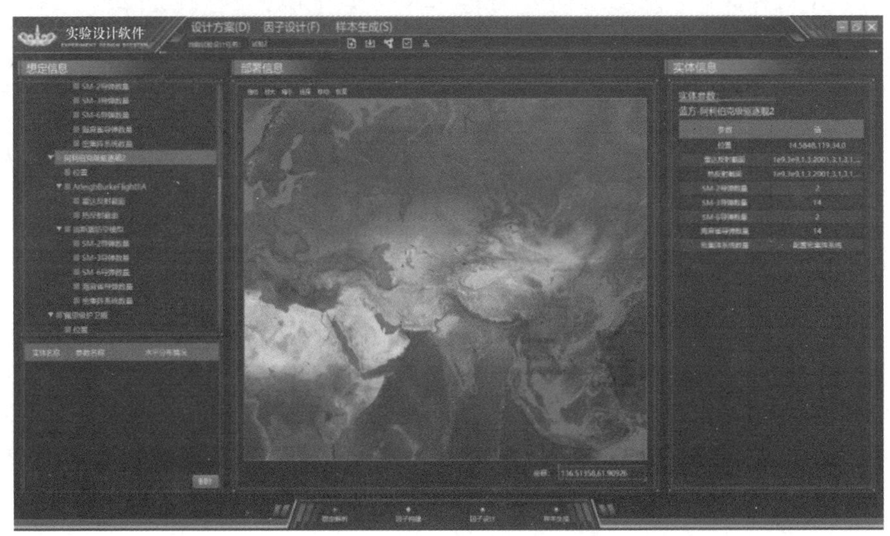

图 3.18 实验设计软件主界面

结合体系仿真的特点，实验设计软件具备实验方案管理、实验因素管理、样本空间生成等功能。实验方案新建或加载完成后，进行基础想定解析，将想定中的信息通过约定字段含义进行解析后在界面中显示，包括模型实体的层次关系、实体自身属性和地理位置信息等，以供后续步骤中进行选择和查看等操作。其中，GIS 模块支持常规地理信息系统功能，如地图加载、地图缩放、军标配置及显示。在图 3.18 中，左侧为树状想定信息窗格，中间为地图显示窗格，右侧为实体信息窗格。

从树状想定信息窗格中选中实验因子或从汇总表格中选中实验因子，进行水平值设计。水平设计模式有两端型、离散型、连续型三种模式。除自动生成外，还可手动进行编辑操作，如选中不需要的水平值，单击“删除”按钮即可删除。

实验设计软件提供五种实验设计方法，分别为正交设计、均匀设计、拉丁超立方设计、改进拉丁超立方设计、基于智能优化算法的实验设计。除此之外，还提供自动推荐方式，根据当前选择因子的个数及水平值情况，向用户推荐当前实验因子体系适合的实验设计方法。实验设计算法选择推荐流程如图 3.19 所示。

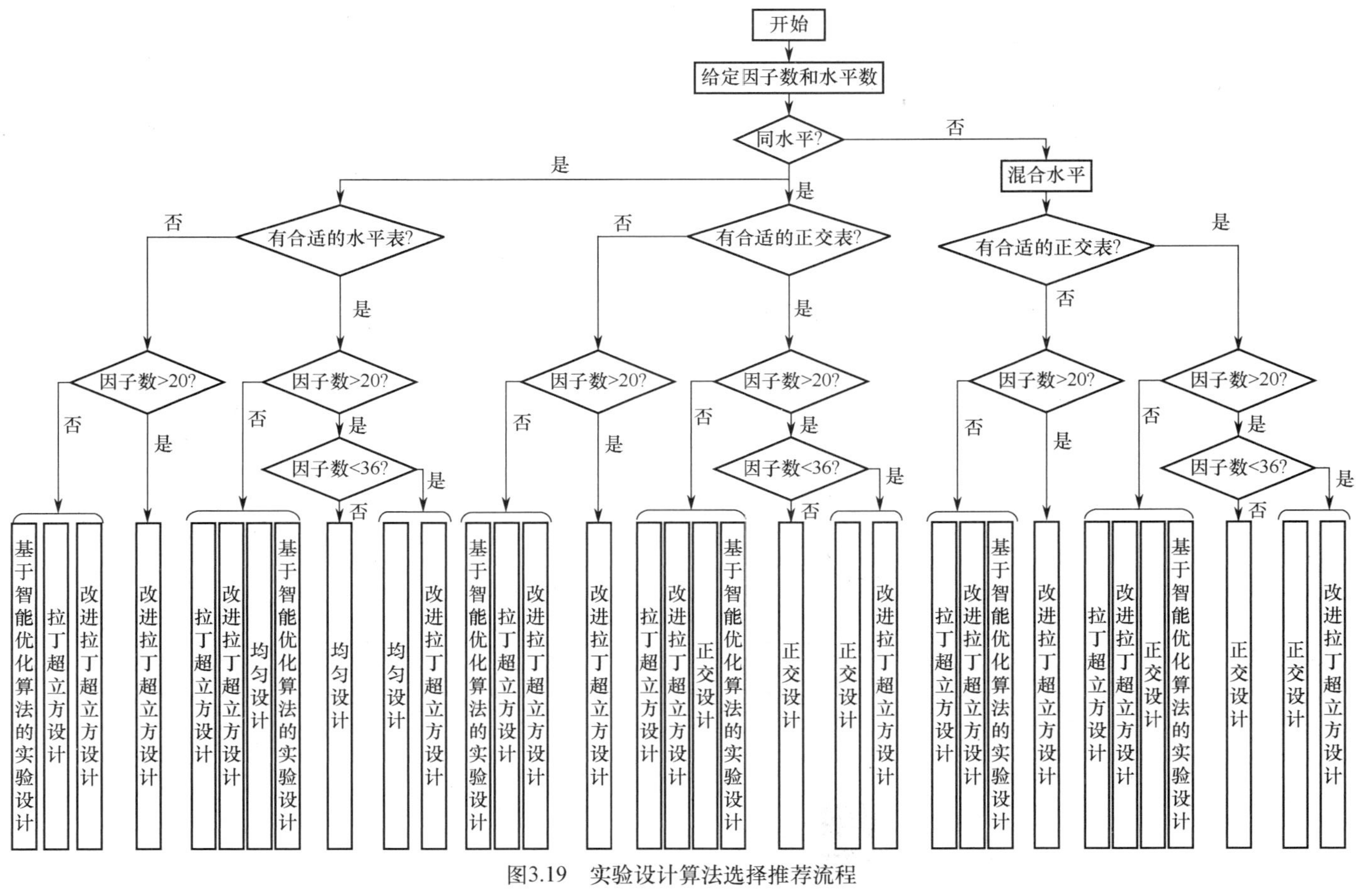

图3.19　实验设计算法选择推荐流程

通过实验设计软件生成样本空间后，可以查看实验设计样本的分布情况，如图 3.20 所示，也可以查看所生成的对应的样本空间文件，如图 3.21 所示。

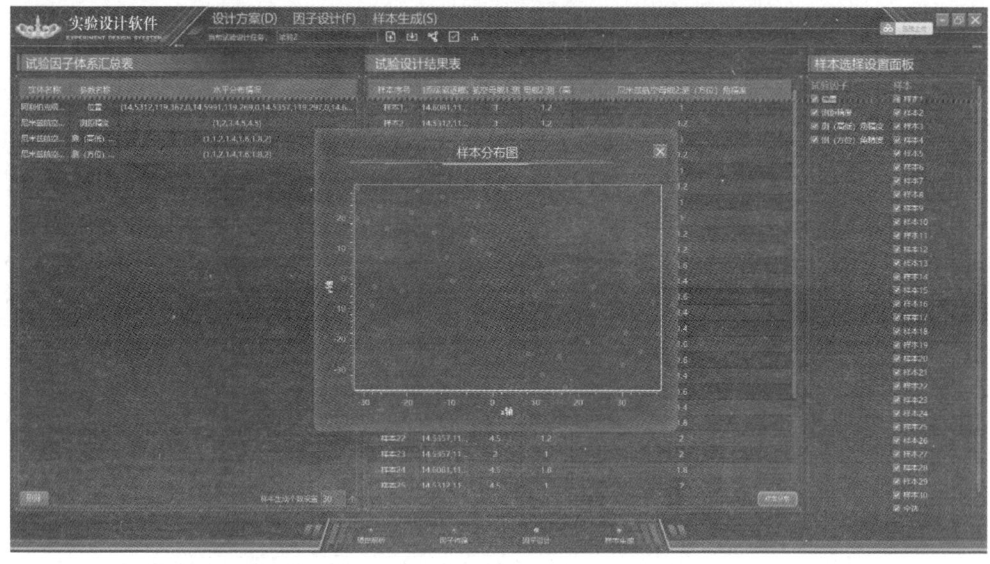

图 3.20　实验设计样本的分布情况

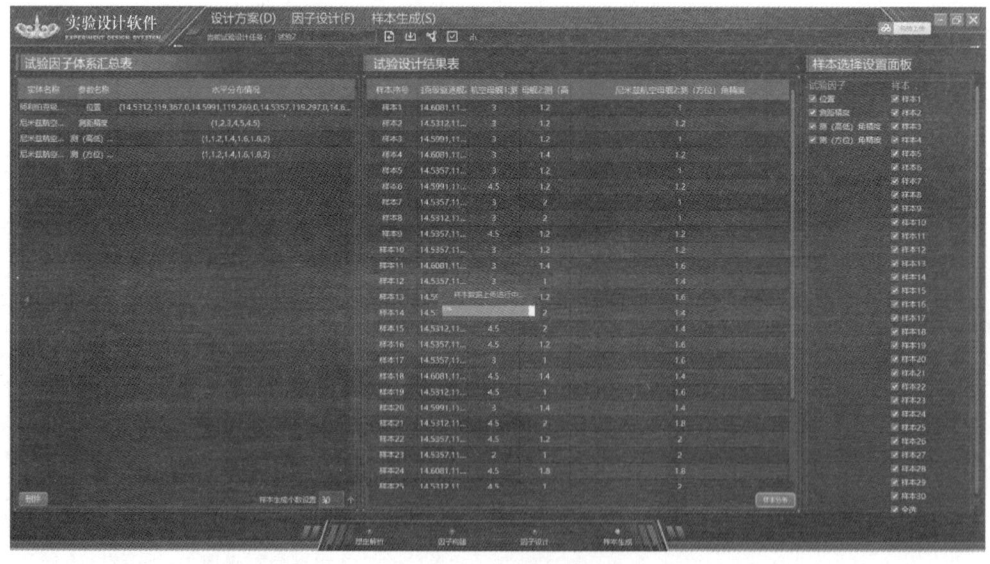

图 3.21　样本空间文件

3.2.6　分析评估工具

分析评估工具的主要功能是基于仿真结果开展实验指标的评估与鉴定工作，以实现指标评估工作的自动化。具体而言，分析评估工具主要包括评估工程管理、指标体系管理、指标评估模型管理、评估模型调用、综合评估（如层次分析法、模糊评判法）等模块。效能评估软件的主界面如图 3.22 所示。

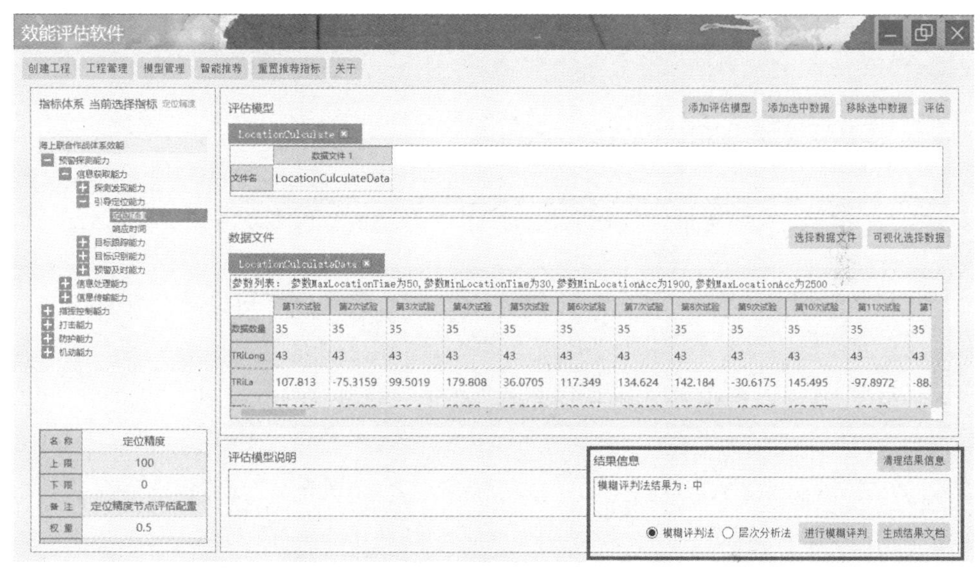

图 3.22　效能评估软件的主界面

1. 评估工程管理模块

评估工程管理模块主要负责评估工程的管理。评估工程属性主要包括工程名称、创建者、创建时间。用户可以新建评估工程，编辑评估工程，删除、修改评估工程，以及打开已有的评估工程。

2. 指标体系管理模块

指标体系管理模块负责指标体系的建立。用户通过人机交互界面管理指标体系。用户通过单击鼠标右键，在弹出的菜单中选择指标的新建、删除、编辑等命令。通过对指标名称、指标上下限及权重进行设置，完成指标体系的建立。

3. 指标评估模型管理模块

装备体系效能指标是对装备体系效能大小特性的度量，反映了装备体系目标的实现程度。每个指标都有相应的评估模型，可以根据需要建立。通过对指标评估模型的调用实现对指标的评估，以支撑后续指标体系的综合评估。

指标评估模型管理模块可对所有评估模型进行加载、保存、删除等操作。用户通过人机交互界面可以对评估模型进行添加或删除，为用户对指标进行评估提供模型库。

4. 评估模型调用模块

用户可以根据需要调用不同的指标评估方法。指标计算是仿真综合评估的核心功能，该功能通过对指标计算方法的调用来实现。评估模型调用模块根据用户设置的输入数据文件及算法参数，调用相应的算法进行计算，并获得计算结果，将结果反馈给前台人机交互界面，并显示出来。

5. 综合评估模块

每个评估模型都会得到一个评估结果，这些评估结果代表了某仿真系统某个指标的性能。但是，这些零散的指标无法反映整个系统的作战效能。为解决这一问题，评估工具通过基于算法库的综合评估来整合这些评估结果。

通过指标体系的划分，把评估问题分解为更容易理解并可以单独计算的子指标，综合评估模块将各个单指标评估值汇总，计算出整个系统的评估结果。综合评估模块为整个仿真实验评估工具提供层次分析法、模糊评判法。

6. 评估结果对比模块

评估结果对比模块负责整合评估过程中产生的多方案评估结果，并最终以可视化图表的形式展现给评估人员。评估人员通过可视化图表对比查看各个方案的评估结果，可对日后的评估工作提供借鉴和比较。

7. 智能化效能评估模块

评估人员通过加载训练数据、设置模型参数并对评估模型进行训练，得到实验因子与效能评估结果的映射关系。训练完成的模型可供多次实验因子评估使用。评估人员按照操作步骤加载新的实验因子组合，读取的实验因子组合以表格形式展示。智能化效能评估模块可以根据加载的实验因子组合直接得到效能评估结果。

3.2.7 导调控制软件

导调控制软件是运行时对仿真系统进行控制和管理的软件。针对体系仿真的特点，通常可将该软件分为红方、蓝方和白方三个角色，不同角色的操控范围和权限不同。导调控制工具与具体应用的关系极为紧密，一般很难开发一个完全通用的平台工具。典型的导调控制软件主界面如图 3.23 所示。

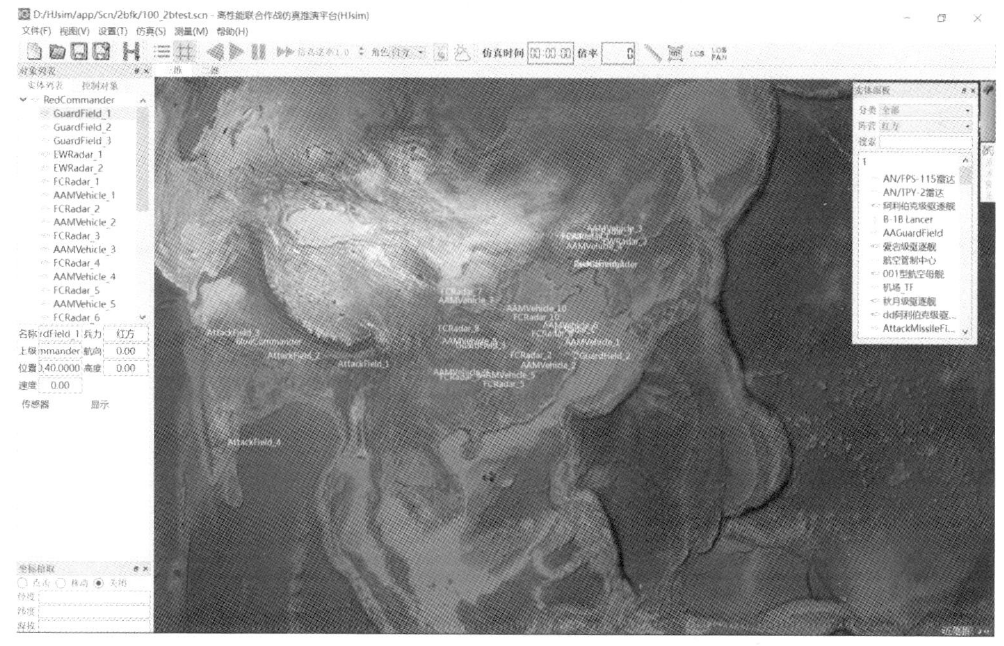

图 3.23　典型的导调控制软件主界面

1. 导调预案编辑

（1）新建、修改、保存指定方案的导调预案。

（2）添加、删除、修改导调预案中的导调阶段，设置阶段名称、时间段、导调内容等属性。

（3）在导调阶段添加、删除、修改导调事件及处置预案，形成导调预案。

（4）导调事件包括加入或退出某实体、修改实体位置或运动路径、发送指挥命令等。

（5）支持单个、批量的导调时间调整。

（6）支持导调预案的 Word 文档生成功能，支持导调预案的存储、导入和导出。

2. 仿真态势监控

（1）对仿真成员的态势、作战态势以图形和表格显示。

（2）显示作战过程中仿真成员接收和发送的指挥命令。

（3）显示实验仿真状态。

（4）显示关键事件。

（5）不同类型的事件分开显示。

（6）按指定时间查询、显示关键事件。

（7）按指定事件关联对象查询、显示关键事件。

（8）控制是否进行事件显示。

3. 训练进程干预

导调人员可根据需要调整推演进度，包括启动、暂停、继续和终止；也可以根据需要推进步长或接入外部系统软件产生时钟源，以供指挥作业系统获取训练时钟。

4. 情节干预

在训练过程中，导演部可以通过多种手段发布导调情节，除发布导调命令和通报文书外，导调人员还可通过对战场态势的直接和间接干预达到导调目的，具体导调手段有以下几种。

（1）扮演受训对象的上级，以电文命令形式直接干预指挥决策，改变训练对象的决策方案。

（2）通过改变海况、天气情况，达到导调干预兵力装备使用、影响战术行动的意图。

（3）干预战场态势，调整兵力部署与分配。在演习演练过程中可根据训练需要，人为增加或减少仿真兵力的规模及状态，包括增加兵力，删除兵力，调整兵力位置、航行诸元、毁伤状态、武器挂载情况、油量消耗情况、被探测发现状态等。

5. 裁决干预

导调人员可以根据需要对交战结果进行裁决，能够实现对传感器探测、武器命中、目标毁伤、雷达干扰等作战效能的裁决干预功能，可给出对空、对海/地、反潜的探测结果，电子战结果，对空、对海/地打击效果等。

6. 兵力指挥功能

（1）控制运动方案。

（2）控制兵力进行加速、减速、爬升、下潜、转向等运动。

（3）设置兵力进行警戒，设置巡逻任务区域。

（4）传感器的使用选择、状态控制、工作参数设置。

（5）控制武器的使用选择、状态。

（6）能够为武器分配打击目标。

（7）其他装备的运用控制。

7. 系统运行控制

系统能够对训练进行全过程、全要素的记录，并在训练结束后，同步回放仿真的综合态势、蓝方态势、红方态势，从而实现对训练过程的全景再现。可随时调出某一时刻任意兵力的状态数据、兵力间交互信息、指挥命令下达、情况上报、事件记录、音视频资料等。

3.2.8 可视化软件与界面框架

可视化功能模块可以部署为专门的软件实例，也可以集成到想定编辑或导调控制软件中，因此，可视化软件通常采用“界面框架＋插件”的形式构建。典型的可视化软件主界面如图 3.24 所示。

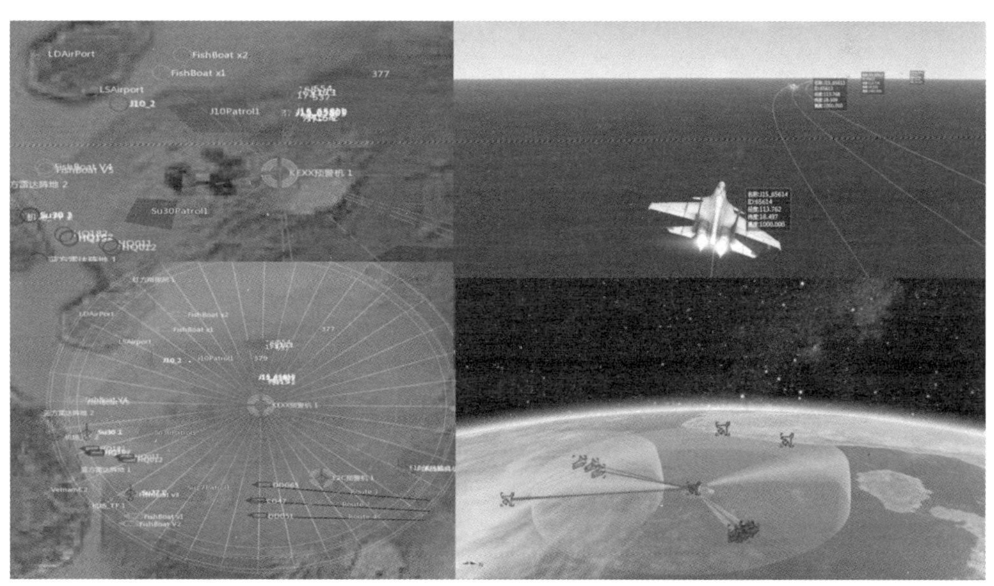

图 3.24　典型的可视化软件主界面

1. 通用界面框架

通用界面框架是集成可视化组件的宿主程序，包括界面配置、界面响应与数据内容绑定、插件集成与交互功能。

2. GIS 插件

GIS 插件能够加载多种形式的二维/三维地形、地图和电子海图，实现作战地图的全局缩放、局部缩放、框选缩放、地图显示状态的撤销和恢复、漫游、定位、比例尺切换、复原、海区切换、全图显示、导航图、图层控制、地图量算、通视性查看（有高程数据的）等显示与控制功能。

3. 通用矢量图标绘插件

（1）图标编辑功能：能够对点、路径、区域等对仿真有意义的战术图标进行拾取、拖动，能修改信息属性。可通过双击或单击右键定制快捷菜单等，实现对战术图标的完整编辑与标绘。

（2）多区域环境信息编辑：环境信息是以一个矩形区域为划分标准的。一个仿真场景可能对应多个环境信息区域，在该区域内有特定的环境特征。

4. 通用态势显示插件

1）红、蓝方兵力态势显示

显示兵力位置、姿态、状态、属性、特征、资源等信息。

2）专题态势显示

主要显示以下内容。

（1）传感器威力范围（考虑目标/辐射源、干扰条件、自然环境条件约束）。

（2）通信导航范围（考虑目标/辐射源、干扰条件、自然环境条件约束）。

（3）火力毁伤效果。

（4）通信关系与指挥关系。

（5）传感器扫描效果显示，包括开机、关机、扫描状态、扫描范围等。

（6）航路规划路线。

（7）特效渲染，包括实体运动尾迹、运动轨迹、发射武器、毁伤、碰撞、发火、冒烟等。

3）战争迷雾显示配置

能够根据红方、蓝方、白方的身份，选择性显示兵力状态或环境信息。

4）战场信息提示

根据需要，对主要的控制操作信息、实体交战信息、任务执行情况等进行信息提示。事件报告应能分类显示并能设置显示效果，事件报告信息查询应能根据用户的不同需求进行分类检索。战场信息提示包括以下内容。

（1）实体创建、消亡提示。

（2）发送或接收的任务、事件提示。

（3）任务反馈信息提示。

（4）其他定制信息。

3.2.9　资源管理工具

资源管理工具是对模型和数据资源增加、删除、修改、查询的前端工具，可直接应用到资源库。

1．模型资源管理

支持基于核心模型库的项目模型开发，其他项目可以直接引用核心模型库的模型，不需要修改和编译。核心模型库中存放公用的资源。

支持从其他项目和核心模型库中导入资源，导入的资源必须修改名称并重新编译。

2．数据资源管理

数据资源管理可实现对各种基础数据的管理，主要功能包括以下几个。

1）模型数据管理

模型数据是指型号化的装备模型数据，如××型雷达数据。模型数据管理支持型号化装备模型数据的存储、检索、查看、导入、导出；支持将已有的基础模型实例化，可创建新型号的装备模型数据。

2）兵力型号数据管理

兵力型号数据是指型号化的兵力实体数据，如 DDG 96 导弹驱逐舰。兵力型号数据管理支持型号化兵力实体数据的存储、检索、查看、导入、导出；支持创建并装配新型号的兵力实体数据，可通过型号化的模型组成新的兵力实体。

3）仿真结果数据管理

仿真结果数据采用分布式数据库进行管理，主要用于效能评估。

3．非结构化文档资源管理

1）二维军标数据管理

（1）标准化的二维军标数据的存储、检索、导入、导出。

（2）二维军标与兵力实体对应关系的灵活配置。

2）三维模型数据管理

（1）多种格式的三维模型数据的存储、检索、导入、导出。

（2）三维模型与兵力实体对应关系的灵活配置。

3）想定及实验数据管理

（1）想定方案、实验方案的存储、检索、导入、导出。

（2）实验数据（音频、视频、二进制数据）的存储、检索、导入、导出。

4）软件资源管理

对系统部署安装的所有软件资源（C++源代码文件、DLL 库、EXE 文件等）进行管理，包括存放、版本控制、检索、导入、导出。

5）文档资料管理

对工程项目中相关的需求文档、设计文档、模型相关文档（系统模型描述文件、成员或组件模型描述文件、实体参数数据文件）进行管理，提供目录式管理结构，可对文档资料进行归类、存放、检索、导入、导出。

4. 用户管理

用户管理包括角色定义和用户角色分配。系统常用的角色包括系统管理员、模型库管理员、项目管理员、数据管理员、实体组装管理员、想定开发管理员、实验设计管理员等。系统管理员负责整个系统的管理维护工作，与具体的业务无关；项目管理员主要对项目进行管理，能够新建、编辑和删除项目，并管理（添加、删除）项目组成员，而已分配的用户对该项目的资源有“增、删、查、改”操作权限；数据管理员由项目管理员分配项目，负责某项目的数据维护工作；模型库管理员对模型库中所有项目的资源都有“增、删、查、改”操作权限，并且能够对核心模型库资源进行“增、删、查、改”操作（核心模型库只能由模型库管理员来维护）；实体组装管理员主要负责实体的组装及参数装订，对实体实例、模型实例有“增、删、查、改”权限；想定开发管理员可以进行想定编辑操作，对想定方案有“增、删、查、改”权限；实验设计管理员基于想定方案进行实验设计，对实验设计方案有“增、删、查、改”权限。

5. 资源库设计

仿真资源是指在建模验模、主题策划、任务筹划、仿真实验、分析与评估五个环节中不断产生和加工的各类资源或素材，包括结构化数据、文档、软件等形式，其中对数据资源的结构化设计和管理是核心，文档和软件则与之关联。

平台的结构化仿真资源主要是基于 SRML 文本化的文件资源，它为仿真运行平台提供初始的和基础的数据或模型支持。仿真平台运行后，产生结果，输出资源，如图 3.25 所示。

由于这些结构化的文本数据具有规范的描述标准，并且相对独立，因此，资源库中将整个文件进行存储和管理。其中，SIM 文件是仿真平台输入的纲领文件，它主要包括仿真主题（Subject）和实验任务（Task），还包括系统配置（System Config）和运行参数（Run Parameter）等信息。

仿真主题相关资源信息包括订阅/发布信息（PS）、联邦执行数据（FED）文件、组件模型描述（MDF）文件、对象参数数据（OPD）文件、实体模型装配信息（ASB），以及与主题相关的参数。其中，MDF 文件关联模型的动态库（DLL）文件和源代码文件（如 C++的*.H 和*.CPP 文件）。OPD 文件则根据仿真主题的需求在全局参数数据库中拾取相关的部分。

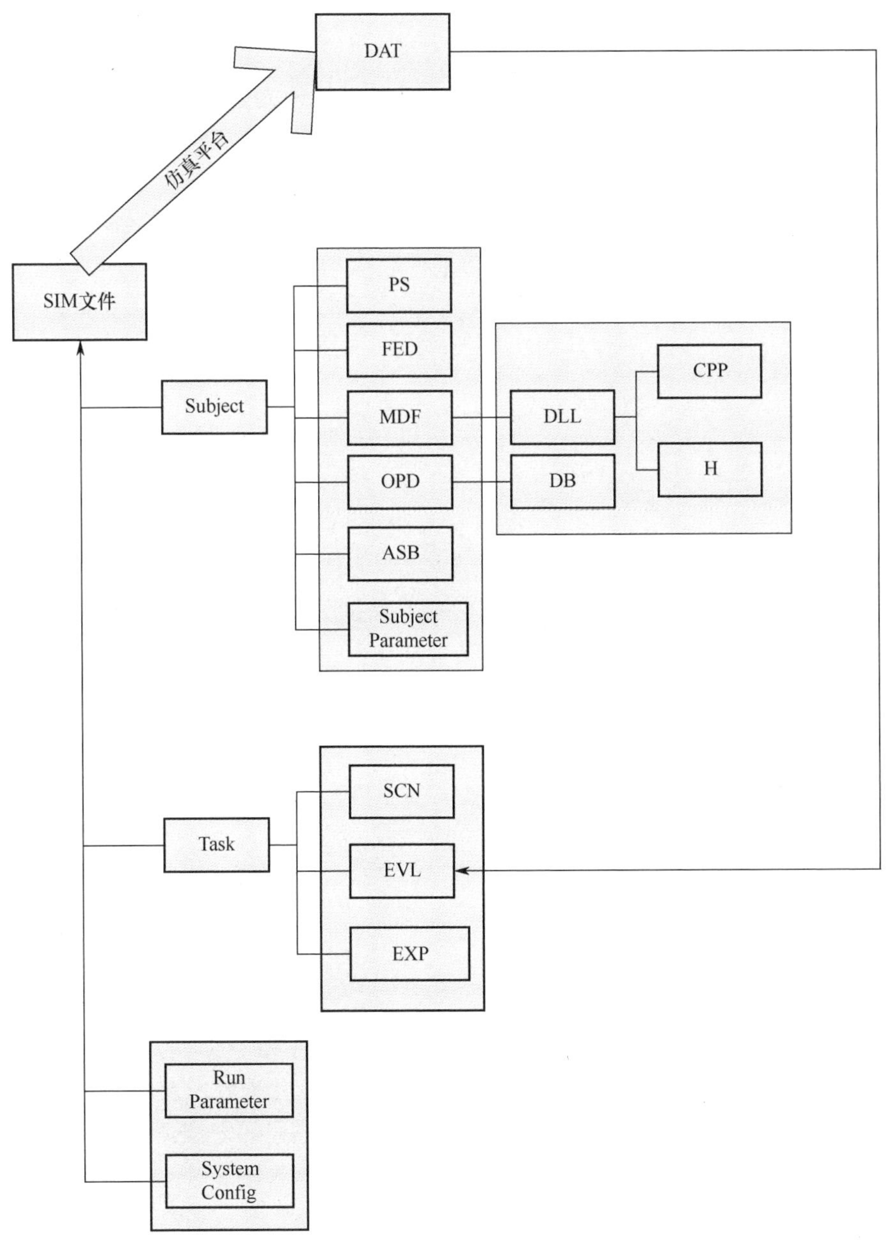

图 3.25　结构化资源处理流程

实验任务相关资源信息包括场景想定（SCN）文件、实验框架描述（EXP）文件和评估结论描述（EVL）文件。

系统配置是指系统初始化后不再修改的参数，如实验运行标识、桥接器、调度器选择和配置数据。运行参数是指系统初始化后运行时还可动态修改的参数，如时间推进策略、调度策略等。

DAT 文件描述仿真系统输出的仿真结果，该结果作为分析评估工具的输入，分析评估工具根据仿真结果输出 EVL 文件。

资源库中的模型、文档、软件等资源不但以文件形式存储在数据库中，数据库还负责对上述信息的文件及其相互之间的关联关系进行维护。资源库表中只存储便于检索和有依赖关系查询的结构化数据，如标识、版本、当前检出用户、从属关系、模型设计关系等；具体设计信息通过文件进行索引，一个资源元素可以关联多个附属文件。

3.3 相关标准规范

标准规范、平台工具与仿真资源是仿真平台建设的三项核心内容。标准规范奠定了仿真互操作的技术基础，平台工具是标准规范得以落实的必要保证，仿真资源是仿真应用开发的基础原料，三者相互支撑，缺一不可。三者之间的关系如图 3.26 所示。

1. 系统研制要求编写规范

系统研制要求编写规范应针对体系仿真系统的类别（训练类、分析类）特点，用以规范和明确研制目的、使命任务、应用范围、功能组成、模拟对象、训练对象、训练科目、系统性能等内容。

2. 军事概念模型

军事概念模型是对军事对象、行为及相互关系的抽象描述，是对军事领域的首次抽象，是对存在于作战任务空间内，且对实现模拟应用有意义的静态结构、动态行为、信息交互、控制规则等进行结构化或半结构化描述的知识体。军事概念模型标准对军事领域涉及的军事概念进行规范，明确概念的内涵和外延及相互关系，为相关人员形成共同的理解提供依据。

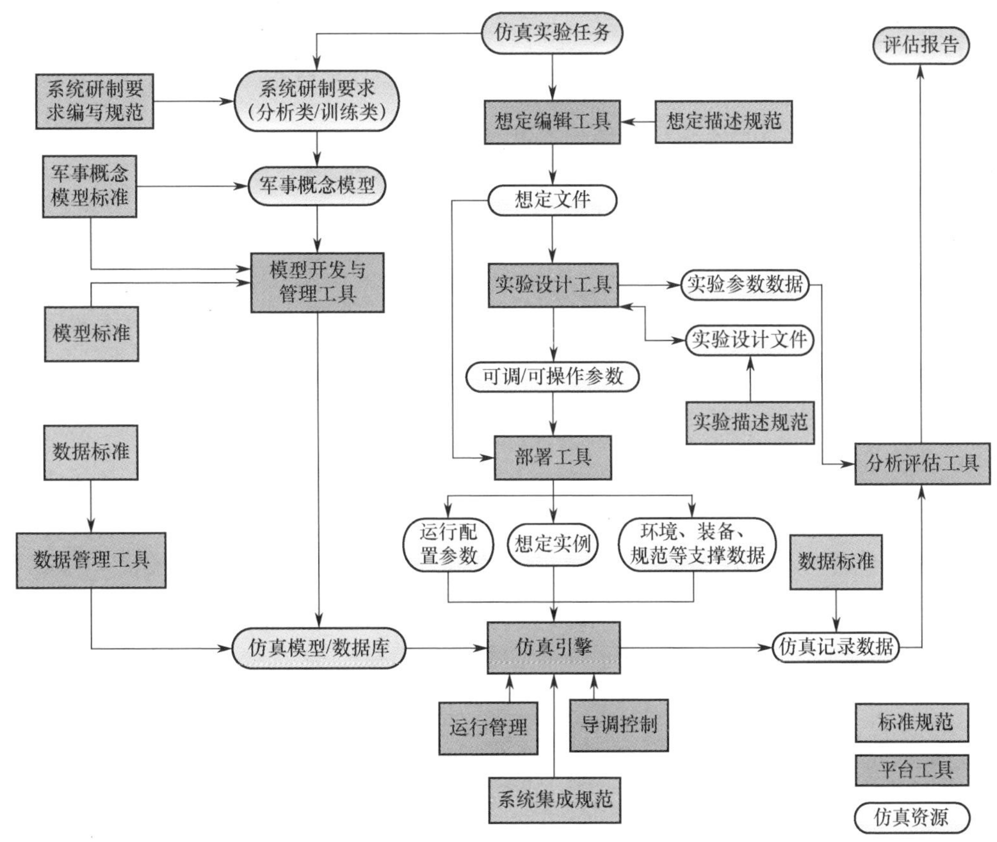

图 3.26　标准规范、平台工具与仿真资源之间的关系

3. 模型标准

模型标准主要指模型开发、实现和集成过程中涉及模型功能、属性和接口定义的标准。建模包括两个阶段，即第一次建模和第二次建模。因此，模型标准通常包括两部分内容：一是与模型领域业务相关的功能和属性标准，二是模型进行编码和集成时涉及的接口标准。模型标准需要模型开发人员贯彻执行，并在仿真引擎和模型开发工具中得到实现。对现代对象化、组件化的仿真系统而言，模型标准也称仿真组件（对象）标准。

4. 数据标准

数据标准是描述和记录数据的规则，为数据共享、交换和理解提供依据。由于数据的性质和来源极为广泛，因此数据标准通常限定在一定范围内，如综合环境数据表示与交换规范、仿真结果数据记录标准。

5. 想定描述规范

想定描述规范是描述和记录兵力实体、军事部署、作战任务和行为计划的规范，为仿真系统提供文本化、形式化的表示手段。想定描述规范的运用需要得到想定编辑工具和仿真引擎的支持。通常，具体的想定文件由想定编辑工具产生，由仿真引擎加载、解析和运行。

6. 实验描述规范

实验描述规范用以描述实验样本空间的因素组合情况，通常，具体的实验描述文件由实验设计工具产生，由仿真引擎加载、解析和运行。

7. 系统集成规范

系统集成规范用以描述模型与平台（仿真引擎）之间、系统与系统之间集成的方式、接口、信息交换格式及语义等内容。系统集成规范根据集成方式的差异，可分为组件集成规范和成员集成规范。典型的组件集成规范有BOM、SMP[96]；典型的成员集成规范有 HLA/RTI。系统集成规范由仿真引擎定义和执行，同时要求模型组件基于该规范进行开发。

SMP 是由欧洲航天局提出的仿真模型可移植规范，用以提高不同仿真环境和操作系统中模型的可移植性和可重用性。SMP 的前身是 1994 年提出的 Model-API 规范，1998 年正式更名为 SMP。2004 年提出的 SMP2 是 MDA 思想在仿真领域的应用，其采用平台无关模型和平台相关模型的设计概念，提高了仿真模型的可移植性。SMP 支持模型的设计，通过面向对象、基于接口、基于事件、基于数据流等模型设计方法，规范了仿真模型的开发。SMP 采用基于组件组装的集成方式，同时强调将仿真器和仿真模型分离，提高了系统的灵活性和演化能力。

3.4 本章小结

本章从软件工程角度分析和讨论了体系仿真过程。首先讨论了体系仿真开发执行过程模型，该模型是所有体系仿真系统研制过程中的顶层指导；然后在此基础上讨论了体系仿真过程各环节涉及的工具和规范。

第 4 章

体系建模技术

仿真是基于模型的活动，建模方法和语言是仿真领域不变的主题。对体系建模而言，由于具有专业领域广、层次粒度多、建模方法不统一等特点，必然需要多领域协同建模。本书针对体系仿真的特点，在介绍体系仿真概念模型的基础上，重点讨论面向体系仿真的多视图协同建模方法。

4.1 体系仿真概念模型

概念是建模的起点。人们对现实世界的认识过程，首先从概念的抽象和表示开始，然后运用这些概念之间的关系表达现实世界的逻辑关系。因此，从这个意义上看，建模过程其实也是模拟认识的形成过程。本章首先提供一套概念系统，以引导和帮助用户分析与重构现实世界，即实现第一次建模。在此基础上，通过使这些概念与建模仿真软件中的对象相对应，形成可具体化为软件对象的概念，从而支持完成从逻辑世界到软件世界的第二次建模。

4.1.1 公共概念模型

本书的研究思路是在借鉴和拓展面向对象建模技术的相关概念的基础上，总结仿真领域基础建模概念元素，然后分析元素之间的组合、关联、继承、演化、依赖和信息传递形成的关系，并通过研究模型元素之间的组织机制、交互机制、演化机制，形成完备的概念体系和建模框架。根据这一思路，首先引出如下基本概念。

（1）类型（Type）：从仿真对象中抽象出来并具有确定的指标参数的模型，以“单件”的形式存在，有且仅有一个实例供引用。

（2）节点（Node）：在系统一级可见并被标识的、具有一定周期的仿真对象实例，通常用于表示较长过程中存在的仿真对象。

（3）模型（Model）：也称元素，是节点某方面功能或特征的结构化形式。

（4）属性（Attribute）：标识节点或元素的单个特征的因素。

（5）事件（Event）：仿真节点之间交互的突发性的结构化信息，事件不需要被跟踪，处理完后自动消失。

（6）连接（Link）：仿真节点之间交互的连续性的结构化信息，连接需要被跟踪，具有需要维护的生命周期。

（7）信息（Info）：事件和连接的统称。

（8）总线（Bus）：所有仿真对象信息共享的逻辑通道。

上述概念主要关注建模仿真的问题空间，当把现实世界映射到软件世界时，还需要借鉴面向对象相关的概念，包括以下几个。

（1）类（Class）：节点、信息的结构化形式，也称为类模板。

（2）对象（Object）：类的实例，类生成一个实例的过程称为创建。

（3）包（Package）：具有某种关系的类的集合体。

（4）组成（Composite）：描述整体与部分的结构关系。

（5）关联（Association）：描述对象之间的依赖关系。

上述概念主要用于描述软件元素之间的逻辑关系。在软件实现时，逻辑关系需要封装到软件制品上，为此引入如下概念。

（1）组件（Component）：也称构件，封装功能或数据的软件模块，具有可部署、可复用和可执行等特征。

（2）成员（Federate）：封装以上逻辑概念并可独立运行的进程。

节点和模型是其中最重要的概念。节点从本质上代表客观存在，它具有以下特征：①可标识性，在系统一级可见并具有唯一的 ID；②对应性，实体通常与被仿真系统中的某些对象具有对应关系；③有状态性，每个节点都具有明确的属性集，从而构成实体的状态；④多实例性，节点可能有多个实例，每个实例都具有各自的状态和 ID；⑤复合性，节点复合后还是节点，只是分辨率不一样。

模型从本质上代表某种功能或特性，通常用于封装实体中涉及复杂数据结构的过程、算法和规则。与节点相比，模型的特点有：①在系统一级是不可见的；②不一定具有多实例性，也就是说，如果模型是没有状态的计算单元，则没有必要多实例化；③模型是抽象的，与被仿真系统中的组成单元也没有对应关系。

公共概念模型框架如图 4.1 所示。在顶层构建了模型语义（ModelingEntity）、关联（Association）、图元（VisualElement）、图（Diagram）等抽象概念，并为分布式仿真系统共同拥有的开发视图、实现视图和交互视图定义了相应的概念体系。开发视图包含的概念模型有类（Class）、包（Package）、属性（Attribute）、继承关系（DeriveAsso）；实现视图包含的概念模型有成员（Federate）、组件（Component）、部署关系（DeployAsso）；交互视图包含的概念模型有信息（Information）、消息（Message）、交互关系（InteroperationAsso）、总线（DataBus）。

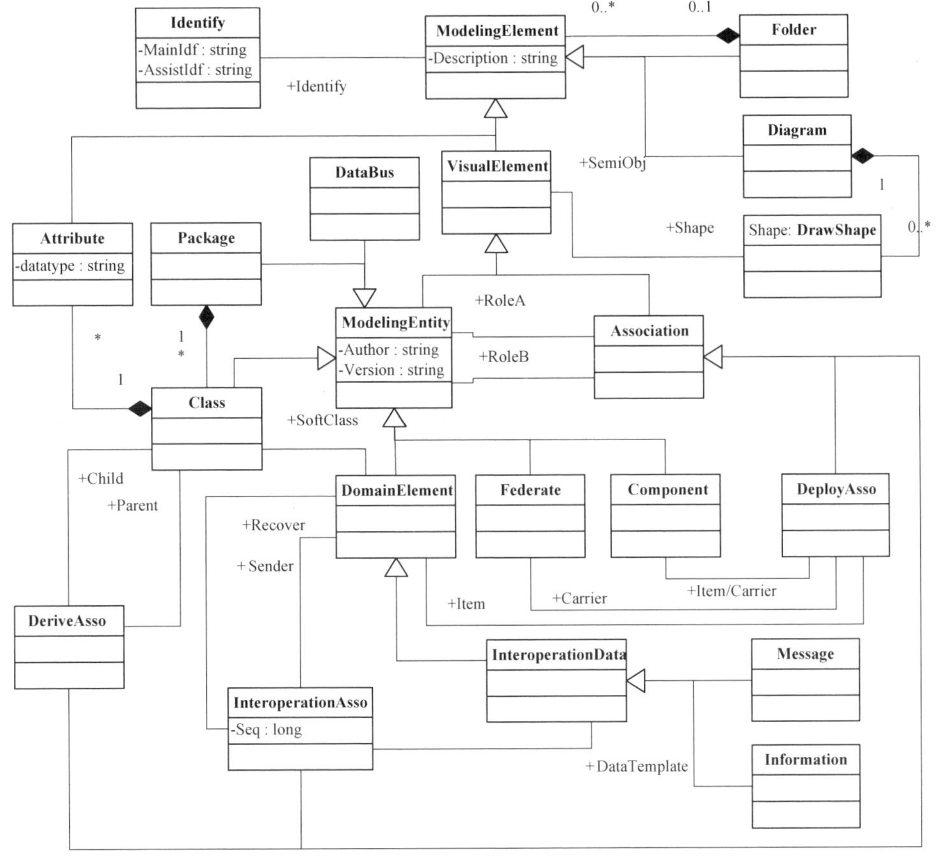

图 4.1　公共概念模型框架

4.1.2　体系仿真领域概念模型

复杂的体系对抗是由基本的实体（包括人、装备、环境）之间的交互和相互影响体现出来的。本书将最基本的兵力单元定义为实体（Entity），实体是具有独立运动状态属性，并具有感知、决策和行为能力的主动对象。当强调实体具有智能决策和行为能力的时候，一些文献也称其为智能体。以实体为基础，我们引入了一系列新的概念模型，它们之间的关系如图 4.2 所示。

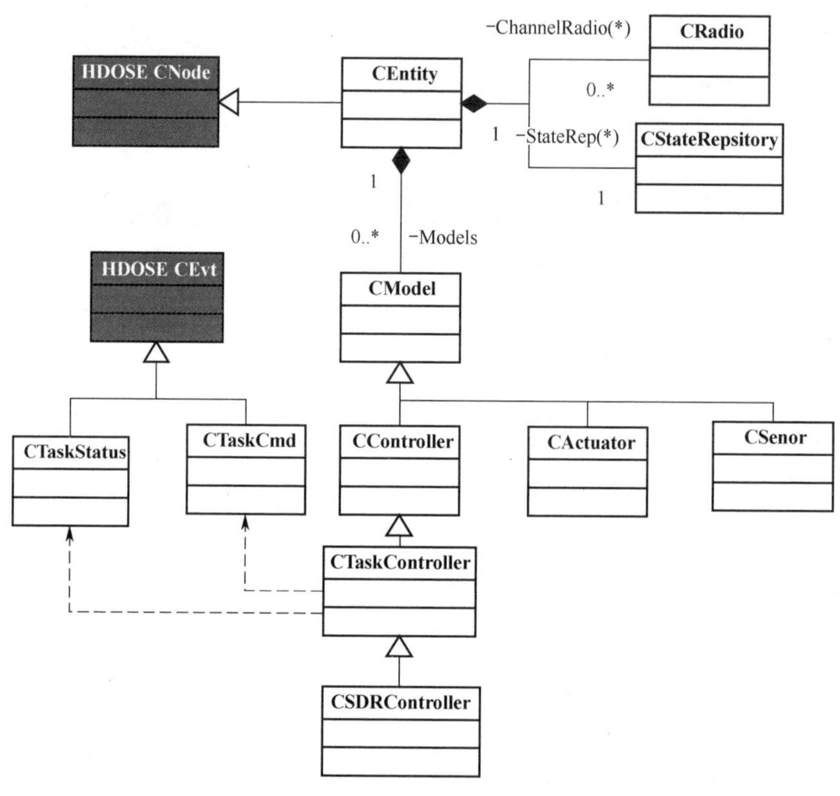

图 4.2 概念模型之间的关系

（1）状态池（StateRepsitory）：仿真节点的属性集的结构化表示。状态池可被实体内部的仿真模型访问、修改和发布（从而被其他实体所感知）。

（2）模型组件（Model Component）：对实体感知、决策、动作等行为进行仿真的功能模块，简称模型。模型组件可分为行为模型和通信模型。

（3）资源（Resource）：作战资源（如油、弹药等），在仿真过程中由模型组件访问并消耗。

（4）信道（Radio）：描述实体之间通信的逻辑线路。与可靠的仿真数据通信不同，基于信道的实体通信是否成功取决于环境和实体状态。

（5）任务（Task）：实体的基本行为动作，对应行为脚本的一条指令。

（6）计划（Plan）：实体行为的任务序列，对应行为脚本的一个片段（Block）。

（7）剧情（Scene）：仿真中的实体组成、初态、行为计划及综合自然环境状况的全集。

基于以上概念，我们进一步描述了实体：实体是由标识、状态池、模型组件、信道等对象复合装配而成的。通过装配状态池以拥有可演变和可发布的状态空间；通过聚合模型组件以具有某些自主作战行为能力；通过拥有组织标识以构成实体间的指控关系。实体分为聚合实体（如舰艇编队、航空兵编队等）和平台实体（如飞机、水面舰、导弹等）。

模型组件分为执行器（Actuator）、控制器（Controller）、传感器（Sensor）三类，其中控制器是其他模型与行为模型关联的桥梁。

4.2　多视图协同建模技术

4.2.1　视图的概念

视图（View）是计算机领域的一个基本概念，尤其在数据库设计中更为常见。简单地说，视图是系统整体的局部呈现。Kruchten[36]将视图的概念应用于研究软件体系结构，提出软件体系结构“4+1”视图，包括逻辑视图、开发视图、过程视图、物理视图。美国国防部专家运用视图的概念对军事信息系统进行研究与建模。根据美军《国防部体系结构框架》中的定义，军事系统体系结构可以从三个方面进行描述，分别是“作战视图”“系统视图”和“技术标准视图”。在制造领域特别是机械加工领域，多视图也用于对产品的加工过程和组织结构进行表示。

以上例子均在不同程度上运用了“视图”和“多视图”的概念，它们的共同特点是关注视图对系统的分解作用。本书讨论的多视图协同建模方法具有如下特点。

（1）强调对复杂系统进行建模，尤其是复杂信息系统，而不是局限于某个领域（如机械领域）或某个方面（如需求、能力或体系结构方面）。

（2）强调多视图建模的目标是协同，具体方案是先基于关注点进行分解，然后基于语义进行融合。

（3）强调对系统进行构造和开发，视图模型覆盖系统开发过程的各个环节和各个方面。例如，根据领域的特点定义其业务视图，根据系统的共性特点定义逻辑三视图（结构、交互和行为），根据软件实现的特点定义实现视图和部署视图。

（4）重视对系统交互特征和行为特征的建模，而不仅是系统静态结构。

体系对抗需要规模巨大、结构复杂的模型系统的支持，为了清晰地描述和建立模型之间的关系，本书采用多视图协同建模理论和方法。多视图协同建模的核心思想是，将复杂系统建模涉及的多用户、多阶段、多学科、多粒度、多模式归结为系统的多视图，从而将系统模型在时间维与逻辑维进行统一。在此基础上，确立描述复杂系统的多视图分解原理和方案，以支持多用户在不同阶段、从不同角度、采用不同的建模方法对系统进行展示，最后通过各个视图之间的相互关联、映射与融合，将多视图下的子模型合并成系统整体模型。

面向体系对抗的多视图协同建模涉及四个方面的技术方案：①模型视图分解方法；②模型视图的可视化图元及表示法；③模型的文本化表示方法；④基于 MDA 的模型转换与映射方法。

4.2.2 体系对抗系统视图模型

基于多视图分解的原理，我们将复杂系统的视图模型分为逻辑视图、部署视图、实现视图三类。逻辑视图是指从系统逻辑业务关系的角度来展示的系统特征视图，它是系统模型的核心，其他视图均为之服务。部署视图描述系统的逻辑元素及如何将各元素之间的关系部署到物理载体中。实现视图描述类及类之间的关系、物理载体的组织结构。实现视图通过组件视图、成员视图、类视图与代码视图进行进一步的分解。

逻辑视图是反映系统特征的关键视图。依据正交性原理，逻辑视图可以进一步分为组成视图、交互视图、行为视图、业务视图。组成视图描述实体之间的组织结构关系；交互视图描述实体之间如何根据自己的职责进行协作和信息交联；行为视图描述的是单个实体在某种场景下的动作。将系统结构、交互和行为三者分离，使各个相互独立的视图的变化不会影响其他视图，减少了视图之间的耦合，有利于不同视图中的模型独立进行开发和演化。

依据透明性、正交性与层次性的原理，结合实际领域问题的需要确定其业务视图是多视图分解的关键。依据武器装备体系对抗领域建模的需要，业务视图分为搭载视图、感知视图、通信视图、指挥视图和交战视图，这是本书后文讨论的重点。逻辑视图与实现视图通过部署矩阵建立映射。最终形成的体系对抗多视图模型分解方案如图 4.3 所示。

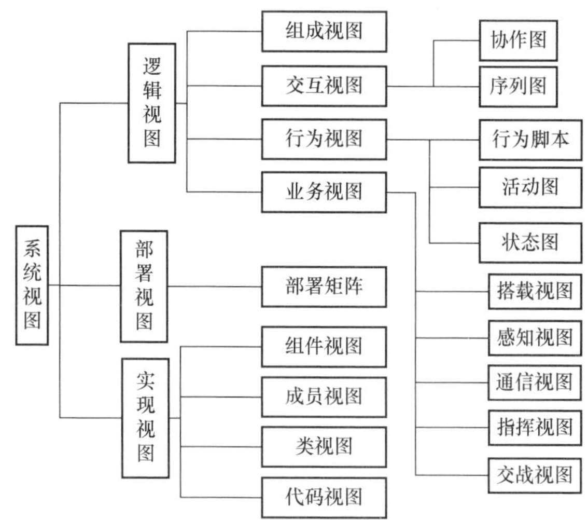

图 4.3　体系对抗多视图模型分解方案

4.2.3　体系对抗业务视图

1. 搭载视图

搭载视图描述装备实体或设备在物理上的组成或关联关系。搭载关系可能是固定的，如某型舰艇上搭载某型雷达；也可能是非固定的，如某飞机根据任务需要搭载某型导弹。搭载关系的可视化表示如图 4.4 所示。搭载视图是所有搭载关系的局部呈现，是搭载关系的集合。搭载关系被定义为一个 3 元组，即

```
CR:=<Container,Cargo,Fix>
```

其中，Container 表示容器对象；Cargo 表示搭载对象；Fix 指明是否为固定搭载。

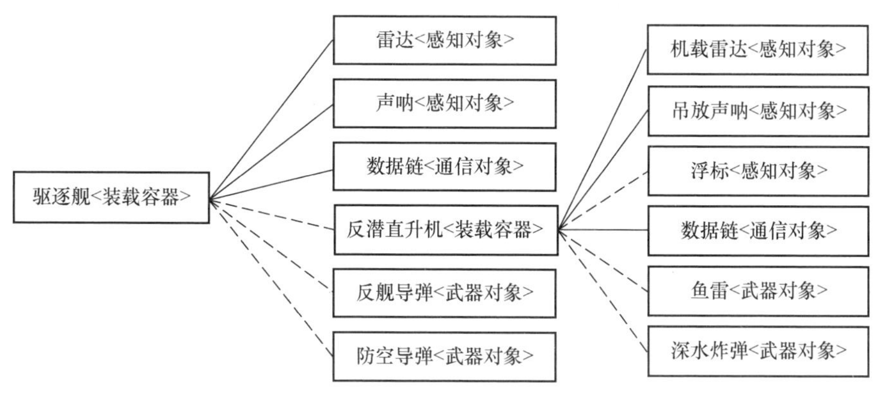

图 4.4　搭载关系的可视化表示

2. 感知视图

感知是作战实体对周围环境和目标的主观判断。感知视图是所有感知关系的局部呈现，它由若干感知描述符（Sensor Descriptor）组成，每个感知描述符都被定义为一个 7 元组，即

```
SD:=<Entity,Device,Mechanism,Space,pd,pfa,pm>
```

其中，Entity 表示感知主体；Device 表示感知设备；Mechanism 表示感知机理（雷达、红外、光电、声呐）；Space 表示感知空间；pd 表示发现概率；pfa 表示虚警概率；pm 表示漏报概率。

3. 通信视图

通信表征作战实体之间以某种介质为途径形成的信息交换。通信视图是通信关系的局部呈现，通信关系由通信因子（Communication Element）组成。为了形式化描述通信因子，首先引入作战节点集的概念。作战节点集 BN={BNode1, BNode2,⋯, BNode*n*}，为参与作战过程的所有作战实体的集合。例如，在某次海上编队作战中，作战节点包括预警机、战斗机、编队指挥舰、驱逐舰、直升机、潜艇等。通信因子被定义为一个 5 元组，即

```
CE:=<Entity,Device,Mode,Object,Radio>
```

其中，Entity 表示通信主体；Device 表示通信设备；Mode 表示通信方式（点播、组播、广播）；Object 表示通信对象；Radio 表示通信逻辑信息，它可以对应一个无线电频段，也可以对应空气介质（如人与人之间的语音交流）。只有在 Radio ID 相同的情况下，两个实体之间才可能发生通信。通信视图的表示如图 4.5 所示。

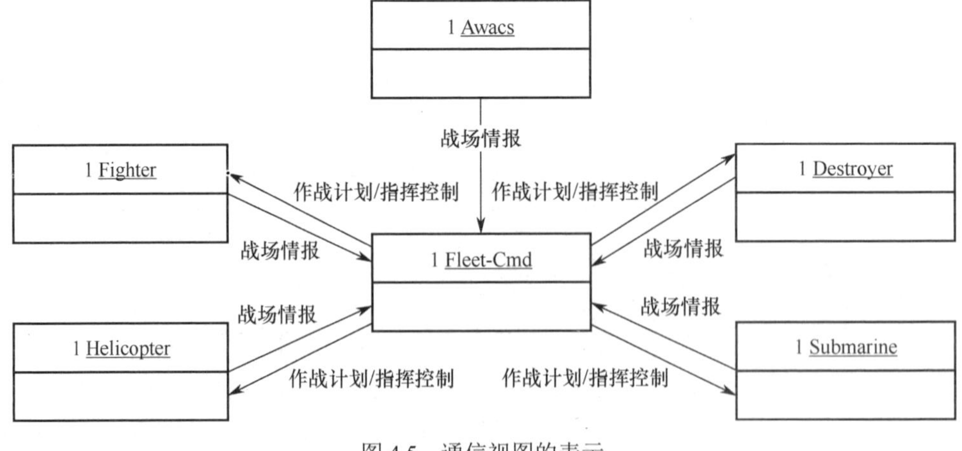

图 4.5　通信视图的表示

4. 指挥视图

指挥关系描述实体在作战场景中所扮演的角色。指挥视图用树形结构图描述，描述的内容包括指挥节点、受指挥节点、指挥关系连接线（正常和备用）、指挥关系转移过程、转移时间等。

指挥视图被定义为一个 4 元组，即

```
CV:=<CN,RN,RS,TR>
```

其中，CN={CNode1, CNode2,⋯, CNode$n$}为有限的指挥节点集，指挥节点集为作战节点集的子集；RN= CN×CN 为正常的指挥关系矩阵；RS= CN×CN 为备用的指挥关系矩阵；TR={tr1, tr2, ⋯, tr$n$}为指挥关系转移列表，它由一组转移节点组成。

在上述描述中，转移节点是一个 4 元组，转移节点 tr:=<OrgCN,NewCN, UnCN, T>。其中，OrgCN∈CN 表示转移前的指挥节点；NewCN∈CN 表示转移后的指挥节点；UnCN∈CN 表示受指挥的节点；T 表示转移时间。

需要说明的是，所有转移节点中的元素均需要满足以下两个条件。

（1）（OrgCN，UnCN）∈RN，即转移前的指挥关系为正常的指挥关系。

（2）（NewCN，UnCN）∈RN，即转移后的指挥关系为备用的指挥关系。

所有实体之间的指挥关系都用树形结构图描述，描述的内容包括指挥节点、受指挥节点、指挥关系连接线（正常和备用）、指挥关系转移条件。

5. 交战视图

交战视图描述交战双方战场基本态势、突击方案、行动决心和协同动作计划。它由作战概念图、作战活动图、作战事件图、作战规则图等组成。交战视图具有可表现的信息量大、综合性强等特点。

1）作战概念图

如图 4.6 所示，作战概念图重点表现作战地域、作战节点之间的通信连接线、指挥关系线、探测线、打击线等。作战概念图被定义为一个 5 元组，即

```
BW:=<BatArea,CB,CL,TAR,SL,AL>
```

其中，BatArea 表示作战地域；CB 表示作战节点集合；CL 表示通信连接线集合；TAR={target1,target2,⋯，target$n$}表示敌方目标集合；SL 表示感知探测线集合；AL 表示打击线集合。

关于通信连接线集合 CL 和感知探测线集合 SL 的元素结构，在通信视图和感知视图的介绍中已经详细讨论，下面主要讨论打击线集合 AL 的元素结构。打击线被定义为一个 3 元组，即

```
AL:=<CE,WP,Target>
```

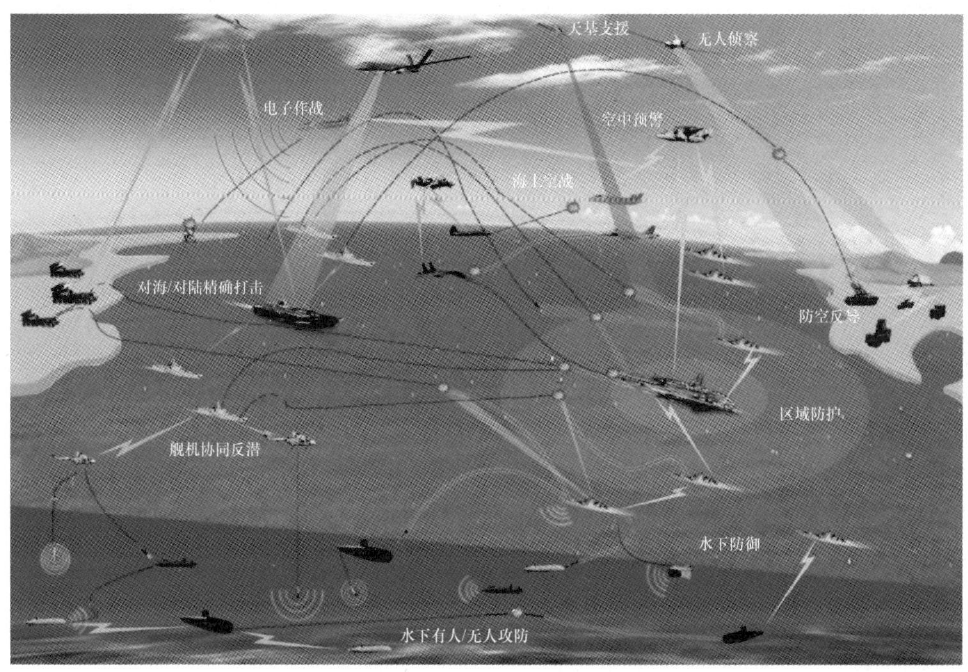

图 4.6　作战概念图示例

其中，CE∈BN，表示完成打击任务的作战实体；WP 表示打击所采用的武器装备；Target 表示打击的目标。

打击线需要满足搭载视图的相关约束，即完成打击任务的作战实体 CE 必须搭载所采用的武器装备，描述如下：

```
<CE,WP,true>∈CV 或<CE,WP,false>∈CV
```

2）作战活动图

作战活动图以作战概念图为蓝本，根据作战阶段和作战节点，对作战任务进行分解，描述各作战活动之间的顺序和相互关系。作战活动图实例如图 4.7 所示。该实例将作战舰艇编队的作战任务分解为四个作战活动：战场探测与监视、情报共享与情报处理、作战计划的生成与分发、作战实施，并通过箭头表示作战活动之间的关系。

作战活动图被定义为一个 2 元组，即

```
OA:=<CPN,RCP>
```

其中，CPN={cpn1,cpn2,⋯,cpn$n$}，表示有限元作战活动集；RCP= CPN ×CPN，表示作战活动之间的关系矩阵。

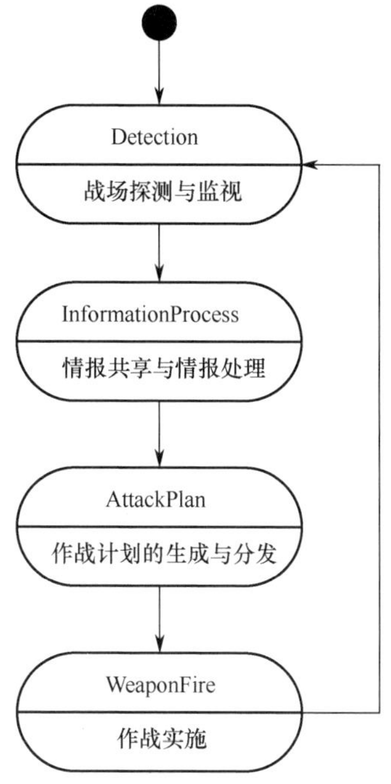

图 4.7　作战活动图实例

3）作战事件图

作战事件图以整个作战过程和作战任务为依据，对各作战阶段的作战活动进一步细化分解。通过事件时序方式对各作战节点之间的动态交互关系进行描述，对其行为逻辑进行建模。因此，作战事件图是以作战事件为粒度对作战活动图进一步细化的结果。作战事件图实例如图 4.8 所示，该实例以作战活动图实例中的四个作战活动为基础，分别从各个作战节点（战场、预警机、战斗机、编队指挥舰、直升机等）以作战时间为顺序，详细描述作战事件及各节点之间的通信交互关系。

作战事件图是一组与时间相关的作战事件集合，作战事件被定义为一个 4 元组，即

```
OE:=<CE,CP,LG,T>
```

其中，CE∈BN，表示完成事件的作战实体；CP∈CPN，表示所属的作战活动；LG∈LV，表示与作战事件相关的通信因子，LG 可以为空；T 表示时间序列。

4）作战规则图

作战规则图对整个作战过程中各作战节点的相关规则进行描述，如作战方案生成规则、战术决策规则、武器协同共用规则等。

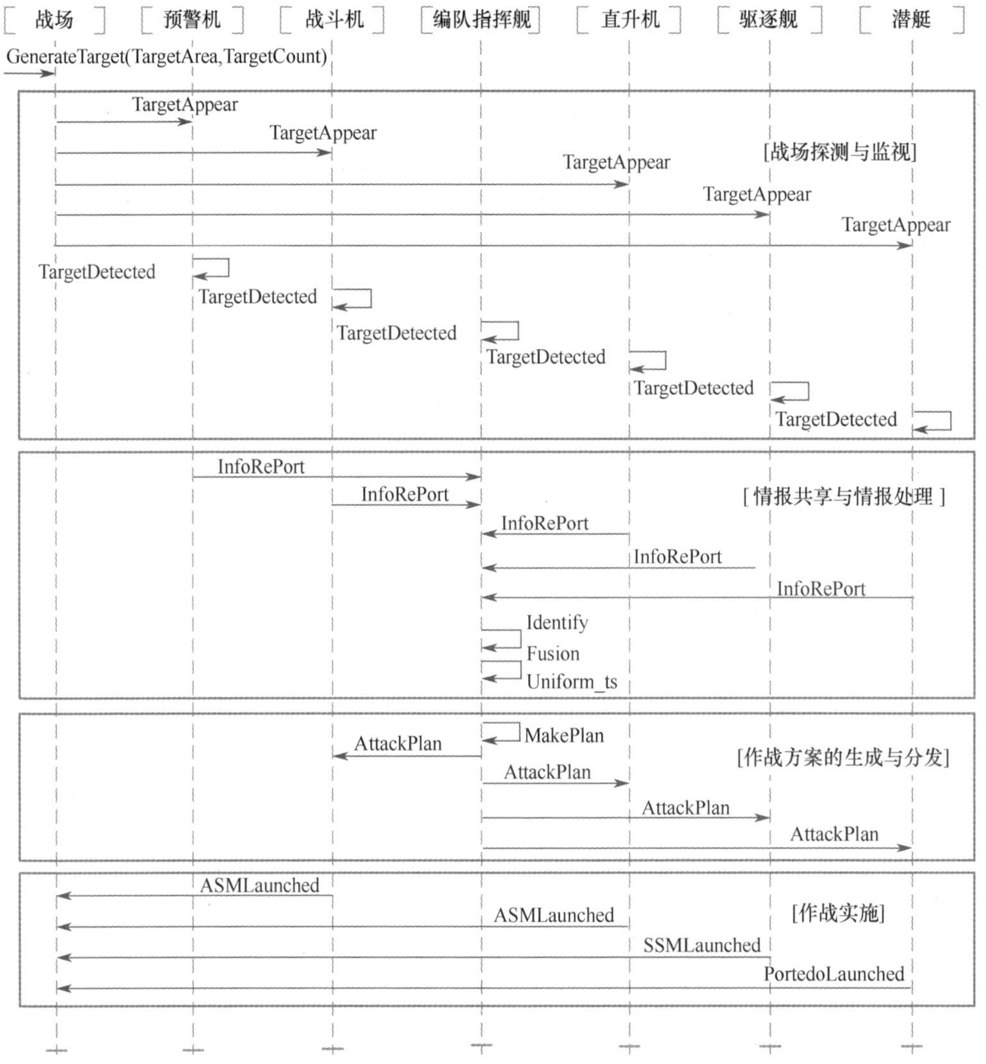

图 4.8　作战事件图实例

作战规则可以分为两部分，第一部分是条件，即前提；第二部分是结果，即要采取的动作。如果条件与已知的事实相匹配，那么就执行规则的结果。一般可表示为：if P then C。其中，P 是指规则的前提；C 是指在 P 成立的条件下可以得到的结论或可以执行的操作。因此，通过一个包含“规则名称”“条件”和“结果”三个字段的规则表，即可对战场角色作战规则类知识进行描述。实例中对应的作战规则如表 4.1 所示，作战规则如图 4.9 所示。

表 4.1　某指挥中心作战规则

序　号	规则名称	条　件	结　果
1	战斗机攻击规则	Dis（Target）>300km	Do（AttackPlan1）
2	舰机协同攻击规则	Dis（Target）>150km AND Dis（Target）≤300km	Do（AttackPlan2）
3	潜艇攻击规则	Dis（Target）>50km AND Dis（Target）≤150km	Do（AttackPlan3）
4	驱逐舰攻击规则	Dis（Target）≤50km	Do（AttackPlan4）

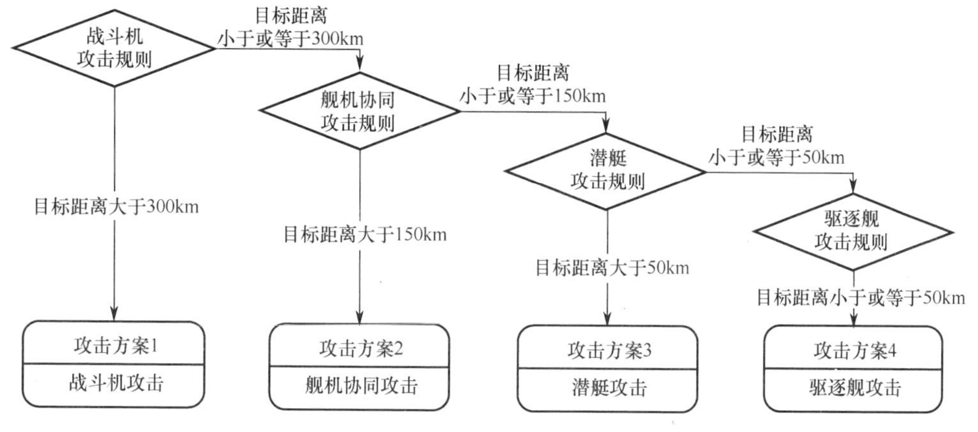

图 4.9　作战规则

值得一提的是，业务视图中的各种视图之间可能存在依赖关系。例如，感知视图和通信视图依赖搭载视图，即实体是否具有感知能力和通信能力，取决于实体是否搭载相关的设备；指挥视图依赖通信视图，如果没有通信关系，显然无法实施指挥；交战视图也依赖搭载视图，具体地说，是依赖实体所搭载的武器。而对于协同作战的情况，交战视图的依赖情况更加复杂，这些依赖关系如何描述与形式化，需要进一步研究。

4.2.4　模型视图的语义及表示法

模型的可视化表示是指为语义模型提供各种视图下的图形表示法，它以 UML 2.0 规范为基础进行了适当的剪裁，支持的视图种类包括静态结构图、交互图（包括序列图和通信图）、状态图、流程图、PAD 图。

1. 静态结构图

静态结构图用于描述模型类之间的关系，其可视化要求如表 4.2 所示。

表 4.2 静态结构图的可视化要求

语 义	表 示 法	显示特性
类	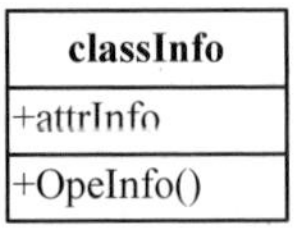 classInfo +attrInfo +OpeInfo()	（1）宽度及高度能根据注释内容自动调整； （2）属性栏与操作栏可隐藏
继承	 ◁————	—

2. 序列图

序列图用于捕获系统运行中模型对象之间有顺序的交互，强调的是消息交互的时间顺序。序列图的可视化要求如表 4.3 所示。

表 4.3 序列图的可视化要求

语 义	表 示 法	显示特性
对象生命线	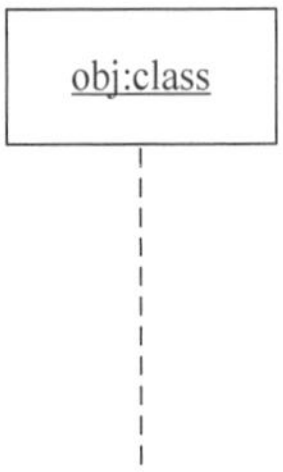 obj:class	（1）宽度能根据注释内容自动调整； （2）生命线结束部分可添加“X”，表示对象的销毁
活动条		两侧有等高度间隔分布的连接端口
异步消息	 MsgInfo ——>	表现形式可为直线、直角线或弧线，模式可切换；其中弧线一般用于自连接
同步消息	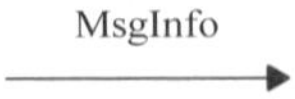 MsgInfo ——▶	
交互框	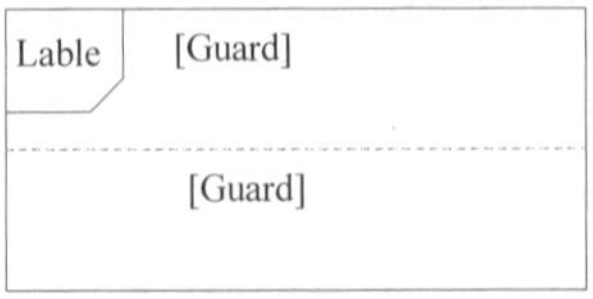 Lable [Guard] [Guard]	当用于表征条件分支逻辑时，交互片段的个数可增减；其他情况，交互片段个数为 1

3. 通信图

通信图用于描述模型对象之间的消息交互过程，强调的是模型对象之间在交互作用时的关联。通信图的可视化要求如表 4.4 所示。

表 4.4 通信图的可视化要求

语 义	表 示 法	显示特性
交互对象	obj:class	宽度能根据注释内容自动调整
消息	MsgSeq:MsgInfo	表现形式可为直线、直角线或曲线，模式可切换

4. 状态图

状态图用于描述模型对象可能处于的各种不同状态，以及这些状态之间的转移，是有效的基于对象状态的行为建模工具。状态图的可视化要求如表 4.5 所示。

表 4.5 状态图的可视化要求

语 义	表 示 法	显示特性
简单状态	Status Lable/Action	（1）宽度能根据注释内容自动调整； （2）标签、活动栏可隐藏
复合状态		片段可根据子状态的组数进行增减
初始状态		—
终止状态		—
消息事件迁移	Trigger[guard]/behavior	表现形式可为直线、直角线或曲线，模式可切换
调用事件迁移	Trigger[guard]/behavior	
变化事件迁移	Trigger[guard]/behavior	
时间事件迁移	Trigger[guard]/behavior	

5. 流程图和 PAD 图

流程图和 PAD 图可以描述系统详细处理逻辑、算法思想的流程，对行为建模具有较好的支撑作用。流程图和 PAD 图的可视化要求分别如表 4.6、表 4.7 所示。

表 4.6　流程图的可视化要求

语　义	表 示 法	显示特性
处理节点	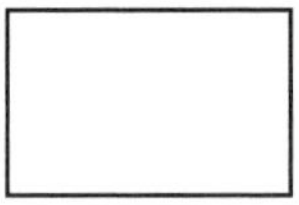 （矩形）	提供编辑菜单，包括进一步操作，如编写代码块、构建子流程图
初始状态	 开始	—
终止状态	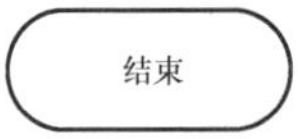 结束	—
流线	 （箭头）	表现形式可为直线、直角线，模式可切换
判断节点	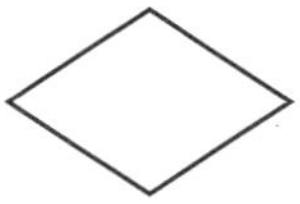 （菱形）	
汇合节点	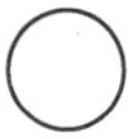 （圆）	一个循环结构、选择结构的终结

表 4.7　PAD 图的可视化要求

语　义	表 示 法	显示特性
处理节点	 （矩形）	提供编辑菜单，包括进一步操作，如编写代码块、构建子流程图
基线	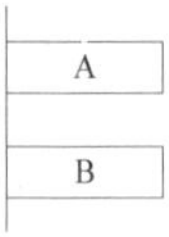 A B	表示代码结构上的顺序
分支选择	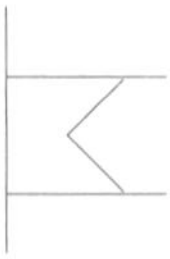 （分支图形）	根据分支个数动态生成图形分支数
While-do/for 循环	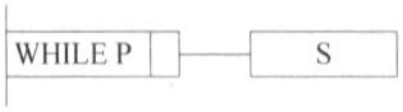 WHILE P　S	根据配置生成特定类型
Do-while 循环	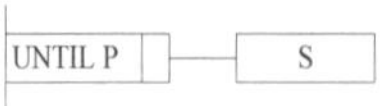 UNTIL P　S	—

4.3　本章小结

本章将作战体系作为一个整体，讨论顶层的体系模型构建问题。首先讨论仿真领域的基础概念模型，再给出体系仿真领域特有的概念模型；接着将重点放在多视图协同建模方法的讨论上，并基于该方法从搭载、感知、通信、指挥、交战等多个视图对现代作战体系进行了建模。

第 5 章

实体建模技术

体系对抗具有明显的涌现性和自组织性，为了模拟这种自组织性，体系仿真通常以具有独立行为和决策能力的兵力实体模拟为基础。因此，实体是体系仿真的核心概念和基本元素。为了强调实体具有智能决策和行为能力，也常称其为智能体。实体内聚的仿真模型涉及侦察、感知、决策、机动、通信、攻击、干扰、效果评估等诸多方面，其内部构造需要形式化的描述方法和高效的组织管理机制，这就是实体的建模方法。实体建模方法不但影响系统的构建、复用和演化方式，也深刻地影响系统运行时的行为、效率和灵活性。

5.1 实体静态结构建模

实体建模可分为静态结构建模和动态行为建模。静态结构建模是基础，主要解决实体内部模型的高效组织和管理问题；动态行为建模是关键，主要解决实体行为的表示和执行问题。实践表明，组合化、参数化建模技术是静态结构建模最常用和最有效的方法。组合化、参数化建模的基本原理，是通过分析表征实体特征的内容，按易变和不易变程度进行分解和归类，使模型的粒度和组合关系更容易被灵活地控制和实现。

5.1.1　组合化建模

在现实世界中，复杂的装备实体是由大量部件组合而成的，这些部件往往是标准化的，可用于多种不同的装备。按这种方式生产的装备具有标准化程度高、组装灵活、可复用能力强、升级维护便捷等优点。将这种标准化、组合化的思想用于仿真系统的构建，就是组合化建模技术。

组合化建模是一种思路和设计理念，基于这种理念，组合化建模可以有很多实现方式。结合工程实践，本书重点描述一种基于组装模式的实体建模框架。如图 5.1 所示，基于该框架，实体仅为一个标识和模型的容器，其表现形式和行为能力完全由其装配的状态池和其他聚合的模型对象决定。聚合的模型在功能、数据处理流程、接口等方面相对稳定，便于复用，通过修改组合关系的重配置参数，便可重新构造出新的实体。

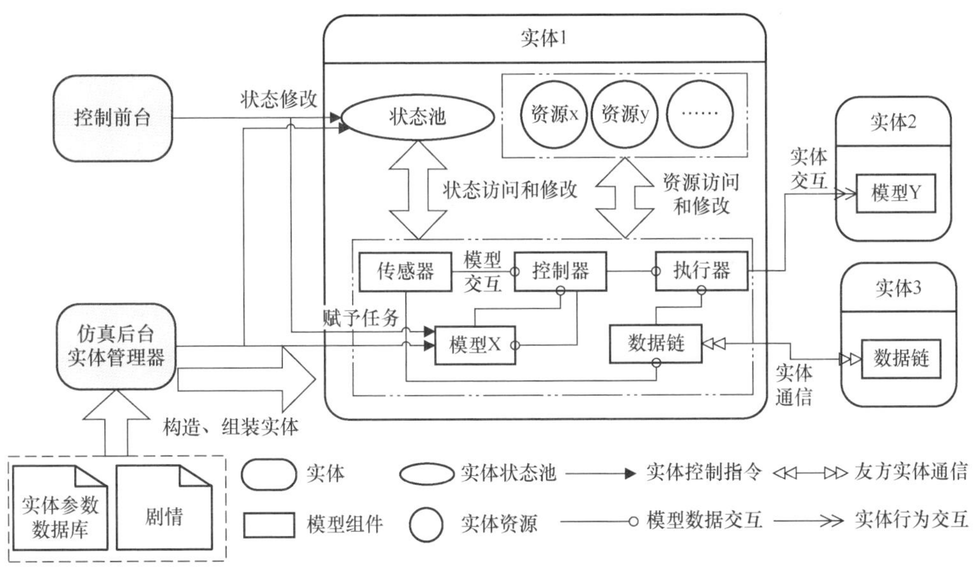

图 5.1　基于模型组装的实体框架

基于组合化建模的原理，实体所聚合的对象可进一步分为状态池、作战资源、模型，即实体=标识+状态池+资源池+模型。组装后形成的实体模板用于描述某复杂作战平台的能力，实例化后便成为一个具体的作战单元。实体本身是可以复合迭代的，复合后的实体成为聚合实体（如舰艇编队、航空兵编队等），非聚合实体通常可称为平台实体（如飞机、水面舰、导弹等）。

标识是实体全局唯一的 ID 编号，通过定义编号的格式，可以用以表征实体之间的指控关系，解析所有的标识即可得到系统的指挥视图。

状态池是描述实体状态的属性集（如地理坐标、姿态、毁伤程度等）。状态池可被实体内部的仿真模型访问并修改，并通过底层通信服务进行发布以被其他实体所感知，通过装配状态池以拥有可演变和可发布的状态空间。状态池类型在不同的抽象程度上覆盖了聚合实体、单个实体、单兵、水面舰艇、车辆、固定翼飞机、旋转翼飞机、水下平台、导弹等类型。

模型是对实体感知、决策、动作等行为进行仿真的功能模块，实体通过聚合这些模型以具有某些自主作战行为能力。模型可进一步分为传感器、控制器、执行器、数据链。其中，传感器用于感知其他实体的状态，在模拟时通常在真值的基础上加上相应的误差；控制器根据自身状态和感知信息做出判断，并调用执行器执行相关的操作；执行器实现基本的原子操作，执行过程中可能访问其他实体中的模型；数据链对象用于通信关系的建模，用于模拟基于信道的实体间通信业务。对于平台实体，大部分模型在实现中映射成为平台所装配的装备，且模型之间具有相对稳定的数据耦合关系。例如，传感器为武器系统提供目标指示，导航设备为动力系统提供运动控制参数等。

实体的作战资源（如油、弹药等）在仿真过程中由模型组件访问并消耗，作战资源与状态池的差别在于前者通常不对外发布。

实体的装配关系由实体配置表描述，实体配置表通常根据仿真主题的需要，在主题策划阶段由实体装配工具生成。实体配置表在系统初始化时由实体管理器加载，形成实体模板（对应概念模型中的类型，或者现实世界的装备型号，如 F16C、F18A）。系统运行后，实体管理器根据剧情或运行情况再将实体实例化，形成表征兵力单元的仿真对象。

实体通常在后台运行，由实体管理器负责维护。但是，仿真系统中的高权限控制前台（如导调台、设备操作台等）也可通过实体状态设置指令直接修改实体状态，通过任务指令赋予和中断实体当前执行的任务。控制前台的指令源于人在回路的控制。

基于上述设计，实体框架中的状态池和模型可以具有任意不同的粒度，通过为实体组装不同粒度的模型，实体状态和行为也可表现出多分辨率的特征。而模型本身具有复合和迭代特性，即模型可以由粒度更细的模型复合而成，通过这种复合机制，理论上模型的粒度可以无限细。

对复合模型的管理，可通过模型树的对象结构组织方式实现，如图 5.2 所示。通过在模型中设计子模型聚合链表，以及在模型中增加指向父模型的指针，解决模型的复合迭代问题。一个多级复合的模型最终形成一个模型树，在仿真运行时，可以指定模型树的某些片段参与解算，从而实现实体分辨率的动态改变。

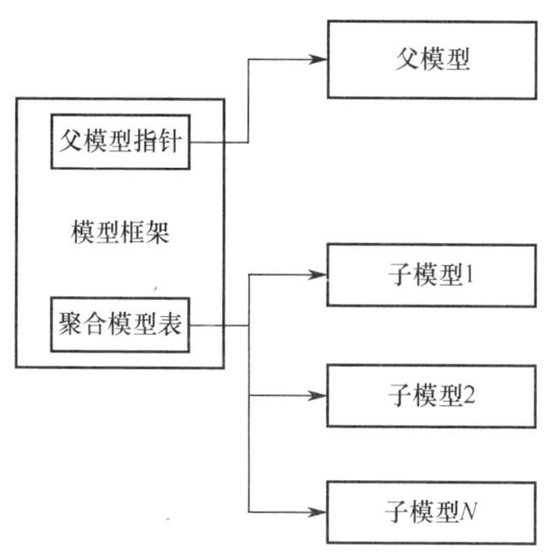

图 5.2　可复合的模型框架构成的模型树

基于组合化原理构建的实体使模型的粒度更容易控制，有效提高了模型的复用性。同时，实体能力可根据仿真案例的需求动态调整，从而具备良好的可扩展性和快速修改能力，适应动态需求下的体系作战效能评估。

5.1.2　参数化建模

体系仿真通常涉及复杂类型和样式的装备实体，且实验方案和装备能力需要不断调整，因此，针对所有型号建立一对一的模型是不现实的。考虑到这些装备运行的物理机理是一样的，不同点在于装备的功能和性能有很大的差异，参数化建模方法成为一种很重要的解决方案。

参数化建模的核心设计是使模型的计算部分（解算体）与配置数据部分（参数集）相分离，模型实例由解算体与参数集组合而成。如图 5.3 所示，预警雷达模型解算体与 A 型雷达参数集组合，构成 A 型雷达的行为能力；与 B 型雷达参数集组合，构成 B 型雷达的行为能力。结合体系仿真中具体的装备型号，模型参数化意味着“装备型号模型=通用模型+性能参数”的定制，使得单个模型组件可用于模拟多个型号的装备（装备在功能、接口、数据处理流程等框架方面相同，仅静态参数有别），提高了模型组件的复用性。

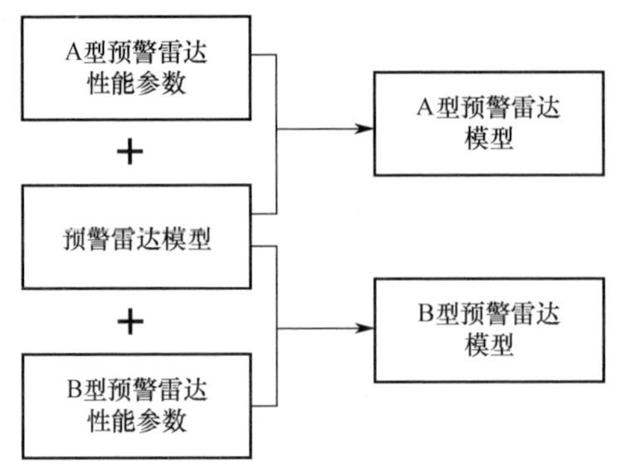

图 5.3　参数化建模方法

在实际应用中，可以将类、型号、实体、对象各个层级均进行参数化处理，从而构成一个参数化配置体系。其中，类参数用于描述类的静态信息，在系统中具有唯一性，如一些物理常量、系统配置可以用类参数表示。型号参数用于描述装备型号的能力指标，在某次特定的仿真中，同一型号的参数具有不变性，该数据通常在主题策划阶段由实体装配工具定义，在系统初始化时从参数数据库（Entity OPD）中加载，并与模型解算体相关联。实体参数用于描述实体的初始状态或特征，在某个特定的场景中该参数被确定下来，该参数通常由场景编辑工具产生，在场景初始化时被加载并与实体绑定。对象参数用于描述特定对象的状态或特征，在初始化时或运行时被仿真引擎动态绑定到对象实例上。

基于以上设计，可以显著提高仿真案例开发的灵活性及模型算法的复用性，为系统的快速演化和装备的快速建模提供有力的技术手段。

5.2　实体行为与决策建模

体系仿真系统中实体的行为与决策建模，可分为显式知识驱动和隐式数据驱动两类。显式知识驱动指通过行为模型、脚本、规则等可以明确表示和设计的知识赋予实体的自主行为。显式知识的描述可以通过常规的编程语言实现，也可以通过更高级的语言实现。其中，第一种方式的优点是不需要行为引擎，但缺点是修改和维护困难；第二种方式的优点是便于修改和维护，但缺点是技术复杂，需要插入行为引擎。隐式数据驱动指通过机器学习的方式获得表征行为的数据并驱动实体的行为，这些数据仅支持机器进行计算，无法被人类理解和解释，因此也无法显式建模。

5.2.1　基于任务计划的行为建模

1. 建模原理

基于任务计划的行为建模是一种典型的显式知识驱动方法，其基本思路是：实体行为通过一系列任务体现，实体受领任务后由任务驱动，任务的具体执行则由实体内聚的仿真模型协同解决，任务可触发一系列原子行为动作。“任务”和“计划”是该方法的核心概念。所谓任务，是指实体行为不可分解的片段，对应一个行为指令（也称为任务语句），当这条指令被执行时，执行组件的一个函数会被调用。

计划是任务语句的序列，即任务集，是描述具有自主决策能力的实体作战仿真行为的方式。通常情况下（无控制台人为指令干预），实体的行为完全由计划引导。针对某次仿真案例，在剧情中赋予每个实体一个计划，通常计划通过组织编号与仿真中的某个实体动态绑定。由于实体的组织编号在仿真过程中可动态变化，因此计划的执行主体对应一个作战角色，而非绑定至一个固定实体。这种方案对于模拟指挥关系或作战角色动态定义的系统特别有用。

除此之外，基于任务和计划脚本的行为建模方法还遵循如下设计原则。

（1）计划本身是可解释的，是某种形式化的语言，应具有严格的语法和语义。因此，计划描述语言除了基本的任务语句，还有判断、分支、循环等控制语句。

（2）行为引擎是解析并调度任务计划语句的核心组件，每个可执行计划的实体均需要绑定一个行为引擎。

（3）实体行为引擎与系统的仿真引擎相互配合、协同工作。仿真引擎调度所有的仿真模型，可以认为行为引擎是一种特殊的仿真模型，它在仿真引擎的驱动下，调度其他与任务计划相关的模型。

（4）考虑到人在回路对实体的控制，计划及任务的执行流程应是可控的，即可暂停、恢复、中断和复位。

（5）计划应支持对某些准则的描述，准则描述了某些条件下需要优先触发的行为计划。当条件被触发时，实体需要中断当前的任务，执行准则下的任务集。

2. 计划脚本语言设计

本书设计了一种描述计划的脚本语言 PlanScript，以下给出其文法描述。一个计划是绑定至一个角色的计划语句序列，定义为

```
<Plan>::=Block (<EchelonId>) {<PlanStatements>}
```

其中，<EchelonId>为有效的实体组织标识。

```
<PlanStatements>::=<PlanStatement>|<PlanStatement ><PlanStatements>
<PlanStatement>::=<IfStmt>|<WhenStmt>|<WhileStmt>|<TaskStmt>
```

计划语句类型可以是 If 语句（条件分支）、When 语句（触发器）、While 语句（循环）、Task 语句（普通任务）。

（1）If 语句由多个互斥的条件分支构成，定义为

```
<IfStmt>::=<IfParts>
<IfParts>::=<IfPart>|<IfPart><IfParts>
```

条件分支由条件头和内部计划语句序列组成，定义为

```
<IfPart>::=<PartHeader>{<PlanStatements>}
```

条件头可以是 if、else if、else 三种，其中前两种需要定义条件

```
<PartHeader>::=if(<Conditions>)|else if(<Conditions>)|else
```

条件可以是简单条件，也可以是通过“与”“或”操作构成的复合条件，即

```
<Conditions>::=<condition>|<conditions><ope><conditions>|!<conditions>
<ope>::={&,|}
```

条件由类型标识<conditionType>、参数集<parameters>构成，即

```
<condition>::=<conditionType>(<parameters>)
```

其中，类型标识<conditionType>需要和应用层所支持的条件类型相匹配。其内含的<parameters>定义为

```
<parameters>::=<parameter>|<parameter>,<parameter>
```

（2）When 语句有两种类型：永久触发器语句和一次性触发器语句。后者触发一次后会在本次计划执行序列中移除。触发器语句的相关定义如下。

```
<WhenStmt>::=When(<conditions>){<PlanStatements>}|OnceWhen(<condi-
tions>){<PlanStatements>}
```

（3）While 语句（循环）定义为

```
<WhileStmt>::=While(<conditions>){<PlanStatements>}
```

（4）Task 语句定义为

```
<TaskStmt>::=<TaskType> (<parameters>)
```

其中，<TaskType>是可变的有效标识，需要应用层所能支持的任务类型与之相匹配，且其内含的<parameters>是语义正确的。

下面通过一个例子来具体说明 PlanScript 的应用。考虑某型反潜直升机挂载多枚浮标、吊放声呐、深弹，从母舰起飞，执行应召反潜任务。其任务执行流程如图 5.4 所示。典型过程包括：①到应召区域投放浮标阵；②巡逻侦听；③当浮标信号表明有可疑目标出现时，飞行至附近区域进行吊声搜索和定位；④明确目标位置

和运动参数后，使用深弹进行攻击；⑤返航。该流程添加了两条准则：①当剩余燃油量小于 50%时，返航；②当接收到母舰的召回指令时，返航。

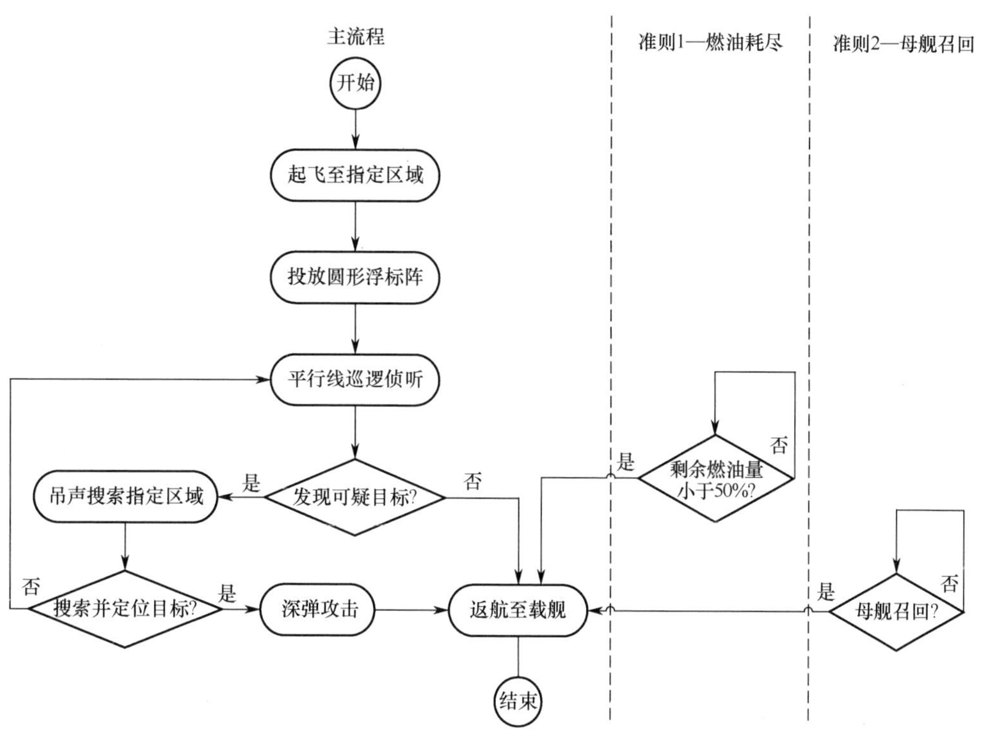

图 5.4　某型反潜直升机任务执行流程

应用 PlanScript 对该任务执行流程进行规划的结果如下。

```
Block(RedDestroyer:KA28Helicopter1)  //直升机的组织标识
{
  When(ConditionResource (“fuel”,”less”,0.5))  //准则 1，剩余燃油量小于 50%则返航
  {
    TaskReturn("RedDestroyer");
  }
  When(ConditionRecvOrder ("return")) //准则 2，母舰召回则返航
  {
    TaskReturn("RedDestroyer");
  }
  TaskMoveTo("SearchArea"); //飞行至战术区域“SearchArea”
  //在该区域下投放浮标阵，数量 32，阵型为圆形
```

```
    TaskCastBuoySona("SearchArea","circle",32);
    TaskPatrolListen("parellel"); //平行线巡逻侦听
    if(ConditionRecvTargetReport()){
      //任务执行成败可作为条件
      if(TaskLocateTarget("Aerosona")){
        //进入攻击阵位，距离目标定位点正前方 800m
        TaskEnterBombingPos(800);
        //将弹投完
        While(ConditionResource ("bomb","more",0){
          TaskCastBomb();
          //投弹间距 200m
          TaskMoveForward(200);
        }
      }
    }
    TaskReturn("RedDestroyer");
  }
```

可以看出，PlanScript 具有编程语言的风格，各种条件判断、任务描述语句形似函数调用，但其实是相关条件、任务对象的构造型。在实际使用过程中，在想定编辑阶段，计划通过可视化的编辑工具生成；在想定执行阶段，计划由后台仿真引擎中的计划管理器加载并执行。

3. 行为引擎设计

行为引擎是对实体的行为进行管理和调度的功能模块，其核心功能是将行为脚本和决策规则及用户的操作命令变换成一个结构化的可运行的状态机。行为引擎设计框架如图 5.5 所示，该框架的设计以计划为核心。计划被设计为一个可复合的对象，与计划相关的所有类被抽象为一个公共的基类，即计划对象（CPlanObj）类。计划对象类主要用以支持对计划执行环境的描述，使支持计划对象能够按父子关系组成一个对象树。此外，它还提供了计划脚本与计划对象树之间的变换机制。

1）计划块对象

计划块对象（CPlanBlock）是含有一定功能语义的计划片段，在任务语句的基础之上叠加执行逻辑所构成的语句集合。计划段可被段语句包含，以构成语句的嵌套结构。计划块分为两部分：基本段（MainBlock）和触发段（TriggerBlock）。基本段是 When 语句类型以外的语句序列，按顺序执行，是描述实体行为的主线；触发段是由 When 语句类型构成的语句集，在每个仿真推进步中条件均会被检测，当满足条件时，嵌套计划块均会被执行。

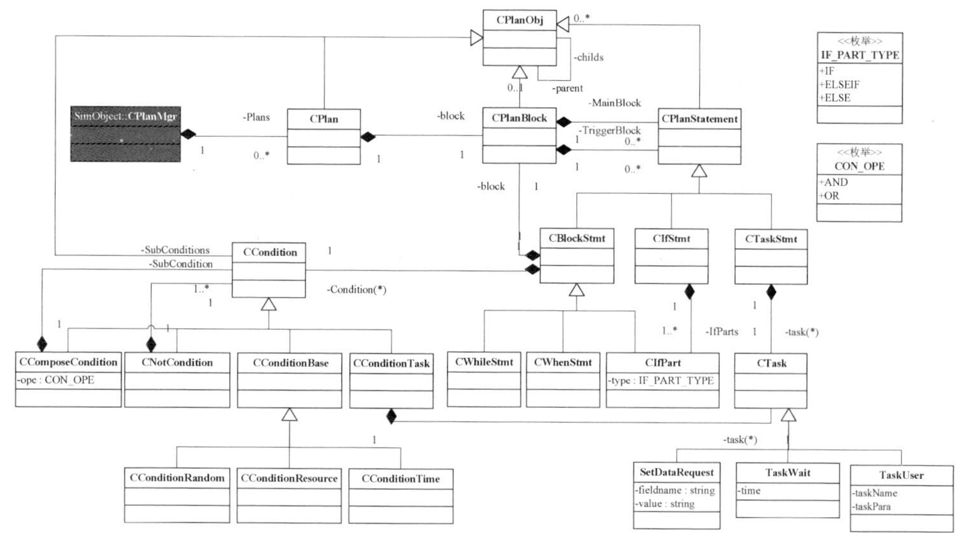

图 5.5　行为引擎设计框架

2）计划语句对象

计划语句对象（CPlanStatcment）是计划的基本组成部分，包括任务语句对象（CTaskStmt）及描述执行逻辑的 If 语句对象（CIfStmt）、When 语句对象（CWhenStmt）和 While 语句对象（CWhileStmt）。

任务对象（CTask）是描述原子行为的数据结构，仿真框架通常会内置公共的、常用的任务类型，其应用层可进行扩展，扩展时需与任务执行器配套开发。任务语句对象聚合了某种任务，执行该语句将把任务抛给实体，当任务执行完毕并收到反馈后，将顺序执行下条语句。任务包括等待任务（CTaskWait）和自定义任务（CTaskUser）两类。其中，等待任务要求指示实体等待一定的时间；自定义任务则是一种灵活的任务描述方式，由任务类型、任务参数构成。应用层的任务执行器负责解释该任务及参数，并触发相应的执行逻辑。此外，设置状态请求对象（CSetDataRequest）是一个特殊的任务语句，用于改变实体状态，由字段和值构成。

If 语句对象用于实现基于条件分支的语句执行逻辑。If 语句由 IfPart 集合构成，每个 Part（If，else if …，else）代表一个分支。

When 语句对象具有最高的调度优先权，其条件在每个周期均会被检测，如条件被满足，则中断实体当前的任务，执行其包含的子语句序列，执行完毕后恢复中断的任务。When 语句对象分为两种类型，即一次性的和永久性的，前者触发后即删除；后者一直存在，适用于描述规则。

While 语句用于实现基于条件循环的语句执行逻辑。

3）条件语句对象

条件语句对象（CCondition）是描述条件的数据结构，以当前态势或其他参量为输入，可判断条件是否满足。仿真框架通常内置部分条件类型，包括随机条件（CConditionRandom）、时间条件（CConditionTime）、资源条件（CConditionResource）。条件通过“与”“或”操作形成复合条件（CComposeCondition），复合条件可嵌套；而“非”条件（CNotCondition）用于对条件进行非操作。

与一般的条件不同，任务条件对象（CConditionTask）是包含一个任务对象的条件语句。当对任务条件进行检测时，不是马上得出结论，而是执行该任务，通过任务执行是否成功决定条件是否被满足。

4. 计划并发控制策略

实体计划的执行具有集中控制、多发并行的特点，其主要机制如下。

（1）计划对象由计划管理器统一管理，计划的执行、暂停、恢复、中断逻辑由管理器统一控制。

（2）计划包括计划主体和触发器，两者的执行逻辑是有区别的：计划主体（指触发器以外的语句序列）在执行时开辟一个独立的执行线程；未激活的触发器在每个仿真周期检测触发条件，条件被满足时，开辟一个执行线程，用于执行其包含的计划体。

（3）计划执行线程顺序执行计划体的每条语句，将任务分发给实体，并在实体汇报完成前（成功或失败）阻塞。

（4）任一时刻，只能有一个触发器被触发，排列在前的 When 语句具有优先权。触发器被触发后，计划主体的执行线程需挂起，待触发器执行线程完毕后恢复。

（5）计划的暂停、恢复、中断和重置，除了对本身执行逻辑进行控制，还需通知实体的任务控制器进行同步配合。

下面通过一个例子来对上述机制进行详细阐述。

```
Block(EntityEchelon)
{
  When(Condition1())
  {
    TriggerTask();
  }
  Task1();
  if(Condition2())
  {
    Task2();
  }
  else
  {
    Task3();
  }
}
```

与之相对应的执行过程如图 5.6 所示。

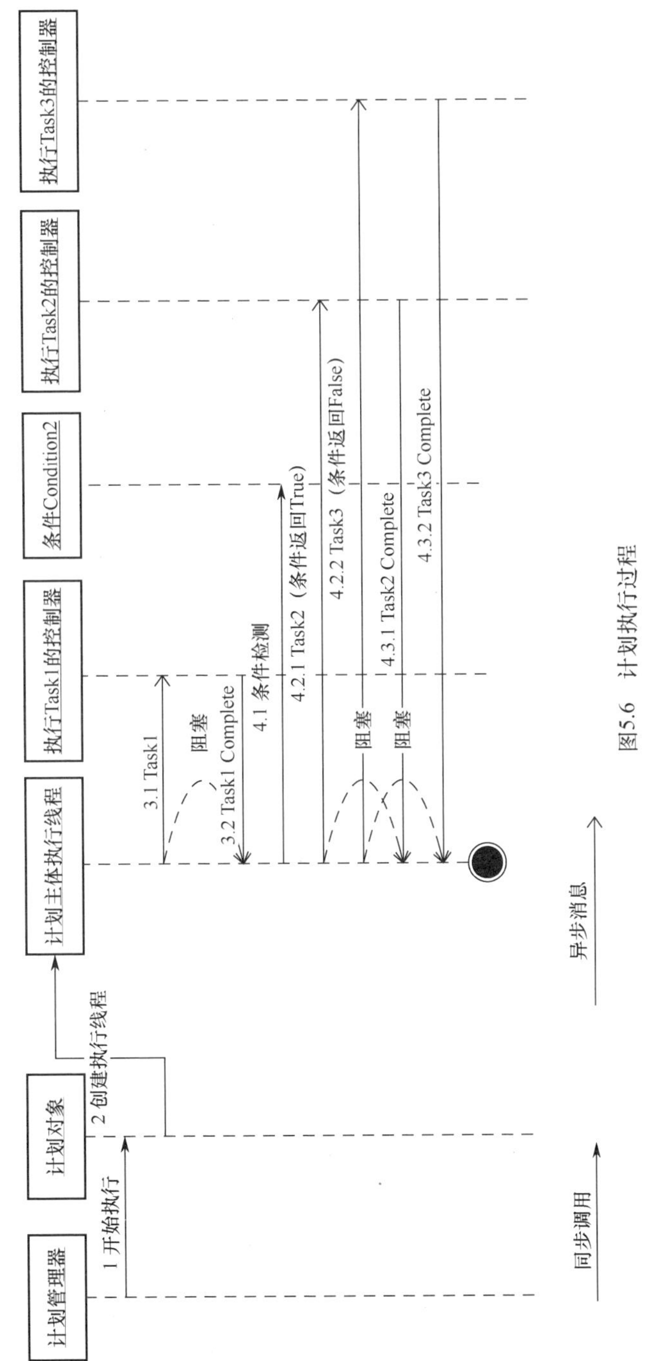
计划管理器
计划对象
计划主体执行线程
执行Task1的控制器
条件Condition2
执行Task2的控制器
执行Task3的控制器
1 开始执行
2 创建执行线程
3.1 Task1
阻塞
3.2 Task1 Complete
4.1 条件检测
4.2.1 Task2（条件返回True）
4.2.2 Task3（条件返回False）
阻塞
4.3.1 Task2 Complete
阻塞
4.3.2 Task3 Complete
同步调用
异步消息

图5.6　计划执行过程

假设在实体执行计划主体的 Task1 过程中，条件 Condition1 得到满足，触发器被触发，执行其包含的计划主体过程如图 5.7 所示。需要注意的是，计划对象需要通知实体暂停当前的任务，从而实现了阻塞计划主体执行线程的目的；在触发器计划体执行完毕后，触发器线程退出，计划对象同时通知实体恢复被暂停的任务。

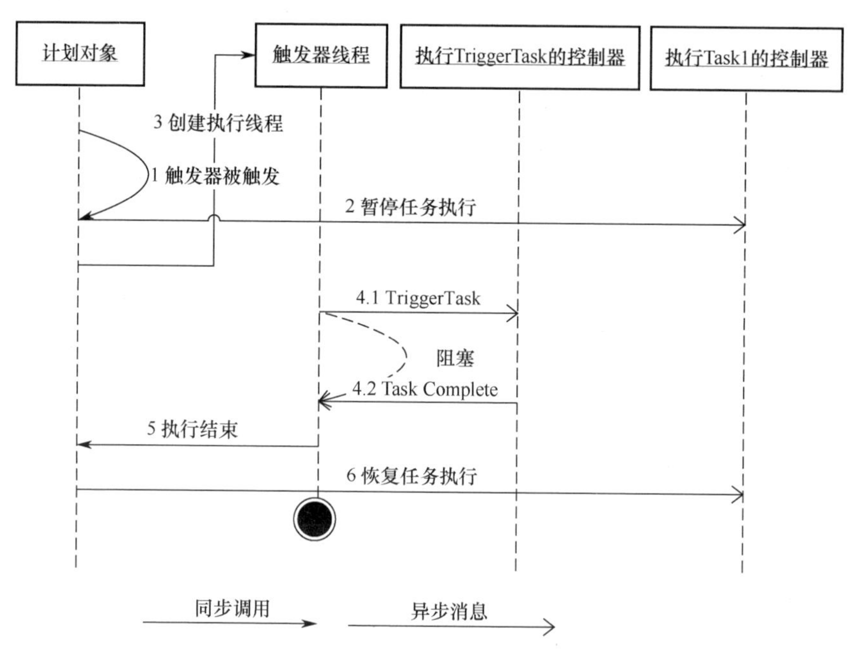

图 5.7　触发器被触发后的计划执行过程

5.2.2　基于行为树的行为建模

行为树具有层次清晰、表达能力强、便于修改和调试等诸多优点，是描述实体复杂行为逻辑的常用方法。在体系仿真中，它可以描述不同战术阶段兵力仿真实体的行为（任务）层次结构、执行顺序、触发逻辑、作战准则。通过提供可视化的行为编辑工具和行为树执行引擎，可以为各级实体（指挥所/编队/平台/单兵）的复杂行为建模、描述与执行提供便捷、高效的支持。在工程运用中，行为树模型既可以描述同类实体（如所有军舰）的共同行为逻辑，也可以描述实体实例的特定角色（如指挥舰、防空舰、前置舰）的行为逻辑，因此，行为树建模可能发生在模型开发阶段，也可能发生在想定开发阶段。

基于行为树的实体建模和技术框架如图 5.8 所示。行为树模型通过可视化编辑工具开发，然后生成行为脚本，在系统运行时，行为引擎根据上下文环境执行行为脚本。其中，行为执行逻辑中的条件决策包含对实体状态、其他兵力态势、仿真时间、兵力资源状态、任务执行成败等上下文环境的判断。

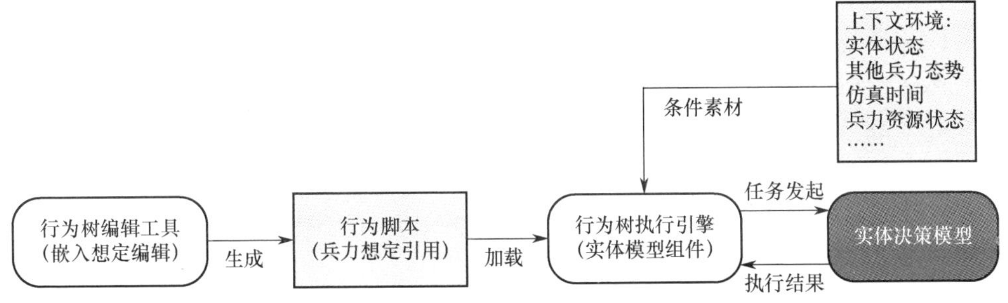

图 5.8　基于行为树的实体建模和技术框架

行为树节点类型结构如图 5.9 所示。节点类型包含 Compose（复合节点）、Loop（循环节点）、Time（时间节点）、Condition（条件节点）、End（结束）、Trigger（触发器）、Task（任务节点）、Decorate（修饰）。其中，任务节点聚合任务单元，描述任务类型和任务参数，针对不同仿真主题、不同兵力类型具有不同的任务剖面，需加载定制的任务接口插件；触发器描述优先级较高的作战准则；其他节点描述行为层次/逻辑。

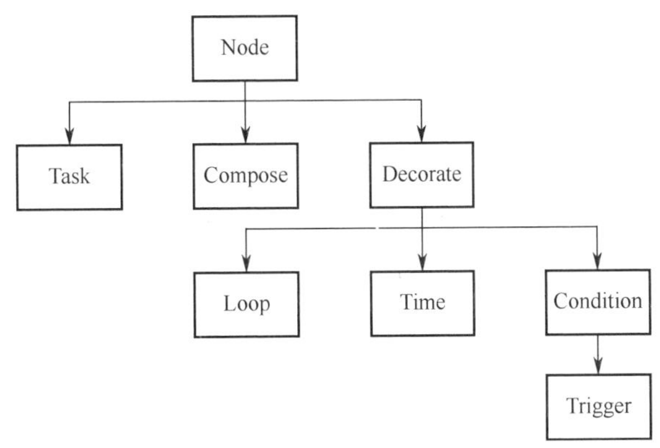

图 5.9　行为树节点类型结构

1. 复合节点（Compose）

1）功能说明

Compose 是一个复合节点，其下可以有多个子节点，可以根据不同的策略加以选择执行，返回值可以是子节点返回值的“与”结果或“或”结果。

2）参数说明

ReturnPolicy：返回策略（该复合节点的值是通过所有子任务节点的返回值进行“与”“或”运算得出的）。

Or：返回值是多个节点值的“或”结果。

And：返回值是多个节点值的“与”结果。

SelPolicy：选择策略（对多个子任务节点的选择策略）。

SeqUntilSuccess：顺序选择直到选择成功后返回。

SeqUntilFailed：顺序选择直到选择失败后返回。

SeqAll：顺序选择全部后返回。

RandomOne：随机选择一个后返回。

RandomAll：随机选择全部后返回。

RandomUntilSuccess：随机选择直到选择成功后返回。

RandomUntilFailed：随机选择直到选择失败后返回。

Pararell：顺序选择直到选择成功后返回。

3）使用说明

选择返回策略和选择策略，在复合节点下添加子节点（复合节点下可以添加多个子节点）。

2. 循环节点（Loop）

1）功能说明

Loop 是一个循环节点，表示当前任务节点的循环策略。

2）参数说明

LoopPolicy：循环策略。

UntilSuccess：循环直到成功。

UntilFailed：循环直到失败。

UntilCount：循环到给定次数终止。

Count：次数，当循环策略为 UntilCount 时有效。

3）使用说明

选择循环策略，根据所选策略确定是否填写 Count，之后在节点下添加需要循环的唯一节点。

4）应用示例

```
BTNLoop (UntilSuccess, -1) {
```

```
  CollectBN（…）
}
```

说明：收集环境数据直到成功（考虑到环境浮标有损毁的概率）。

3. 时间节点（Time）

1）功能说明

Time 是一个时间节点，表示约束行为节点最长执行时间。

2）参数说明

Time：单位为秒。

3）使用说明

填写等待时间，在节点下填写等待时间到达时执行的唯一节点。

4）应用示例

```
BTNTime（1800）{
  PatrolListen（…）
}
```

说明：布放浮标阵后巡逻侦听，若发现目标（侦听成功）或时间到 30min 后跳出该节点，执行后续任务；后续任务逻辑可由黑板传递。

4. 条件节点（Condition）

1）功能说明

条件节点描述子节点的条件选择策略，子节点最多包含两个，第一个为 If（条件真部分），第二个（若有）为 Else（条件假部分）。

2）内置条件

内置条件分类如图 5.10 所示。

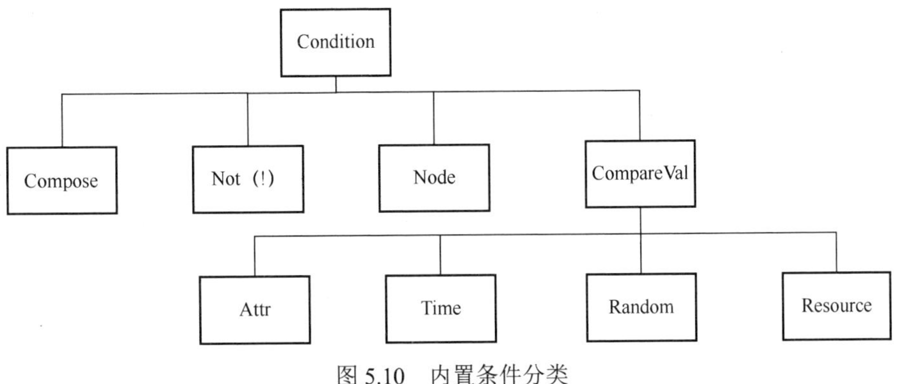

图 5.10　内置条件分类

（1）复合条件（Compose）：条件“与”“或”操作，支持条件的树状复合。

（2）条件“非”（Not（!））：对条件取“非”。

（3）比较类条件（CompareVal）：给出运算符（ope）、参考值（refVal），比较值由子类型确定。

① ope 表示运算符，包括>=、>、==、<=和<;

② refVal 表示参考值。

（4）时间比较条件（Time）：比较类条件的一种，比较值为当前仿真时间。

（5）资源比较条件（Resource）：比较类条件的一种，比较值为当前某种资源量。

① Res 表示资源类型（油、弹、浮标）;

② measureFlag 表示计量方式，如 Amount（数量）、Percent（百分比）。

（6）随机条件（Random）：比较类条件的一种，比较值为 0～1 的随机数。

（7）兵力状态比较条件（Attr）：比较类条件的一种，比较值为兵力状态属性，内置有经度、纬度、高度、航向、速度。

（8）参考点距离判断（BTCDistanceFromPt2D）：比较类条件的一种，比较值为实体与参考点之间的距离。

Pos 表示参考点位置。

（9）参考兵力距离判断（BTCDistanceFromEntity）：比较类条件的一种，比较值为实体与参考兵力之间的距离。

Ety 表示参考兵力标识。

（10）参考点方位判断（BTCOrientationFromPt2D）：比较类条件的一种，比较值为实体与参考点之间的方位。

（11）参考兵力方位判断（BTCOrientationFromPtEntity）：比较类条件的一种，比较值为实体与参考兵力之间的方位。

（12）方向线方位判断（BTCQuadrantLine2D）：对兵力位置与方向线的方位进行判断。

① Side 表示与方向线的相对位置，选项为 Left、Right、OnLine 三种;

② Pos1 表示方向线起点;

③ Pos2 表示方向线终点。

（13）任务节点条件（Node）：包装一个任务节点，条件判断为行为节点的执行成败（具有一个过程）。

5. 跳出（Break）

跳出当前复合节点。

使用说明：填写返回策略即可，当执行到该节点时，根据返回策略跳出。

6. 结束（End）

结束整个行为树。

7. 触发器节点（Trigger）

1）功能说明

触发器只能作为复合节点的子节点，作用范围为当前复合节点，优先级高于其他类型的节点，且排序越靠前的触发器触发优先级越高。当内置条件满足时，触发包含的行为，并中断当前行为。只要父节点处于活动期，每个仿真周期都会检测触发条件，当触发条件被满足时，会执行触发器中的节点逻辑。

2）参数说明

InterruptPolicyForSuccess：触发节点执行成功后策略；

UnInterrupt：继续执行之前任务断开的地方；

Finish：结束当前复合节点；

Current：重新执行触发前的节点；

Next：执行触发前节点的下一个节点；

Reset：重置当前复合节点；

InterruptPolicyForFail：触发节点执行失败后策略，可选项同上；

triggerNu：触发次数，触发相应的次数后不再触发，触发次数小于 0 时无限次。

基于上述语法定义，一个典型的行为树模型及其对应的脚本语句如图 5.11 所示，图中左侧部分为行为树模型，右侧部分为对应的行为脚本语句。脚本语句可以被保存为脚本文件，然后被载入、部署或执行。

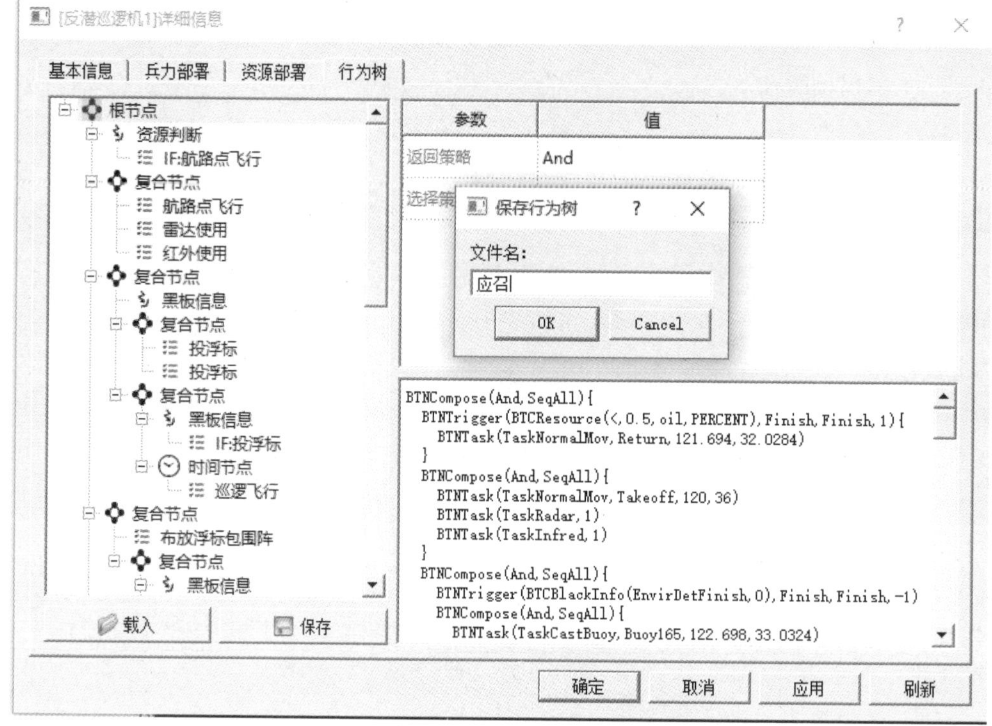

图 5.11　典型的行为树模型及其对应的脚本语句

5.3　基于 SRML 的仿真建模语言

5.3.1　SRML 简介

SRML[66]是美国 Boeing 公司制定的基于 XML 标准的仿真参考标记语言规范，并作为 W3C 标准草案发布。SRML 提出的初衷，是希望通过 Web 技术，使仿真模型按一种标准和公认的方式接收、处理、执行，正如 HTML 语言用于在互联网上描述文本和其他媒体，MathML 用于描述数学计算一样。

基于 XML 数据交换标准，SRML 声明一组数量较少但相对完备的元素和元素属性来描述抽象的结构、特性、行为以支持系统仿真模型描述，使仿真模型的描述具有平台无关性，同时使模型与模型的执行完全解耦合。

SRML 试图确定一个灵活的表示仿真的参考标准，以方便仿真模型互操作与重用，使不同仿真领域也可以采用标准的 XML 规范描述。因此，SRML 的一个显著特点是，允许用户自定义 XML 元素来描述仿真实体。SRML 具有如下优点。

（1）继承了 XML 的优点，可读性好，可扩展性强，易于理解与编辑。

（2）具有平台无关性，便于异构系统集成。

（3）使模型描述与模型的执行分离。

（4）与模型的其他表示形式和表示方法（如有限状态机、因果图）无关，完全可以作为其他表示形式的文本化形式。

（5）表达能力强，可以描述模型的结构、行为，也可以描述模型需要的数据，甚至可以作为仿真系统的配置语言。

（6）支持多个文件的复合。

目前的 SRML 草案仍处于完善阶段，其中声明的元素和属性存在不足之处，难以描述复杂的系统，需要结合已有的仿真理论方法进行修改和扩展，一些学者在这方面已经有初步的尝试和应用。

1. SRML 语言结构

SRML 的语言结构如图 5.12 所示。每个基于 SRML 的仿真模型都由一个 Simulation 元素表示，Simulation 元素包含声明全局变量的主脚本 Script 子元素、声明事件类的 EventClass 元素、声明实体类的 ItemClass 元素、声明实体属性和行为的 Item 元素等。实体用 Item 元素表示。Item 元素包含声明事件接收器的 EventSink 元素、声明实体事件的 ItemEvent 元素、声明实体行为的 Script 元素。

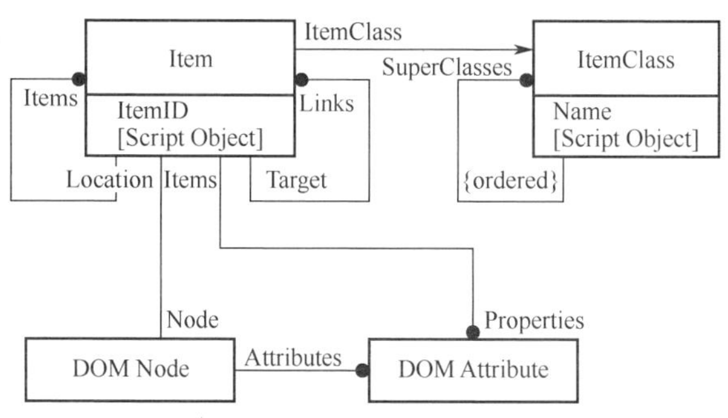

图 5.12　SRML 的语言结构

ItemClass 是其中最重要的元素，它可以表示实体类的属性（Property）及其之间的派生关系，还可以通过脚本元素 Script 描述实体类的行为。

2. SRML 运行环境

SRML 运行环境由仿真模型（Simulation Model）、SR 仿真执行器（SR Simulator）、

宿主环境（Host）和运行输出（Output）四部分组成，如图 5.13 所示。

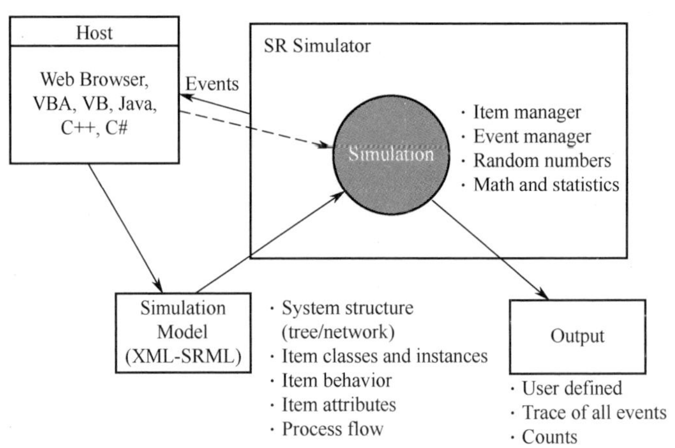

图 5.13　SRML 的运行环境

仿真模型指的是基于 SRML 的 XML 模型文档。SR Simulator 是仿真执行引擎，SRML 规范中定义了它的参考实现模型，它由实体管理器、事件管理器、随机数产生器、数学和统计模块等组成。SRML 仿真引擎是具有读入 SRML 输入信息、建立和管理仿真实体与事件、建立实体间关系和提供实体通信的事件驱动机制等功能的软件对象，它也提供了如随机数产生器、事件调度、统计函数和根据模型定义输出结果等方面的仿真支持。

Host 表示仿真引擎的宿主环境，可以是 IE 浏览器，也可以是用户自己开发的主程序。将宿主环境与仿真引擎分离，带来的非常明显的优势是实现了模型运行与模型输出显示（Output）的分离，有利于各自设计、实现或演化。若采用 IE 作为宿主环境，则仿真引擎可以设计为 IE 的一个插件。当然，这个插件的实现可能相当复杂，但整个系统架构融入了 Web 环境，大大提高了系统的复用性和互操作性。

仿真引擎通常采用 Java、C++、C#等高级语言实现。当仿真运行时，SRML 仿真引擎根据 XML 文档对象建立仿真运行环境，根据 XML 元素建立实体，根据 XML 属性建立仿真对象特性，根据 XML 子元素建立仿真子对象等。

5.3.2　XESL 建模语言

以 SRML 为基础规范，结合体系仿真领域的需求，重点针对 SRML 在组件化和动态演化方面的支持进行了适应性修改和扩展，我们设计定义了一种可扩展演化式仿真系统描述语言（eXtensible Evolution Simulation Language，XESL）。XESL 最突出的优点，是以可编程的脚本语言形式，为仿真系统的配置参数、模型参数、组件加载、实体组装、想定描述、行为脚本、实验方案、记录复盘等内容的描述提供了统一的规范，大幅提高了仿真系统的开发效率和可维护性。

1. XESL 基本结构

XESL 支持对参数、事件、连接、组件、类、对象、对象集、聚合关系、想定场景进行描述。XESL 核心语言结构如图 5.14 所示。

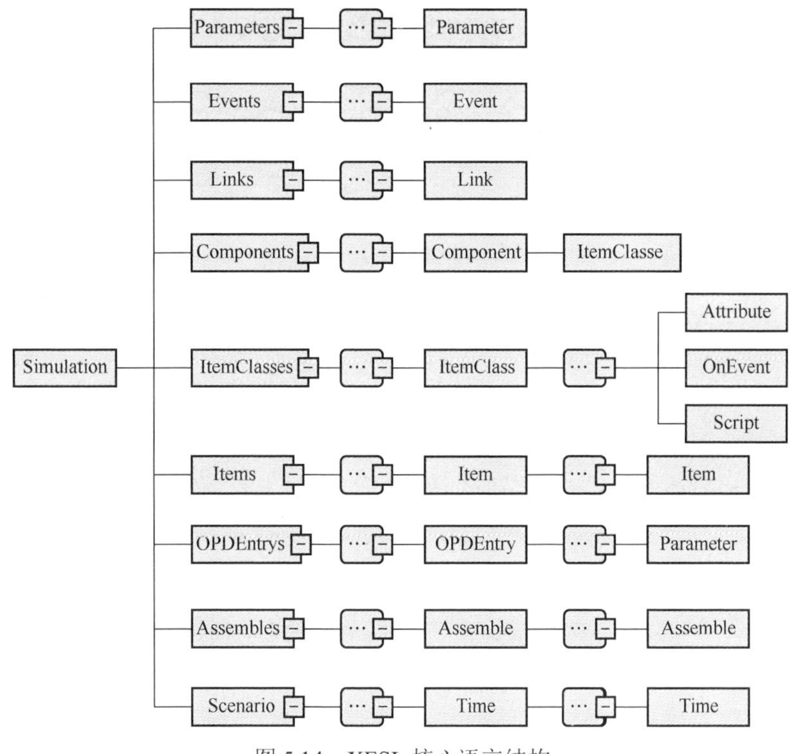

图 5.14　XESL 核心语言结构

2. 参数定义

对于一个柔性的仿真系统，配置体系的设计是非常重要的。XESL 对参数的定义形式进行了规范，所有的参数包括参数名和参数值，它们均以字符串的形式表示，如下例所示：

```
<Parameter Name="myName " Value="thaValve"/>
```

XESL 预置的常用参数概括如下。

1）成员参数

成员参数的设置直接在 Parameters 关键字定义的区域描述，常见的成员参数包括成员名、联邦名、FED 文件名、是否时间控制（Regulation）、是否时间受限（Constrained）、墙上时钟周期（Wallclock）、时间前瞻量（Lookahead）、仿真时间步长（Timestep）、RTI 线程模式（RTIthread）、关联的参数 OPD 文件、场景文件 SCN 等。

2）对象类参数

对象类参数直接在 ItemClass 的子节点中定义，由该类及其派生类共享。

3）类型参数与 OPD

对象参数数据库文件（*.OPD）是一个基于 XSEL 规范描述的参数集文件，用于描述实体内聚仿真模型的静态参数。创建实体时，仿真引擎依据该配置组装实体，并将静态参数传递给相应的仿真模型。OPD 的语法结构如图 5.15 所示。

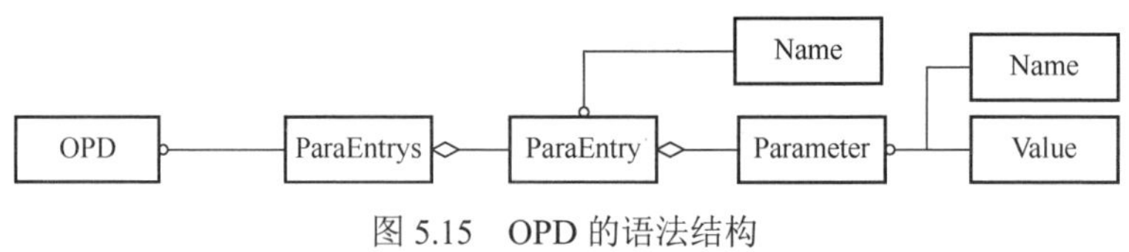

图 5.15　OPD 的语法结构

OPD 描述类型参数的语法通过关键字 OPDEntrys 指定，在 OPDEntrys 的子节点中描述。示例如下：

```
<OPDEntrys>
  <OPDEntry Name="F18 飞机参数表">
     <Parameter Name="MaxSpeed" Value="199"/>
     <Parameter Name="MaxAcceleration" Value="7.9"/>
  </OPDEntry>
  <OPDEntry Name="SPY 雷达参数表">
     <Parameter Name="MaxPower" Value="195"/>
     <Parameter Name="Frequence" Value="10.5"/>
  </OPDEntry>
</OPDEntrys>
```

类型参数与对象类参数显著的不同之处在于：类型参数用于描述现实中的实体型号参数，而对象类参数用于描述软件中的对象类参数。现实世界中不同的型号参数通常是不同的，但是抽象到软件空间中，可能其对象类是相同的。例如，在装备建模过程中，将所有固定翼飞机抽象为一个对象类是合理的，但对苏–27 飞机和 F–16 飞机进行区分也是必要的。此时，苏–27 飞机和 F–16 飞机共享一个对象类，却有不同的类型参数。

4）对象参数

对象参数直接在 Item 的子节点中定义，该参数由该对象专属。

3. 组件化支持

为了适应组件化集成的需要，XESL 语言定义了组件（Components）组装关系描述语法。一个仿真成员的 XESL 模型文档的组件描述区内可以声明多个组件，而每个组件本身可以进一步复合。每个组件都有一个属性（Source），以指定组件对应哪个组件模型描述文件（*.MDF）。组件模型描述文件进一步说明组件的属性，包括组件的执行文件名称（通常是一个动态链接库 DLL）和组件内部定义的 ItemClass。

4. 远程订阅发布关系的声明

远程订阅发布关系用以说明成员之间的信息依赖关系。订阅发布包括周期性连接和突发性事件，这分别在 Link 和 Event 说明区进行描述。事件（或连接）的订阅发布属性包括名称（Name）、映射名称（Map_Name）、是否发布（Publish）、是否订阅（Subscribe）。事件（或连接）的名称在 ItemClass 中必须声明。映射名称指该事件作为外部事件时（如作为 HLA 的交互类）的名称。

5. 类模型定义

类模型通过 ItemClass 关键字定义，ItemClass 可以指定名称和父类名称，由父类名称确定 ItemClass 与某个概念相对应。

ItemClass 支持定义多个属性和事件响应。属性（Attribute）具有名称（Name）、类型（Type）。事件响应 OnEvent 定义 ItemClass 实例化的对象可响应哪些事件。

6. 事件响应及调度

XESL 摒弃了 SRML 中关于事件定义和响应比较烦琐的表示。首先，事件类与其他类一样，均由 ItemClass 关键字定义，这样有利于类模板的复用。其次，事件的响应通过在 ItemClass 中使用 OnEvent 函数定义响应函数名，所有从该类实例化的对象均有响应该事件的能力。最后，事件的产生或调度定义了两个标准函数，一个是 SendEvent 函数，用以发送同步事件；另一个是 PostEvent 函数，用以调度异步事件。

OnEvent 关键字定义了两个属性：事件名称（Name）和事件响应函数（Fun）。事件响应函数具有标准的入口参数，即事件模型。事件模型是一个标准的结构化对象。在事件响应函数中，可以通过函数 GetPara 获得事件参数值，还可以直接访问响应对象的属性。

7. 组合化建模表示

XESL 支持类聚合的表示和对象复合的表示，从而保证其具有组合化建模能力。此外，XESL 还定义 ItemClass 的脚本可以直接访问 ItemClass 的属性，当然，这对 XESL 仿真引擎的实现提出了相应的要求。组合化建模表示如图 5.16 所示。

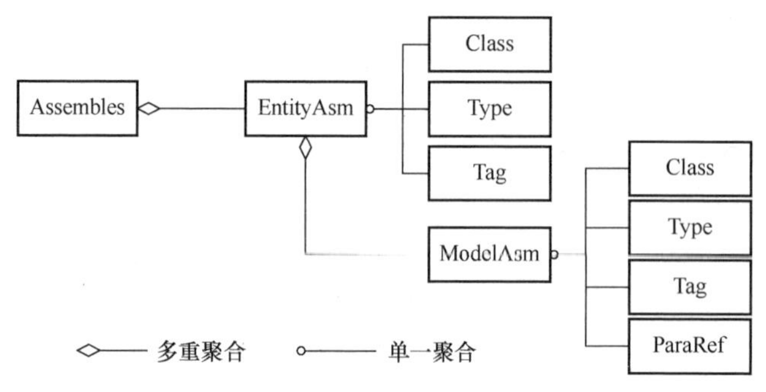

图 5.16　组合化建模表示

1）类间强聚合关系表示

装配方案为实体定义构造型（EntityAsm），其中类型标识（Class）是实体管理器创建实体时检索用的关键字段。其包含的模型构造型（ModelAsm）定义了实体需要装配的模型类型，并通过参数表引用项（ParaRef）引用静态参数表。

类间强聚合关系说明了两个类之间不可分的组成或装配关系，在 XESL 中通过定义 Assembles 关键字来表示。例如，定义 CF18 类由雷达类、飞行模型类、控制器类组合而成，表示如下。

```
<Assemble ItemClass="CF18" Type="Entity" Tag="F18战斗机">
   <Assemble ItemClass="CRadar" Type="Sensor" Tag="雷达"/>
   <Assemble ItemClass="CFly" Type="Actuator" Tag="飞行模型"/>
   <Assemble ItemClass="CFControl" Type="Controller" Tag="控制器"/>
</Assemble>
```

为了便于复用和维护，类间强聚合关系的描述片段通常出现在单独的ASB文件中。

2）对象聚合关系表示

对象聚合关系表示类的实例之间的聚合，类间聚合是不可拆分的，但对象聚合可以拆分。这种关系在 XESL 中由 Items 区域指定。该区域定义每个 Item 实例的如下属性：实例的 ItemClass 名称、实例的 ID、实例名称（Name）。每个 Item 实例都可以复合其他 Item 实例。例如：

```
<Item ItemClass="CGroup" Name="red_Group">
   <Item ItemClass="CShip" ID="10001" Name="驱逐舰 1"/>
   <Item ItemClass="CPlane="10002" Name="战斗机 2"/>
</Item>
```

8. 场景表示

由于仿真场景通常比较复杂，因此一般由专门的场景文件（SCN 文件）存储。SCN 文件描述一次仿真案例中的对象操作指令（ItemOpr）和行为脚本（Plan）。对象操作指令由时间（Time）指定在某仿真时间触发和执行，对象操作指令包括创建对象（Item 指令）、删除对象（DelItem 指令）、设置对象属性（SetAttribute 指令）等。对象本身可以递归聚合，每个对象实例都由类型（ItemClass）、标识（ID）、名称（Name）定义，并且包含了对象状态初始化的参数描述集。SCN 的语法结构如图 5.17 所示。

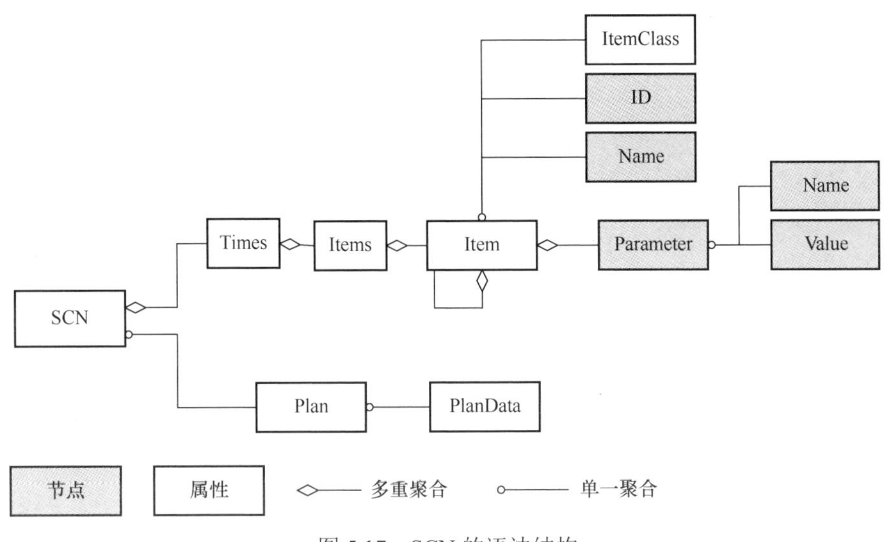

图 5.17　SCN 的语法结构

9. 基本回调函数脚本表示

复杂的行为脚本通常存在于 SCN 文件中，而简单的行为逻辑由 JavaScript 脚本语言表示。XESL 支持为每个 ItemClass 定义三个基本的回调函数，即 Tick、Simulation、Output。XESL 执行器自动在每个仿真步对这些回调函数进行调用。

5.4　本章小结

实体是体系仿真的核心概念和基本元素。本章讨论了实体的静态建模和动态行为建模。静态建模的基本思想是组合化、参数化，本章给出了面向体系仿真的实体组合化建模框架及参数化方法。动态行为建模方面，本章给出了基于任务计划的行为建模方法和基于行为树的行为建模方法。最后，本章讨论了一种基于 SRML 的建模语言，该语言可作为系统的配置参数、模型参数、组件加载、实体组装、想定描述、行为脚本、实验方案、记录复盘等内容的统一描述规范。

第 6 章

体系仿真模型框架

仿真是基于模型的活动，脱离模型的仿真就是“无米之炊”。以体系对抗为背景的作战体系仿真，需要从体系构成和作战过程两个维度，以动静结合的时空视角搭建仿真模型框架，并以此为基础，厘清包括装备、环境和行动裁决在内的相关模型组成。

6.1 模型框架视图

体系对抗是作战体系以使命任务为目标的交战过程。体系对抗的建模可以从两个视角考虑：一是基于“观察—判断—决策—行动”（OODA）环的动态过程视角，体现体系对抗的动态特征；二是基于兵力实体的静态组成视角，体现交战中的实体和模型构成。

6.1.1 基于 OODA 环的模型视图

由于“对抗”的特点贯穿体系对抗仿真的整个过程，因此模型之间的关系也清晰地表现出“对抗”的特征。具体地说，基于对抗特征建立的模型框架，集中体现了基于 OODA 环的实体博弈对抗过程，如图 6.1 所示。具体描述如下。

（1）状态信息由各个兵力实体独立解算，是体现实体状态的“真值”，它通过“状态池”进行存储，所有状态池的集合构成整个系统的状态，实体之间的访问和交互也可以通过状态池进行。

（2）情报信息基于真值状态数据由模拟的感知系统产生，每个实体的每个传感器都会“看到”一个局部的世界并形成情报数据，然后经通信系统传输到情报中心进行融合，最后形成全局的战场感知态势。

（3）指控指令由指挥系统产生，经由通信系统发送到下属的兵力实体。

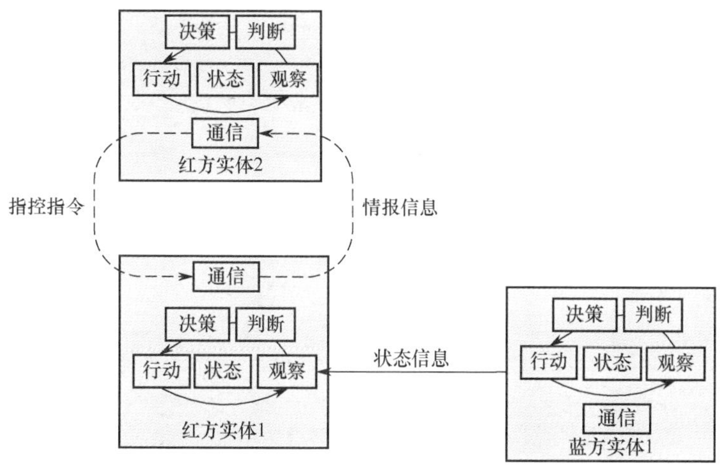

图 6.1　基于 OODA 环的实体博弈对抗过程建模框架

由于现代作战体系中的通信情报和指挥控制等内容在对抗中扮演了十分重要的角色，因此，不但每个实体在对抗中有自身的 OODA 环，而且处于下级指挥层的实体是上级实体 OODA 环的一个节点，从而构成不同指挥层级的 OODA 环协同嵌套。同时，由于对抗过程在时间维上具有“行动—反制—再反制”的迭代特点，因此，OODA 环也构成了时间维的嵌套。

6.1.2　基于实体的模型视图

对基于体系对抗实体的体系建模时，会重点考虑作战体系的实体构成、实体行为和行为效果等静态特征。体系对抗的战场实体包括装备实体和环境实体，两者会根据环境效应相互影响。现代战争的对抗主要表现为装备的对抗，但装备实体的行为是通过“人”控制产生的，因此，一般把装备实体和人的控制融合在一起进行拟人化的建模。由多个装备实体构成的装备体系，需要通过信息网络形成体系化的协同效果，其对实体的毁伤和裁决，通常独立于其他模型。基于以上实体构成和关系分析，可将体系对抗模型分为环境模型、装备模型、行为决策模型、毁伤裁决模型和通用算法模型，如图 6.2 所示。

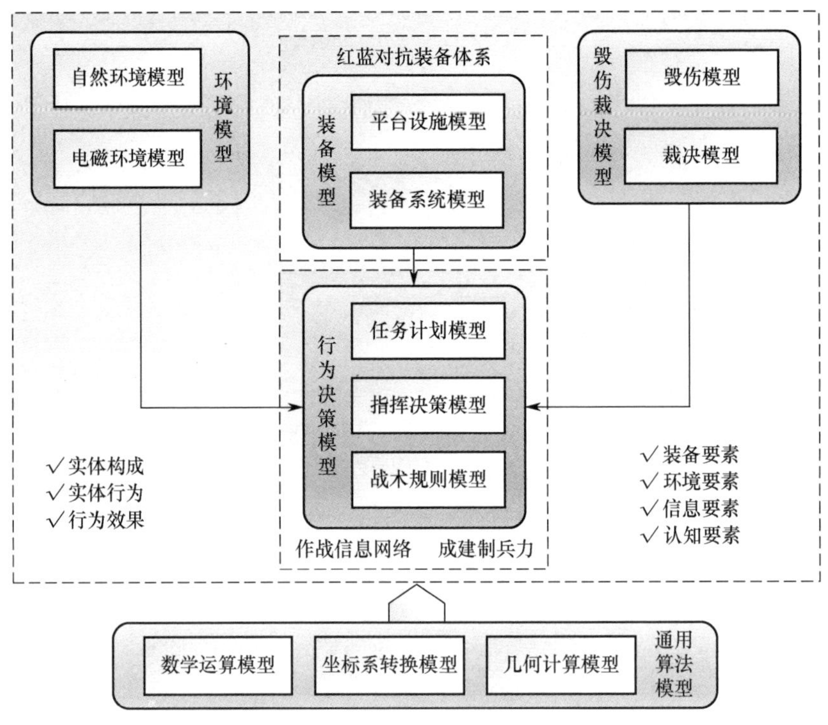

图 6.2　体系对抗模型框架

环境模型是指与战场环境相关的参数化模型或计算模型，包括自然环境模型和电磁环境模型；装备模型泛指所有系统装备或作战平台模型，包括平台设施模型和装备系统模型；行为决策模型是指与人的指挥控制活动相关的模型，如任务计划模型、指挥决策模型、战术规则模型；毁伤裁决模型是指对仿真过程或结果进行分析、确认和评估的相关模型，包括毁伤模型和裁决模型；通用算法模型是指在编写其他模型时需要用到的公共服务类模型，如各类数学运算模型、坐标系转换模型、几何计算模型等。

值得一提的是，本章讨论的只是模型的基本框架，具体的模型算法通常需要在此基础上进行派生和具体化，才能形成有实际运行效果的仿真模型。同时，基于参数化建模原理，所有模型在设计规划时都需要将参数变量从算法实现中剥离出来。基于“实体—模型”组合化建模的原理，模型只负责其功能职责的算法求解，以及对自身内部状态的维护，这样模型的组合才能形成具有独立感知、决策和执行能力的实体。也就是说，模型的粒度和功能划分要适当，否则会严重影响模型的复用性。除此之外，本书强烈建议将模型与仿真引擎内核进行分离，以便各自进行演化和维护。

6.2　模型的分类与构成

6.2.1　装备模型

从实际作战角度来看，战场形式是平台作战，而非单个系统设备。基于这一考虑并结合组合化建模的原理，设计的平台设施模型与实体类别相对应，然后在此基础上组装任务载荷模型（装备系统模型）。

1. 平台设施模型

平台设施模型描述平台本身的约束参数、想定参数和状态参数。同时，该模型也为系统设备提供组合的基础，从而形成一个完整的作战实体参与仿真过程。平台设施模型体系如图 6.3 所示。

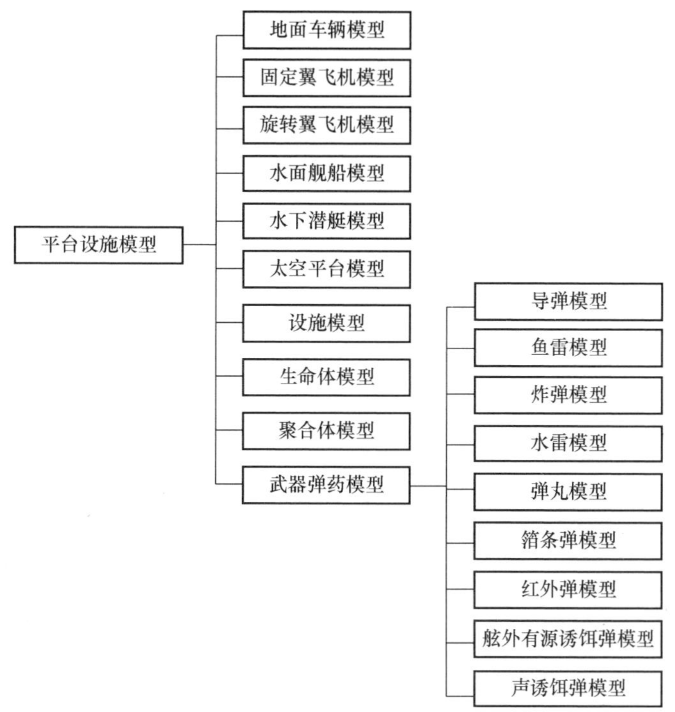

图 6.3　平台设施模型体系

设施模型体系如图 6.4 所示。

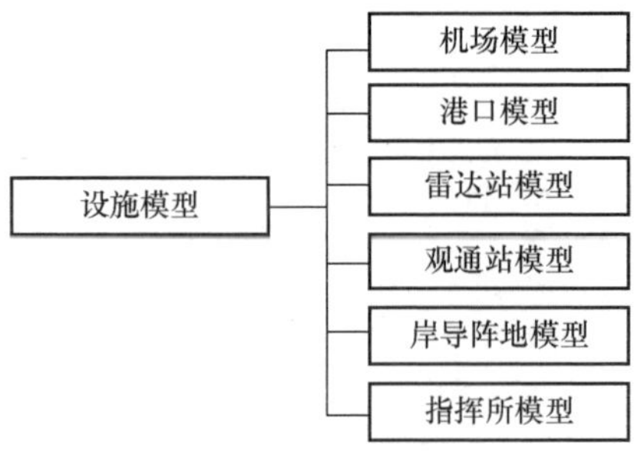

图 6.4　设施模型体系

2. 装备系统模型

装备系统模型是根据装备系统所实现的不同功能划分的，其体系如图 6.5 所示。

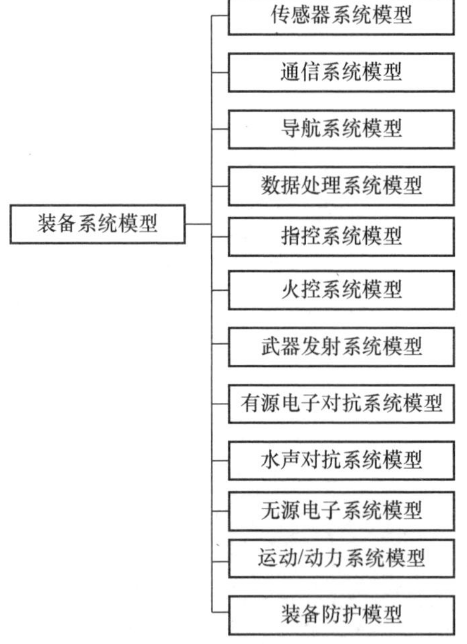

图 6.5　装备系统模型体系

6.2.2　环境模型

环境模型分为自然环境模型和电磁环境模型，如图 6.6 所示。

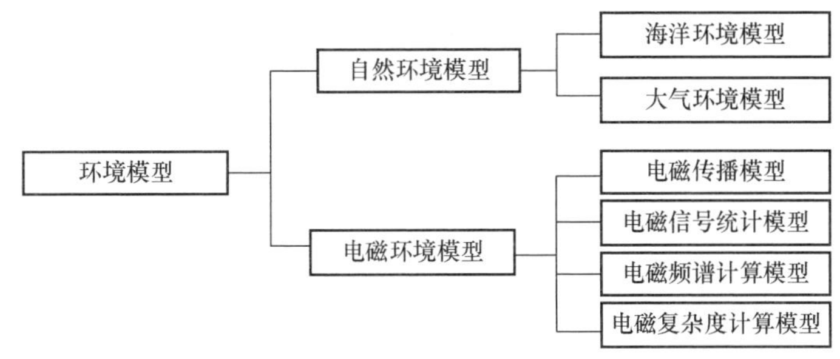

图 6.6 环境模型体系

自然环境模型主要包括海洋环境模型和大气环境模型。自然环境模型通过参数来记录和体现环境要素，通过环境属性参数来描述与环境相关的特征信息，从而使其他的模型对象能够在仿真中通过对象查找或相关接口获取环境参数。

此外，自然环境数据也有自身的变化规律，可以用相关的环境模型算法来计算其参数变化情况，因此，自然环境模型还包括算法类模型。例如，降雨模型、大气吸收模型和水声吸收模型，都对应不同的环境算法模型。

电磁环境模型则主要考虑电磁传播模型、电磁信号统计模型、电磁频谱计算模型、电磁复杂度计算模型等。

环境模型与其他模型尤其是装备模型的交互是双向的。一方面，实体模型解算时，会查询环境模型及其关联的数据，然后将查询结果放到解算算法中，得到环境对装备的影响；另一方面，装备模型会对环境模型产生物理效应。为了便于这两类模型快速交互与信息关联，平台提供按类型和名称对模型进行快速查找定位的模型管理机制。另外，环境模型与装备模型一样，也装配在环境实体中。

6.2.3 行为决策模型

行为决策模型主要对军事人员的行为动作、战术任务、战术规则、指挥决策准则等进行仿真，模拟其在作战过程中的认知行为，如指挥任务、巡逻任务、进攻任务等。行为是作战实体能力的体现，通过行为决策模型的配置，灵活赋予或限制实体的某些行为能力，这远比将这些能力固化在实体模型内部更灵活、更易于维护，提高了行为模型的复用性。

根据行为表现方式的不同，行为决策模型可分为任务计划类、指挥决策类和战术规则类。根据实现机制的不同，行为决策模型可分为高级行为模型和原子行为模型。原子行为模型是最基本的行为动作，如开火、侦察、跟踪、运动到点等。高级行为模型则是一个行为集合，需要通过一套行为逻辑和多种行为共同实现，如空中护航、区域巡逻、反潜、对海攻击等。

行为决策模型体系如图 6.7 所示。

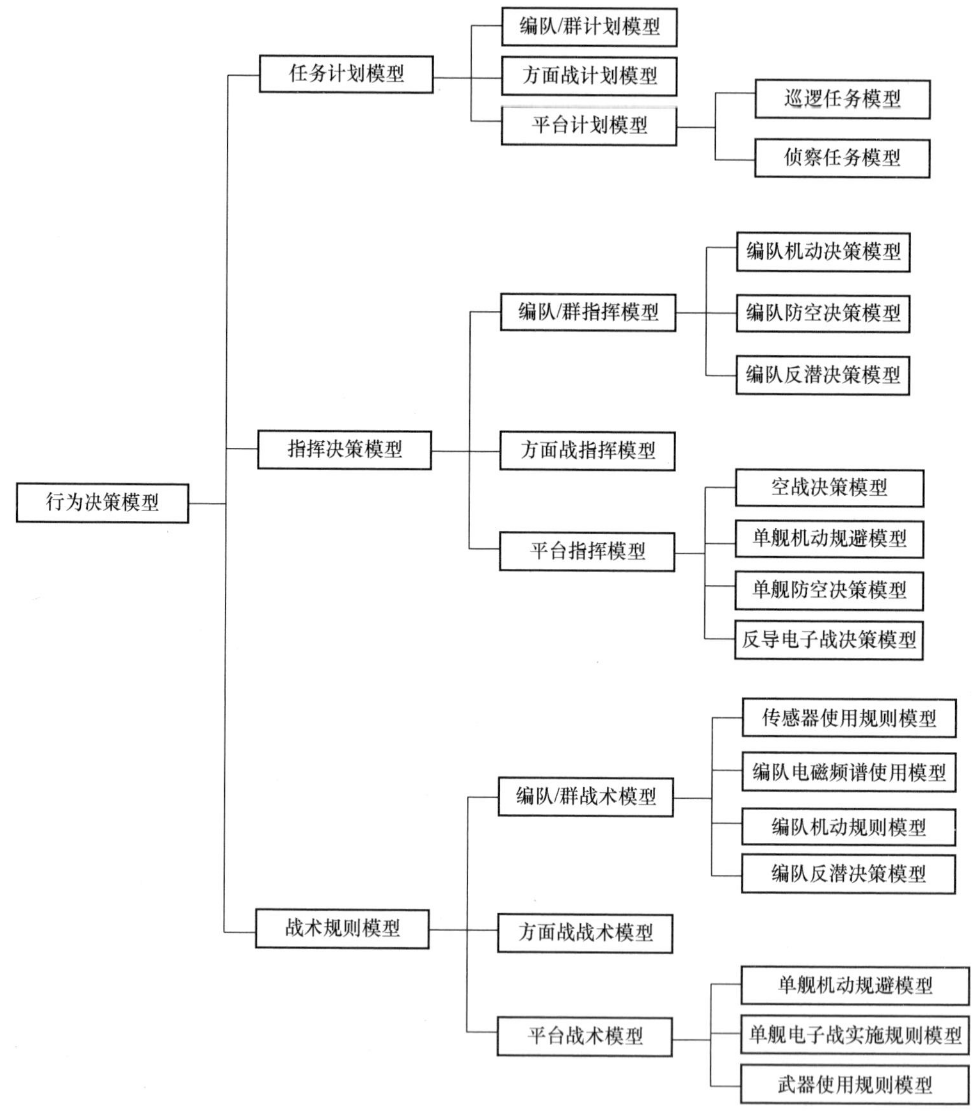

图 6.7　行为决策模型体系

6.2.4　毁伤裁决模型

毁伤模型用于自动计算实体在作战场景中的毁伤效应，分为战斗部系统模型

（主动引爆类）和毁伤系统模型（根据被攻击的情况判断毁伤状态）。裁决模型通常是指由第三方进行裁决时所使用的模型，而不是由实体本身的毁伤系统模型做出裁决时所使用的模型。裁决模型包括毁伤裁决模型、干扰裁决模型、战果裁决模型等。毁伤裁决模型体系如图 6.8 所示。

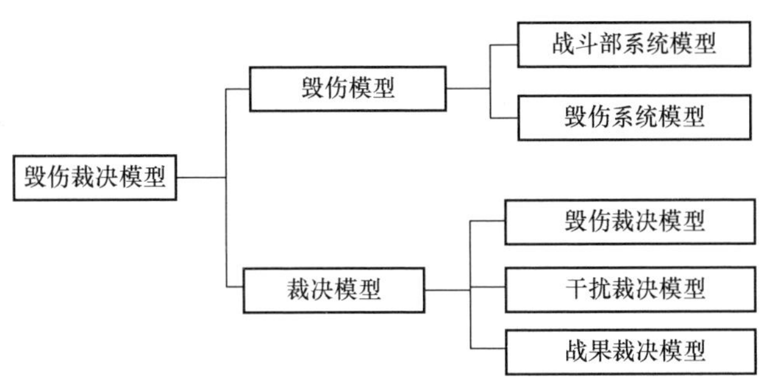

图 6.8　毁伤裁决模型体系

6.3　本章小结

本章首先从 OODA 环和作战体系的业务内容两方面讨论了体系仿真的模型框架，然后基于模型可组合、可复用的分解原理，给出了装备、环境、行为、毁伤裁决四个方面的模型框架。

第 7 章

体系仿真运行支撑环境

模型和数据等资源准备就绪后，仿真系统需要按一定的规范进行集成和运行。支撑仿真系统集成和运行的软件主要是仿真引擎，而仿真引擎通过部署到单机、集群、网络、云等各种环境中，形成更加复杂多样的运行支撑环境。

7.1 仿真架构模式

软件架构是指当从比数据结构和算法更高的视角去描述和分析软件系统时，所抽象出来的大粒度软件元素及其相互之间的交互关系与拓扑结构，这些交互关系与拓扑结构满足一定的限制，表现出一定的风格特征，遵循一定的设计准则，能够在一定的环境下进行演化。软件处于不同的阶段（设计、开发、部署、运行等），所表现出来的架构是不一样的，软件在运行阶段所表现出来的架构最重要。本节以软件架构基本理论为指导，以仿真系统尤其是体系仿真系统为研究对象，讨论仿真系统在运行阶段的架构特征。

现代大型复杂仿真系统的架构主要呈现出两种风格：对称式架构模式和前后台架构模式。其中前后台架构模式应用更加广泛，并且后台系统越来越复杂并出现多种变体，这是本章讨论的重点。

7.1.1 对称式架构模式

对称式架构模式的主要特征是仿真系统中的各个节点相对平等和独立，节点之间通过公共的中间件或协议进行交互，也称为总线式架构模式。对称式架构模式的主要优点是系统可伸缩性强，便于扩展，并且由于中间件是公共的，因此具有很强的通用性和可复用性；缺点在于系统的正常运行需要所有仿真节点配合，所有的节点均需要得到正确的部署和良好的维护，并且节点之间具有时空同步的需求，因此相互耦合紧密，对中间件的实时性和信息吞吐量等性能要求较高，导致系统性能往往不高。基于 HLA/RTI 的仿真系统是典型的对称式架构模式，运行支撑环境 RTI 是系统集成和互联的中间件，每个联邦成员都是中间件上可独立运行的节点。

对称式架构模式常用于异地异构的分布交互仿真和多个模拟器互连，其中每个仿真节点可以代表同一程序的不同运行实例，如图 7.1 所示；也可能是功能完全不同的程序实例，如图 7.2 所示。

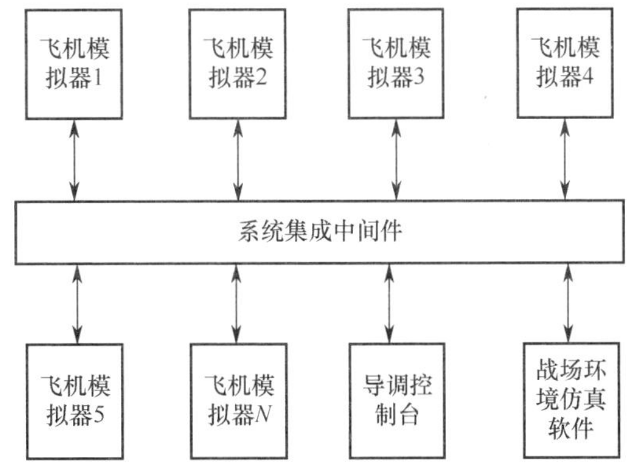

图 7.1　功能相同的模拟器集成

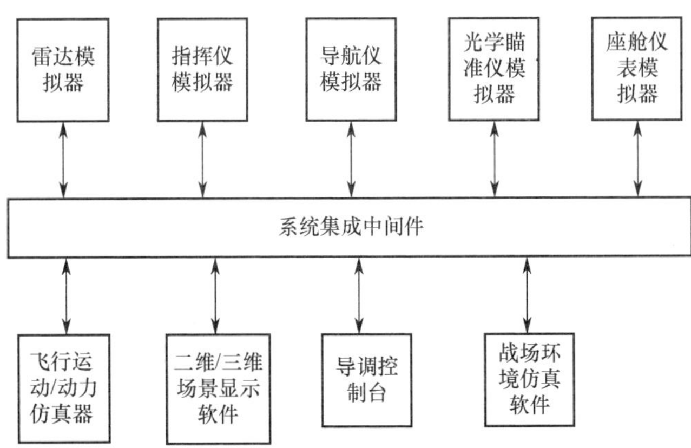

图 7.2　功能不同的模拟器集成

7.1.2 前后台架构模式

前后台架构模式是体系仿真广泛采用的架构模式，其主要特点是系统由后台和前台组成，后台执行主要的仿真计算功能，前台执行对系统的输入操作、运行控制及可视化等功能，如图 7.3 所示。

前后台架构模式的主要优点是：

（1）系统便于部署、升级和维护。由于前台通常是不需要维护的瘦客户端，因此只需要维护后台即可。

（2）系统性能优异。后台可以采用大型的计算服务器、计算机集群或虚拟化的云计算环境，具有强大的运算求解能力。

（3）前后台之间耦合松。通信带宽要求低，前台可以有任意多个、可随时接入且几乎不影响后台系统的性能。

（4）前后台之间不需要严格的时间同步。前台由于主要面向人进行操作，因此数据更新频率要求较低（最多 30~60 帧），后台可以进行超实时的运行（可能解算频率 10000 次以上）。

前后台架构模式的主要缺点是：

（1）由于前后台之间耦合松，因此信息交换通常较少，不适合人机交互密集或要求交互响应迅速的应用场景（如飞行模拟器）。

（2）由于所有逻辑和状态都在后台维护，后台计算负载可能很大，因此后台需要具备强大的计算能力，甚至后台本身就是一个庞大的计算机网络。后台软件的集成需要或涉及新的架构和技术，如云计算技术、共享/反射内存技术（见图 7.4）。

（3）由于后台服务器之间的耦合可能极为紧密，因此后台并不适合在异地部署。

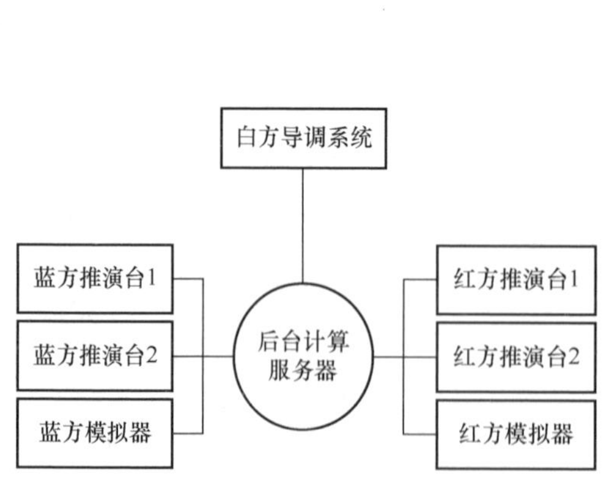

图 7.3 前后台架构模式

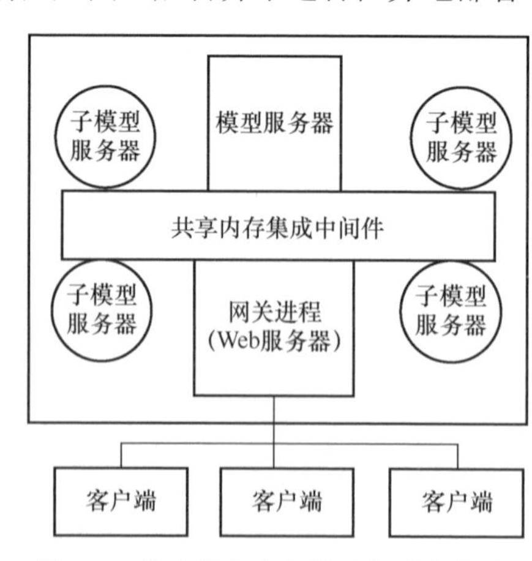

图 7.4 基于共享内存的服务进程集成

7.1.3　云仿真架构模式

如前所述，基于前后台架构模式的仿真系统后台本身是一个庞大的计算机网络，后台软件的集成需要或涉及新的架构和技术。以下讨论一种典型的基于云计算架构。

如图 7.5 所示，基于云计算的服务化仿真系统分为三层。其中，基础设施即服务（IaaS）层在对基础硬件设施的虚拟化基础上，提供存储、计算、备份等基础服务；平台即服务（PaaS）层提供组件集成、模型调度、事件管理、对象管理、时间管理、场景管理、监控日志等仿真核心支撑服务，这些服务构成仿真引擎的主体；软件即服务（SaaS）层在 PaaS 层之上进行面向应用的定制和封装，包括仿真应用服务进程和仿真平台工具。其中，仿真应用服务进程是仿真引擎集成了模型并加载了数据后构成的针对具体仿真任务的服务进程，它可以接收来自用户或实验规划进程的控制输入。

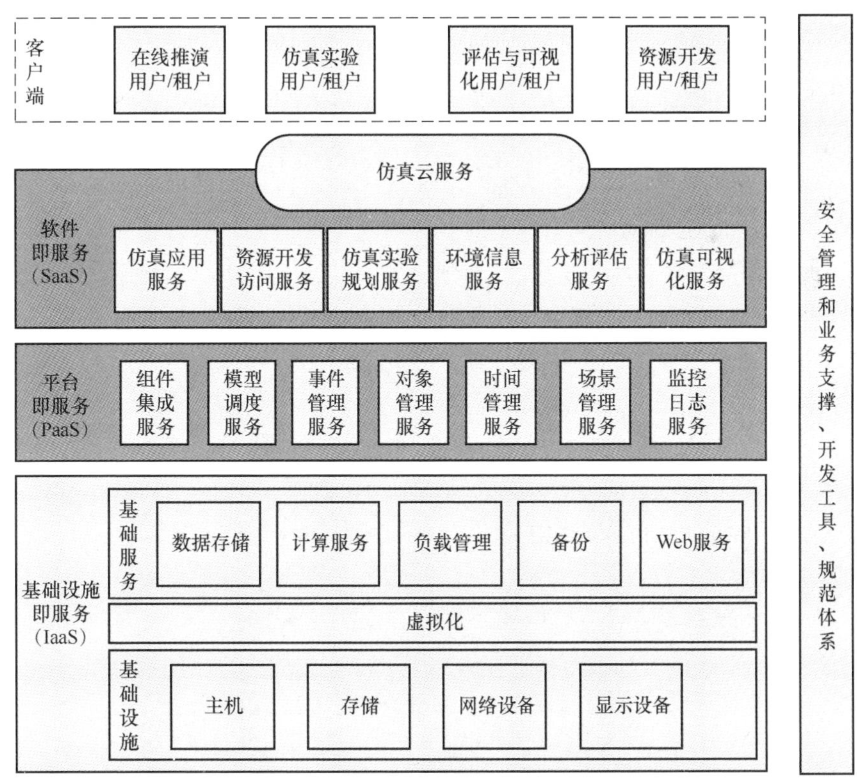

图 7.5　基于云计算的服务化仿真系统

PaaS 和 SaaS 这两层的软件服务既可以运行在云平台的虚拟机上，也可以运行在普通的计算机上，因此，系统可以针对应用的特点进行非常灵活的部署和配置。前台客户端面向最终的用户，提供仿真推演、实验规划、评估与可视化、资源管理等服务门户。

7.2 高性能分布式面向对象仿真引擎

由于仿真引擎是仿真系统的内核和骨架，因此，仿真应用系统的体系结构在很大程度上是由仿真引擎或仿真引擎的组合应用决定的。本书以作者团队开发的高性能分布式面向对象仿真引擎（HDOSE）为研究对象，深入讨论和剖析其设计思路和特点。

7.2.1 概述

HDOSE 是一套分布并行一体化的高性能计算系统，它通过提供一套柔性的架构、可复用的建模仿真概念及底层基础服务，以适应并指导各类应用系统的开发和设计，为应用的开发提供了一个更抽象和更高级的设计空间，使应用程序员可以把主要精力放在模型和业务上，达到为仿真应用的快速开发和模型集成提供帮助的目的。HDOSE 主要有如下几个特点。

（1）HDOSE 主要用于复杂大规模实时紧耦合软件系统的开发和集成。由于它采用了模型与数据混合驱动的推进机制，因此既可用于构建基于模型的计算系统，也可用于构建基于数据的计算系统。

（2）HDOSE 本身作为一个集成环境，并不提供具体仿真模型的支持，作者强烈建议用户针对某一特定应用领域，开发基于 HDOSE 规范的模型体系或模型库，以更方便地支持该领域仿真应用的开发。例如，针对体系仿真的需要，开发第 6 章所述的模型体系。

（3）HDOSE 充分考虑了影响系统性能的因素，特别规定了一系列用户可配置的调度参数，为用户针对应用系统的特点进行优化，提供了多种可定制选项。

（4）HDOSE 既是一个具体的软件实现，也是一套支持模型开发和集成的规范（详见附录 A），该规范定义了仿真平台服务和仿真组件各自的基本接口，规定了两者之间如何互动，以及仿真组件如何被扩展和集成。

（5）HDOSE 规定了平台、组件、对象类及对象必须具有反射的能力，即它们的很多特征在运行时是自描述的、可访问的甚至可修改的。

HDOSE 的优势在于：易理解的编程模型和简单的接口支持模型（体系）可快速构建；精心设计的接口更适合作为行业标准；柔性的架构支持推演和实验等各类仿真系统；优良的设计和技术手段支持系统的高性能运行；大量的案例和强度测试使系统运行高可靠；支持多种通信协议进行系统集成；支持跨操作系统的集成和移植；支持对大规模多粒度仿真模型的并行调度；支持以参数化、组合化、组件化的方式实现模型复用和实体组装。

7.2.2　系统架构

基于平台与模型分离、核心服务与通信服务分离、服务之间相互正交的基本原理，HDOSE 将系统定义为应用层、服务层和支撑层，如图 7.6 所示。应用层包括基于 HDOSE 的模型组件、工具、GUI 应用等，由开发用户定制具体的应用系统。服务层以反射式对象系统为内核框架，为对象化 API 接口提供系统管理、通信管理、组件管理、对象管理、事件管理、时间管理、场景管理、资源管理等功能服务，具备集成组件化、编程对象化、配置参数化、调度自动化等特征。支撑层封装了 RTI、DDS、TENA 等中间件，以及反射内存 RM、共享内存 SM、TCP 等底层通信协议，同时将本地的事件或对象状态适时与远程节点交互和同步，为分布式系统提供订阅/发布模式的通信服务并协调仿真逻辑时间，实现了分布并行一体化的计算，体现了协议多元化和通信透明化的特点。

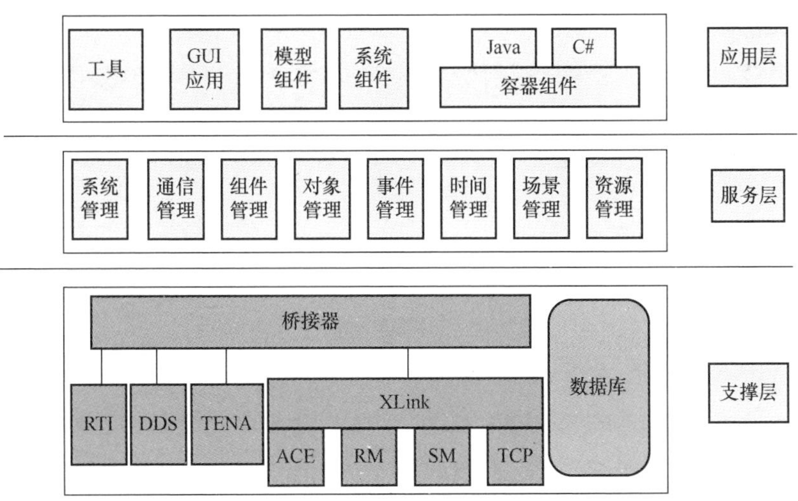

图 7.6　HDOSE 的系统架构

7.2.3 功能结构

HDOSE 的功能结构如图 7.7 所示。

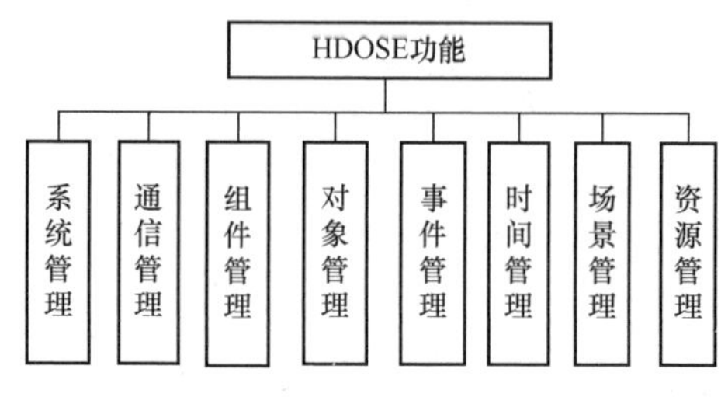

图 7.7 HDOSE 的功能结构

1. 系统管理功能

系统管理功能主要包括：引擎服务进程和服务对象的创建、初始化、配置、管理和组织；引擎全局状态维护管理及重要状态切换的通知；提供仿真控制服务，包括开始、暂停、恢复、重演、结束等；提供监控服务，对仿真组件、类、类型、参数、事件、对象等要素的运行状态和组织结构进行监控；提供远程报告服务，以心跳报文的形式提供引擎运行的主机信息、成员状态信息、组件信息、仿真对象信息等；提供远程控制服务，接收远程控制指令，对引擎的状态和仿真场景进行控制；提供日志服务，通过日志文件记录引擎状态和事件等。

2. 通信管理功能

通信管理功能主要包括：以配置的方式实现对象类、事件的订阅/发布，实现分布环境下仿真对象之间透明地通信；封装底层中间件（如 RTI、DDS）的声明管理功能并与之兼容；为没有提供订阅/发布机制的通信方式（如 TCP/IP、共享内存）提供订阅/发布机制；进行报文的封装、合并、分发、接收、解析、推送。

3. 组件管理功能

组件管理功能主要包括：加载和初始化组件，实现组件模型的创建和组织；检查和匹配组件，对不符合规范的组件进行告警；根据组件的模型描述文件动态生成元对象模型；提供组件查询、序列化等服务。

4. 对象管理功能

对象管理功能主要包括：为系统（联邦）范围内的对象实例提供反射式对象树结构的组织管理方式；提供高级的对象创建、命名、ID 管理、查找、删除等服务和回调通知；提供对象的聚合和组装机制，支持将仿真实体分解为多个仿真对象；与通信管理功能相结合，提供封装底层通信方式的服务，自动完成全局对象的状态维护；监视和管理为对象分配的内存块，防止内存泄漏；支持将批量对象封装为流对象进行管理与传输；支持变长度的对象属性更新；支持设定对象数据更新策略等。

5. 事件管理功能

事件管理功能主要包括：为联邦、成员、实体三级对象之间的隐式调用和数据传送提供统一的方式和接口；根据事件传播范围和事件接收描述信息传送事件；支持以静态方式和动态方式对事件进行管理和编程；支持以同步和异步方式进行事件调度；支持变长度事件的参数传送等。

6. 时间管理功能

时间管理功能主要包括：为整个联邦提供统一的逻辑时钟和同步机制，确保因果关系正确；与底层中间件的时间管理服务集成，支持 HLA 的所有时间管理策略（TC/TR/NTC/NTR）；支持连续–离散混合系统的时间推进；支持动态改变仿真推进的逻辑步长和物理触发间隔；提供默认的触发时钟等。

7. 场景管理功能

场景管理功能主要包括：支持以文本化的场景文件对仿真对象、事件、初始参数、聚合方式、行为计划进行描述、编辑和修改；支持在指定的仿真时间加载新的仿真想定；支持在指定的时间产生对象或事件，或者删除对象；实现场景中仿真对象的调度；将系统资源（计算、存储等）合理分配到场景中的仿真对象实现系统调度；支持场景中的仿真对象基于模型或数据进行驱动和状态更新；支持场景的记录与回放等。

8. 资源管理功能

资源管理功能主要包括：提供基于 SRML 的仿真语言，为系统参数、组件参数、想定参数、模型参数、实验参数、仿真结果进行统一的描述、存储、访问和加载；为对象模型系统提供类参数、型号静态参数、对象实例参数、对象初始属性四层参数化体系；支持在运行时由实验方案文件动态生成实验样本文件等。

7.2.4　接口与服务

基于 HDOSE 的仿真系统可分解为仿真模型和仿真平台两部分，仿真模型实例化得到仿真对象，仿真模型封装在可独立部署的组件中。仿真平台、实体对象与仿真组件三者之间的关系如图 7.8 所示。HDOSE 规范定义了它们之间的职责功能和服务，以及它们如何被扩展，相互之间如何集成和交互。

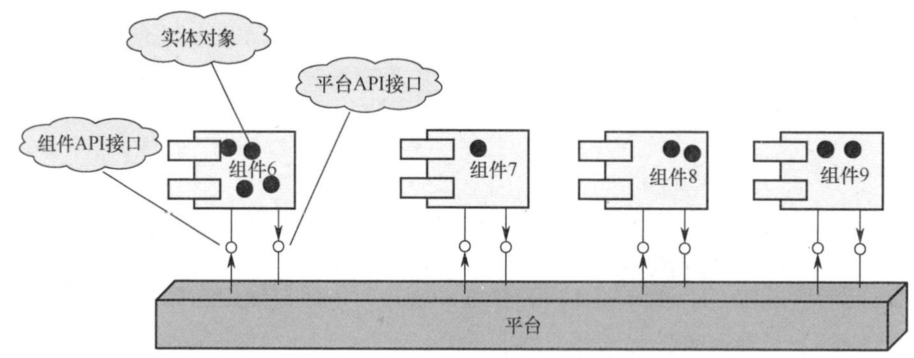

图 7.8　仿真平台、实体对象与仿真组件三者之间的关系

HDOSE 的接口通过 API 形式提供，主要包括平台服务接口和组件服务接口两部分。平台接口提供的服务包括以下几项。

（1）基础服务：引擎启动、暂停、恢复、退出等。

（2）组件管理：加载、查找、保存组件/组织管理类信息等。

（3）对象管理：创建、查找、删除对象等。

（4）事件管理：创建、发送事件，钩子函数注册、钩子函数注销等。

（5）时间管理：设置时间控制状态、时间受限状态、物理时钟步进值、仿真时钟步进值等。

（6）支撑服务：提供对象类反射信息的管理。

（7）日志管理：记录仿真过程的重要信息、告警及错误消息。

应用组件接口提供的服务包括以下几项。

（1）属性注册与管理。

（2）对象的组织管理。

（3）对象属性更新、映射。

（4）事件发送与接收通知。

（5）对象仿真步进重要环节回调。

7.2.5　组件化集成

模型的集成是仿真系统最重要的功能，由于 HDOSE 的模型是封装在组件中的，因此，模型的集成需要通过组件集成来实现。组件（Component）也称构件，是一个仅带特定契约接口和显式语境依赖的、用以封装逻辑功能或数据的软件模块，具有可部署、可复用和可执行等特征。由于组件技术可以使系统集成的粒度进行更灵活的调整，大大提高了模型的复用性和系统的灵活性，因此，组件化是现代仿真系统设计的重要理念。

由于模型之间存在大量的相互访问，仿真系统的组件化远比常规的软件系统组件化更复杂，因此，模型组件化的前提是模型开发时的信息解耦合，以及在集成后支持通过接口实现信息互操作。为了实现解耦合和互操作，通常由仿真引擎（也是组件运行基础环境）为所有模型提供统一的信息互操作服务（如对象查找及访问服务、事件收发服务），即模型之间可以通过信息中间件接口，以间接的方式获取其他模型对象的信息或接口。模型实例对象之间交互的信息可分为突发性信息和周期性信息。突发性信息交互通常由事件机制实现，周期性信息交互则通常由对象统一访问与远程代理机制实现，本书第 9 章将重点讨论这些内容。

组件运行环境主要有三大主流阵营，分别是 CORBA、J2EE 和.COM/.NET。CORBA 性能较低且开发比较复杂，J2EE 只适用于 Java 语言，.COM/.NET 只适用于 Microsoft 的软件生态，因此，这些组件规范并不适合仿真应用。下面讨论一种与平台和软件生态无关的组件集成原理，仅利用操作系统的基础动态库技术实现复杂系统的组件化开发、复用和组装，从而使组件化的仿真系统可以在 Windows、Linux、Unix 等各类操作系统上自动移植。

组件与模型的关系如图 7.9 所示，其最大的特点是采用了反射技术，使组件具有自描述特性。其中，组件管理器作为仿真引擎的一部分，提供组件装载、卸载、查找等服务。每个动态库形式的组件在加载过程中，由管理器创建一个组件对象并统一管理；组件对象中封装多个模型，每个模型由一个类元对象描述，类元对象中含有对象实例化函数、事件响应函数、对象状态信息表等信息。基于该规范组织起来的所有组件、模型（类元对象）、对象实例均可以在运行时被动态创建、查找和访问，从而为基于标准接口实现信息互操作提供了可能。

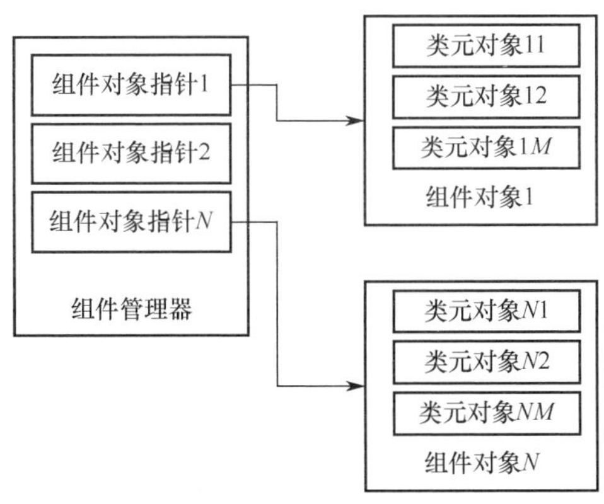

图 7.9　组件与模型的关系

7.3 本章小结

本章首先讨论了体系仿真的运行架构。目前常见的架构模式包括对称式架构模式和前后台架构模式，云仿真架构模式则是前后台架构模式的一个特例。本章重点讨论了作者团队研发的高性能分布式面向对象仿真引擎，该引擎为仿真系统的运行提供了柔性化的架构服务、组件化的集成服务、透明化的通信与同步服务、高性能的调度服务。

第 8 章

仿真时间管理与调度

仿真时间管理与调度是系统仿真的核心关注点，是开发仿真引擎不可回避的内容，也是在系统层面影响仿真系统性能的最重要因素。

8.1 仿真时间推进机制

8.1.1 概述

首先，我们讨论仿真系统驱动方式的概念，这是研究仿真时间、同步、调度等问题的基础。仿真系统的驱动方式是指触发系统时间推进并调度相关模型的依据，主要分为以下两种。

（1）时间驱动方式。仿真过程依据时间值直接驱动。当仿真运行时，系统不考虑一个实体的输入信息是否发生变化，而是以仿真时间值为基本驱动信息，依次遍历各实体。

（2）事件驱动方式。这种方式无须在每一仿真推进的时刻扫描仿真模型，而是由仿真事件作为驱动依据来触发实体。在事件驱动方式中，在仿真系统中依然需要定义一个全局时钟变量，且每个对时间推进有贡献的事件均带有时间戳，每次事件触发后将修改全局时钟，同时确定下一事件对实体的触发时刻，这种驱动方式也称为间接时间驱动方式。

在时间驱动方式下，通常取固定的时间步长递增（至少在一个时间段内，步长是固定的），而步长取决于被仿真系统的时间特性和仿真系统的精度要求。在同一时间步长范围内，所有的仿真事件将被认为是在同一仿真时刻发生的，这就是时间采样带来的误差。系统随时间变化越快，步长越小；精度要求越高，步长越小，反之越大。步长越小，意味着系统更快地更新频率，也意味着更大的计算负荷。时间驱动方式具有算法简单、容易实现的优点，但执行效率比较低。因为不论一个实体是否需要运行，它在每一仿真时刻都要被访问扫描，这对存在许多低运行频率实体的仿真系统而言，资源的浪费是极其严重的。

在事件驱动方式下，每次时间推进的长度是不固定的，具体取决于两个相邻事件之间的时间间隔。

这两种驱动方式适用的仿真系统不同。时间驱动方式适用于连续系统，或者事件的发生在时间轴上呈现有规律的均匀分布的系统。对离散事件系统而言，事件驱动方式无疑具有最高的效率，因此适用于对事件发生数目较少的系统进行仿真（如排队系统）。但对连续系统而言，事件驱动方式需要把时间的变化转化为事件序列并排队，这往往导致其效率比时间驱动方式还低。

无论是时间驱动方式还是事件驱动方式，系统最终的结果均会体现在仿真时间的推进上，只是推进的依据和算法策略不同。因此，我们把系统驱动方式的研究聚焦到时间推进机制上。

仿真时间推进机制是指仿真系统的逻辑时间取定的算法策略。对分布或并行系统而言，由于多个仿真进程均有各自的时间推进策略，当系统集成时，必然涉及多进程时间协调与同步的问题，因此，时间推进与同步是分不开的。时间同步既包含逻辑时间的同步，也包含物理时间（墙上时间）的同步。逻辑时间同步要求所有进程在采用相同的时间坐标的基础上（时间取值具有完全相同的意义，在系统许可的某一时刻，必须是所有参与进程都认可和采用的），所有仿真进程推进到的逻辑时间与从全系统视角看到的逻辑时间因果关系一致（一个进程中发生的事件顺序，与在其他任何进程中看到的顺序都完全一致）。物理时间同步要求所有进程在规定的误差范围内运行到达指定的逻辑时间。

研究时间推进机制的根本目标，是在保证时间同步的基础上，尽量提高系统的并发度。当然，提高并发度不仅与时间推进策略相关，还与具体系统模型之间的交互和相互约束关系紧密相关。近二十年来，分布与并行仿真系统中的时间推进与同步策略发展得很快，产生了很多效果良好的时间管理算法。这些算法归纳起来有如下几种。

（1）保守策略。保守策略是常用的同步策略之一，它最大的特征是严格禁止在仿真过程中发生因果关系错误，保证各类事件是按时间先后顺序处理执行的。典型的保守策略是 Chandy—Misra—Bryant（CMB），CMB 策略用空消息的方法来避免死锁，开发并行性。

（2）乐观策略。乐观策略是另一种常用的仿真同步策略，它的目标是最大限度地发掘仿真系统的并行性，提高系统的运行效率。Jefferson 提出的 Time Warp 机制（简称 TW 机制）是现在最常见的一种乐观算法。这种算法具有风险性，如果发生因果关系错误，就要求回退到发生错误之前的时刻重新开始执行，因此需要大量的系统资源来保存仿真过程中的状态和数据。

（3）受约束的乐观策略。乐观策略曾一度被认为是一种能够始终获得高效率的方法，但是实践证明，对乐观性缺乏理智的控制往往会导致极差的性能，所以有必要对乐观策略进行一定的约束。依据不同的约束控制标准，可将受约束的乐观策略分为基于窗的策略、基于惩罚的策略、基于知识的策略、基于概率的策略等。

（4）混合策略。混合策略是保守策略与乐观策略的混合，将两者结合起来，取长补短，有可能获得更好的性能，由此人们提出了混合时间管理策略。

（5）自适应策略。实质上可以将自适应策略看作一种动态调整的混合策略，但它的基本思想是随着仿真状态的变化而动态地选择或修改其执行方式，主要是通过动态地改变一个或多个变量，使系统在保守与乐观之间进行适当的调整。自适应策略在保守策略与乐观策略之间架起了一座桥梁，并且可以根据需要使自适应策略逼近其他任何一种策略。很显然，这种策略在混合策略的基础上又有所进步。

8.1.2　混合时间推进机制

对体系仿真而言，需要在模拟装备空间运动的基础上，再模拟装备的动作事件，这是典型的连续离散混合系统。针对这类系统，本书提出了一种“时间步进+事件驱动”的混合时间推进机制，如图 8.1 所示。

混合时间推进机制是固定步长时间推进机制和事件推进机制的融合，即仿真时间的推进同时考虑时间步进和事件的发生。在混合时间推进机制中，系统（仿真引擎）维护一个最小单元的逻辑步长 T，T 代表仿真系统的最高时间分辨率；而每个模型对象采用 $N\times T$ 的步长作为模型解算的步长（N 为大于或等于 1 的整数），即仿真引擎每扫描 N 次，调度该模型一次。不同的模型，N 的取值可以不一样，它反映了模型随时间变化时的更新周期，模型精度越高，更新周期越小，N 的值也越小（如高速运动目标需要的采样率高，N 就小）。如图 8.2 所示，对象 1 的 N=2，对象 2 的 N=3。

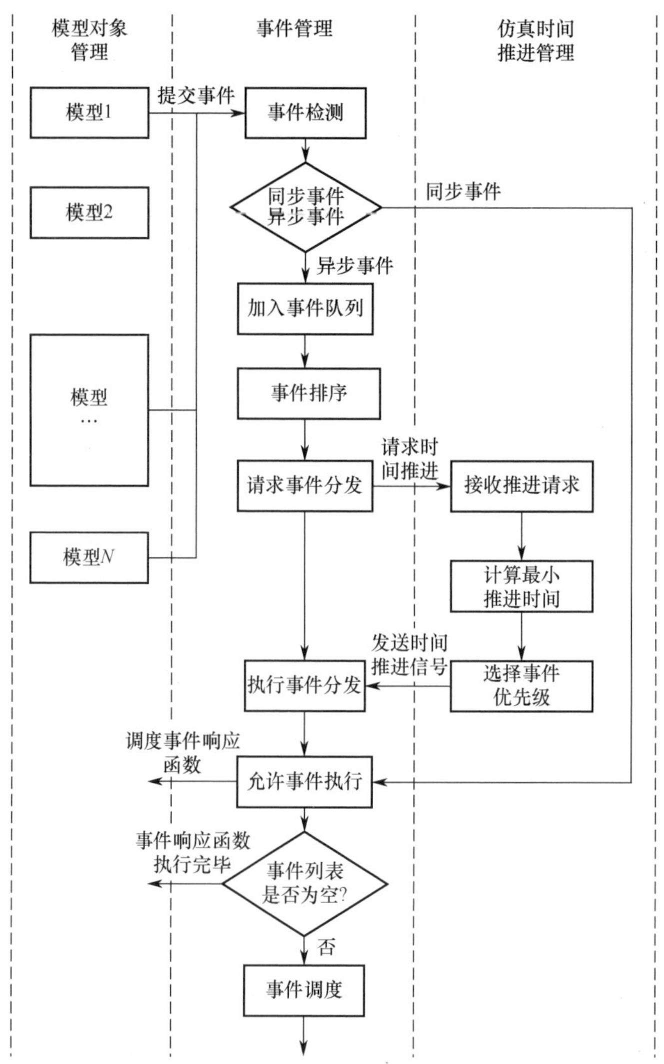

图 8.1 “时间步进+事件驱动”的混合时间推进机制

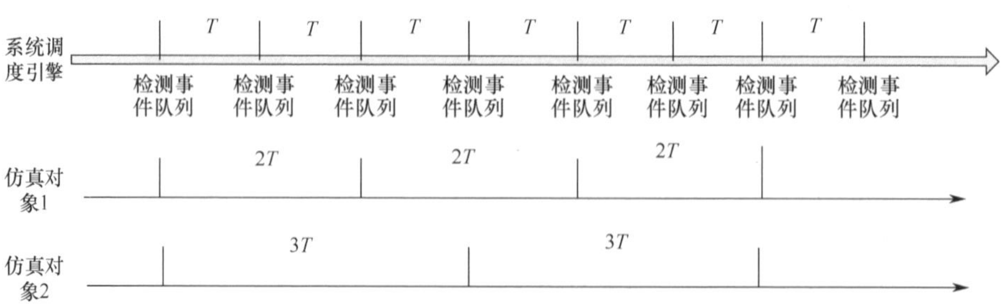

图 8.2 系统中不同对象的仿真步长

本书还引入了同步事件与异步事件的概念。如果事件发生的时间等于调度的时间戳，为同步事件。同步事件发生后，事件不进入事件队列缓冲和排序，而是直接发送到接收对象。如果事件发生的时间小于调度的时间戳，则为异步事件。由于同步事件不缓冲和不排序，而且发送方与响应方的上下文相同，它的执行等价于函数调用，因此，发送方可以将地址变量作为参数传入接收方直接使用。这种方式大大提高了事件处理的效率。

在整个连续的逻辑时间轴上，只有在逻辑时间为 T 的整数倍的时刻点，调度引擎才会检测事件队列，当且仅当检测到当前仿真时间与事件队列中的事件时间戳匹配时，才调度该事件。具体匹配规则为：在当前时刻，只扫描和调度 T 这一小段时间内的未来事件，避免仿真系统中未来所有事件被扫描。这种时间推进机制也能像下次事件时间推进机制一样，跳过大段没有事件发生的时间，避免多余的计算和判断；同时，在一个逻辑时间 T 的范围内，调度引擎只对事件队列做一次检测，并将所有时间戳与当前逻辑时间匹配的事件统一调度，从而防止了在事件过于密集的情况下频繁遍历事件队列的情况，大幅提高了调度效率。

8.2　仿真调度方法

复杂体系仿真系统中存在大量不同类别、不同粒度、不同专业的模型，在仿真的某一时刻，哪些模型被系统激活并按什么顺序执行，属于系统调度范畴。系统调度策略将在很大程度上影响系统的运行效率。在多核并行、网络分布等硬件环境中，调度策略对系统性能的影响将被成倍地放大。

8.2.1　大规模多粒度并行调度方法

仿真系统的计算和调度能力不仅影响系统运行的速度，还在很大程度上决定了系统的规模和精度。当前，仿真系统规模越来越大，模型种类和数量越来越多。例如，在军事体系仿真领域，需要对整个战场的兵力实体进行仿真计算，实体数量通常需要达到 5000 个以上，实体类别涉及车辆、舰船、导弹、飞机、卫星等，模型的种类涉及运动、感知、通信、控制、决策等，模型的物理机理涉及的专业包括力、声、热、电、光等。这对仿真系统的计算和调度能力提出了更大的挑战，而且这种挑战不是简单通过提升硬件的能力就能实现的。由于现代计算机的计算能力主要通过增加计算核的数量来实现，因此，如何充分利用多核并行计算的潜能，并针对仿真的特点设计合理的模型调度和资源分配策略显得十分关键。

国内一些学者把并行仿真分为作业级并行、任务级并行、模型级并行、线程级并行。本书认为作业级并行与任务级并行本质上都是松耦合的并行，因此将并行仿真计算分为样本级并行、模型级并行和线程级并行。样本级并行相对而言比较容易实现，线程级并行则根据领域和算法特点进行具体设计和开发。因此，对共性的仿真平台或引擎来说，核心问题是实现模型级的并行计算。

与样本级并行相比，模型级并行的主要特点是仿真模型之间的耦合非常紧密，通常在毫秒或微秒级，因此，模型级并行调度管理仿真时间的精度远高于样本级并行。时间精度低将导致采样间隔大，最终使得模型运算结果严重失真，这是高精度实时仿真系统所不允许的，特别是在对高速飞行器和电子装备进行仿真计算时。仿真模型的调度间隔比操作系统调度线程的间隔更小，即通常在一个线程被执行的时间片段内，会有若干个仿真模型被执行。

提高系统性能的基本思路是，精准控制和管理每个模型对象及仿真时间，确保在时空一致的情况下，将计算、存储、通信等资源适时分配到每个对象。其中，计算资源的分配最关键。如图 8.3 所示，系统采用基于线程池的分配方案，采用基于 OpenMP 提供的 Fork-Join 并行计算模式，即在给定的同步点，主线程分叉（Fork）产生若干子线程，每个子线程分配到类型相同的仿真对象，在所有子线程完成计算后汇聚（Join）到主线程，以实现实体对象级的并行，同时也确保了每个线程的负载均衡。

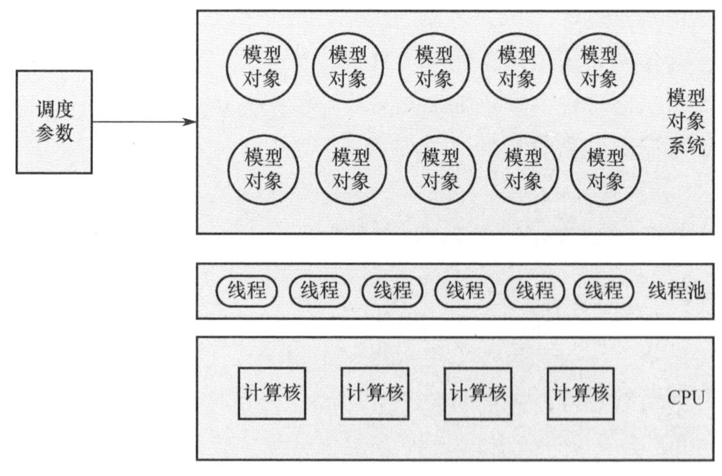

图 8.3　并行计算资源分配示意

本方法的核心是将计算资源按需、按时、精准地分配到仿真模型上。其中，按需分配意味着模型自身对计算资源的需求要进行自描述，由于不同粒度模型的需求是不一样的，从而防止了不必要的分配所形成的浪费；按时分配意味着在定义调度接口规范的基础上，模型的回调函数按规定的策略在线程上执行，在保证并行调度的同时，确保在规定的时间点进行同步。具体策略描述如下。

策略一：将模型对象按模型类别进行分类，同一类模型对象调度完成后，再调度下一类模型对象。由于同一类模型的算法是相同的，计算量也相同，因此，将这些模型对象同时分配给多核线程进行计算，可以有效保证负载均衡，使模型对象在各个核上同时完成并达到同步点，大幅提高系统的并发性。例如，假设飞机实体中有飞机运动模型和机载雷达探测模型，如果应用本方法调度 1000 架飞机实体，应该是先调度 1000 架飞机的运动模型，再调度 1000 架飞机的雷达探测模型。若将 1000 架飞机的运动模型和相应的雷达探测模型放在一起进行调度，由于每架飞机的状态不同（如有的飞机没开雷达），每次调度的计算量可能并不相同，因此最终导致负载不平衡。

策略二：将仿真模型的每个仿真步分解为不同功能的回调函数，调度系统按规定的时序逻辑扫描这些回调函数，并将符合调度条件的函数分配到线程池中执行。由于每个回调函数都具有特定的语义，这样可以保证调度程序按语义顺序进行调度，从而避免了数据互斥造成的相互等待和死锁。主要的回调函数定义如下。

（1）void OnInit（）。

（2）void Tick（）。

（3）void Simulation（）。

（4）void Output（）。

（5）void OnClose（）。

上述 5 个函数定义了模型对象的 3 个阶段。首先是初始化阶段，即 OnInit 函数，该函数在对象的生命周期中只被调用一次，用以执行一些必要的初始化操作。其次是运行阶段，有 3 个函数，其中，Tick 函数用以执行模型自身功能的解算；Simulation 函数用于接收其他对象数据后进行反应性解算；Output 函数用以执行将模型数据推送出去的操作。运行阶段的函数在每次仿真推进时都可能被调用，这是被调用的主体。最后是退出阶段，其中的 OnClose 函数用于执行对象将被删除时的一些操作，该函数只被调用一次。

模型的调用主要发生在运行阶段。结合策略一描述的按同一类合并进行调度的策略，运行阶段的并行调度策略如图 8.4 所示。调度算法的核心在于保持并行调度的同时，在预定的同步点上等待，以防止多线程间因数据互斥而出现相互等待或死锁。在每个调度块内部，如 Tick 调度块，按策略一先调度某一类模型对象的所有 Tick 函数，再调度另一类模型对象的所有 Tick 函数，其他调度块类似。实体对象规模越大，分配的负载越容易达到均衡，系统的并行度越高。

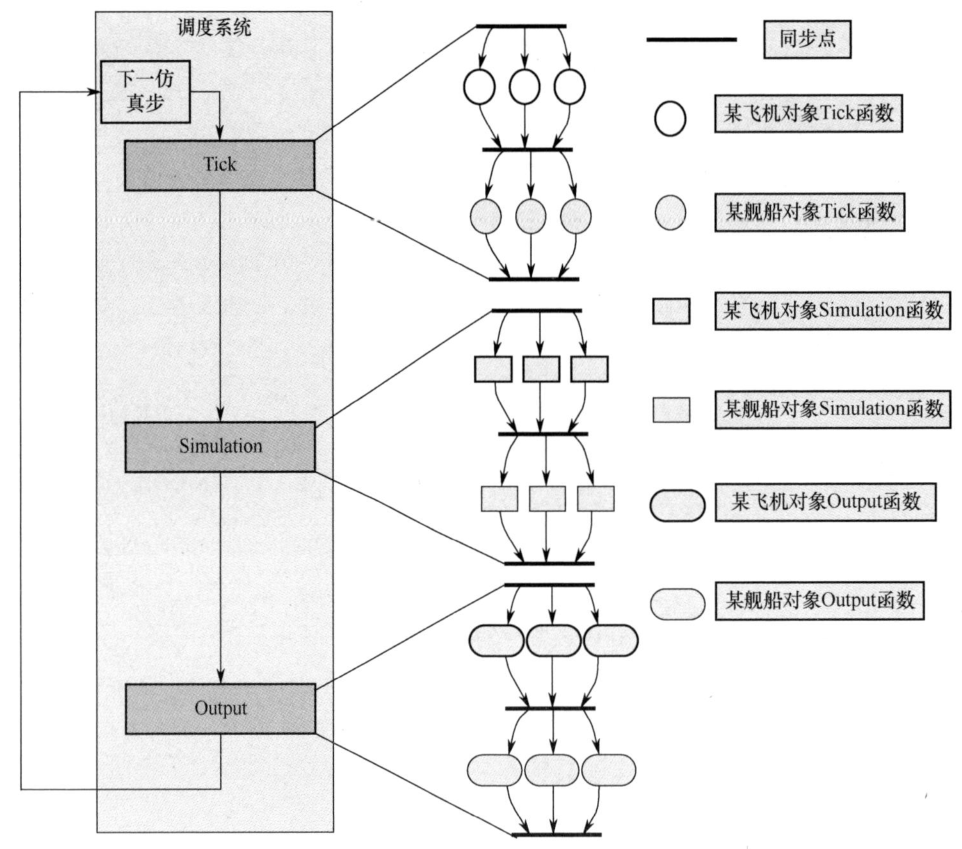

图 8.4　运行阶段的并行调度策略

策略三：以参数配置的方式，根据不同粒度模型的计算精度需求，设置采样间隔。采样间隔 Sample 是一个大于或等于 1 的整数，它表示系统最小采样时间 T 的整数倍。仿真模型的实际步长为 T×Sample，调度系统按配置后的实际步长调度仿真模型。例如，当系统最小采样时间为 0.1ms 时，如果飞机模型采样间隔 Sample=5，舰船模型采样间隔 Sample=100，则飞机模型的仿真步长为 0.1×5=0.5ms，而舰船模型的仿真步长为 0.1×100=10ms。

8.2.2　分布并行一体化调度方法

针对大样本军事仿真分析和高采样率的实时军事训练两类系统的开发与应用，本书描述一种分布并行一体化调度方法。该方法以并行离散事件仿真为基础，将经典的事件调度法、活动扫描法、进程交互法及面向对象的消息建模和高性能计算相结合，实现分布并行一体化的模型集成和调度，支持“多样本/多实体/复杂模型解算”三级并行，可为大样本计算、大规模实体推演、复杂模型解算提供多种易操作的并行加速模式，有效利用高性能计算机多核、多 CPU、多节点计算资源。

多样本的仿真由于样本之间比较独立、耦合少，很容易实现分布或并行计算。复杂模型的并行解算则主要取决于模型算法的实现，与平台无关。因此，在设计仿真引擎时，主要考虑实体一级的模型在分布和并行环境下的调度与计算。

仿真模型调度的主要职责是：①协调所有仿真对象、仿真成员和整个仿真系统的时间推进与同步；②按调度策略触发仿真对象进行模型解算，使系统行为和运行逻辑得以执行。

高性能并行计算的关键在于尽可能提高系统并行度，本书针对分布并行一体化调度的特点，采用如下调度策略，如图 8.5 所示。

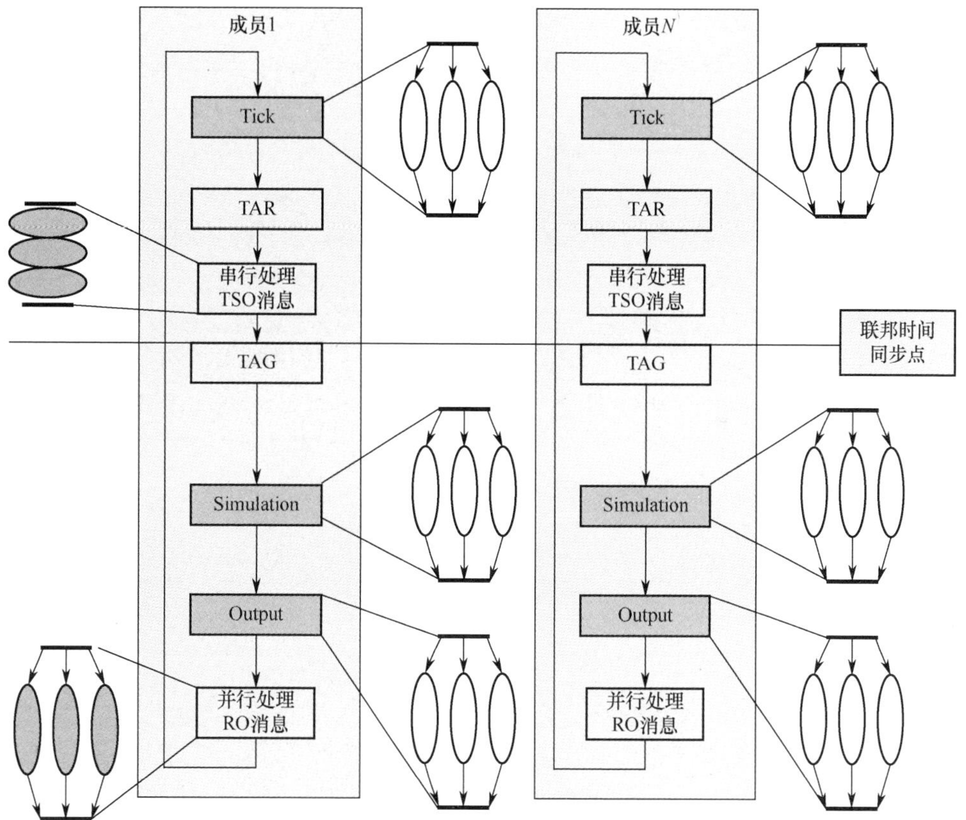

图 8.5 分布并行一体化调度策略

（1）首先以并行离散事件仿真为基础，基于分布交互仿真运行支撑环境 RTI，实现分布系统的时间推进和任务协调。然后在每个仿真节点上并行处理各个对象模型。分布式系统可分为对称分布式系统和客户/服务器系统。其中，对称分布式系统由于每个节点都会影响其他节点，因此对时间同步要求更高，是研究的重点和关键；客户/服务器系统则通常由服务器自行解算，客户端只接收服务器输出数据或发送控制指令。

（2）分布节点之间的数据交互事件采用异步事件处理机制，即将 RTI 回调参数复制到缓冲区，形成一个可独立调度的异步事件，并加入事件队列，然后回调函数即刻返回。同时，异步事件的调度与模型的标准调度由调度器线程完成，它们之间串行执行，因此不需要数据互斥，杜绝了 RTI 与模型之间的死锁；同时，即便在仿真引擎提供给用户的标准回调函数期间调用 RTI 服务，也不会导致 RTI 异常抛出。

（3）在节点内并行调度方面，根据并行算法设计中的 PCAM（划分、通信、组合和映射）方法，划分是并行程序设计的核心。结合体系仿真的特点，将仿真对象的每个仿真步进周期划分为 Tick、Simulation、Output 三个回调函数。其中，Tick 回调函数的语义是预测下一仿真时刻仿真对象的状态，预测完毕后，调用时间推进请求服务并处于等待状态，直到推进请求得到允许。期间，仿真对象可能会收到时间戳顺序（Time Stamp Order，TSO）消息，TSO 消息将按照时间顺序串行执行；Simulation 回调函数的语义是利用等待期间收到的外部 TSO 消息，执行当前的仿真运算，该回调函数返回后，表示当前时刻的仿真任务完成；Output 回调函数的语义是输出当前仿真的结果。仿真引擎调度器的调度策略如下。首先，将所有对象的 Tick 回调函数扫描一次，确保所有对象提出时间推进请求，然后以成员的身份提出时间推进请求；当推进请求得到允许后，将所有对象的 Simulation 回调函数扫描一次，再将所有对象的 Output 回调函数扫描一次。由于每个仿真对象的数据都是对象私有的和相互独立的，可以分解到不同的线程去并行执行，因此这三个回调函数可以基于实体实现 Fork-Join 模式并行执行。回调完成后，接收顺序（Receive Order，RO）消息队列被检测，如果存在多个 RO 消息，则这些 RO 消息也被并行执行。

（4）针对体系仿真中实体的活动特点，将模型的标准回调按业务类型进一步分解为真值计算、感知计算、决策判断、时间推进、数据推送等阶段。各个阶段串行执行，但同一阶段的多个实体对象的模型算法也可以采用 Fork-Join 模式并行执行。

8.3 典型优化调度策略

模型调度方法与通信机制是影响仿真系统运行性能的关键因素，结合工程实践，本书总结常用的优化调度策略如下。

1. 多粒度模型的多级嵌套调度

根据多粒度模型嵌套的特点，当上一级模型被仿真引擎调度时，可以遍历并调度下一级的模型，从而实现了模型的多级嵌套调度。另外，将仿真引擎的调度器设计为可以嵌套多个对象，多个调度器可以聚合在一起，由顶层调度器遍历并调度，从而实现了基于调度器的多级嵌套调度。支持多级嵌套调度机制，可以灵活地组合模型的调度时间，从而为线程之间的负载平衡提供保障，有利于最大限度地挖掘硬件系统的计算潜能。

2. 基于类别的多刻度调度

调度引擎支持模型按实体类别设置调度周期。例如，导弹飞行速度快，因此其调度频率必须很快，否则时间采样率不够将导致失真；舰船运动速度慢，没有必要调度太快。具体实现方式为，在组装实体的模型时，为模型设置 Sample 参数，该参数表示模型的步长增加的倍数，即采样间隔的倍数，系统默认为 1，取值范围为 1~N。如果该参数设置为 3，则每 3 次系统推进该模型只被调度 1 次。

3. 数据更新频率可配置

仿真对象的数据更新发生在每次模型调度完成后，更新的对象将根据订阅/发布关系传输给指定的订阅者。某些对象数据更新频率很高，但外部订阅并不需要如此高的数据更新频率。例如，在视景显示中，更新频率超过每秒 30 次是没有意义的。由于状态更新将占用较大的计算量和通信带宽，因此通过灵活配置更新频率，可大幅提高系统性能。

4. 基于“尽量快”和时间比例的逻辑时间推进

系统支持按“尽量快”和时间比例两种模式调度模型。其中，“尽量快”模式用以最大限度地挖掘硬件的计算潜能，更好地支持超实时仿真，主要用于分析类仿真；按时间比例模式用以精确控制仿真时间与墙上时间按一定的比例因子同步，主要用于训练类仿真。

5. 基于推模式和拉模式的数据共享与通信

在分布式仿真系统中，通过支持基于“推”和“拉”两种对象状态更新机制，并在“推”模式下按需配置仿真对象更新周期，可大幅减少不必要的通信开销。当把“推”模式的主动更新频率设为 0 时，数据的订阅方可以通过“拉”模式请求获得当前对象的状态数据。

6. 基于报文合并的高效通信策略

针对仿真系统报文小而多的特点，采用同类对象在数据更新时进行报文合并的传输方案。而在数据接收端，收到大报文后，将报文解析为各自的对象状态数据，可大大提高对象实例多的情况下的通信效率。

8.4 本章小结

现代仿真是通过计算机动态还原现实世界的运动过程，体现动态特征的关键是时间的推进，即无论系统多么简单或多么复杂，系统状态都是时间的函数。本章主要讨论了仿真系统的时间推进和高效调度问题：针对连续离散混合系统的特点，讨论了一种高效的混合时间推进机制；针对现代复杂仿真系统在多核、分布、集群等计算机硬件环境中运行的特点，给出了大规模多粒度并行调度方法和分布并行一体化调度方法；结合工程实践经验，给出了几种常用的优化调度策略。

第 9 章

仿真对象与事件管理

体系仿真系统运行时，需要管理成千上万的仿真对象，对这些对象如何组织管理，以及为对象之间的交互提供什么样的机制和服务，是仿真系统设计的核心问题。

9.1 对象组织管理

对象组织管理即对各种仿真对象进行有效合理的组织与全生命周期的管理，并对外提供高效的对象创建、查找、删除等服务。在面向对象软件系统中，对象管理最简单的做法是将对象指针存放在一个对象链表中，所有访问均针对该链表进行操作。但是，对于复杂的系统，这种扁平化的管理面对大量对象在链表中频繁地创建、查找和删除时，性能将大受影响。

一种改进的策略是将对象链表分类后形成多个链表，不同类别的对象存放在不同的链表中，显然，这种策略可以大大提高系统的性能。但是，新的问题是，依据什么策略进行分类？分类链表如何被创建和组织？带着这些问题，考虑到体系仿真系统的动态性、可扩展性要求高等特点，我们讨论了一种基于反射式对象系统的对象组织管理方法。

基于反射式对象系统的对象组织管理方法的基本设计思路是：①所有基本对象拥有一个共同的核，即类元模型，该元模型是一个具有自描述和因果关联能力的框架，它可以在系统初始化时解析模型描述文件，或者在运行时根据系统状态动态生成与设计时的类相对应的元对象；②元对象生成具有一定语义与行为的模型对象（基本对象），同时，元对象为所实例化的基本对象建立一个对象链表进行存储和管理；③元对象中有基类元对象的指针，同时也有维护所有派生类元对象的指针链表。

基于上述设计，对象模型最终将形成一个对象树结构：顶层的元对象对应根类，每个子类元对象是根节点的子树，每个类（元对象）可以实例化为多个基本对象，对象将处于树的叶节点上。整个反射式对象系统将组织形成“森林”结构，如图 9.1 所示。从图中可以看出，元对象模型之间的结构关系与类的层次结构是一致的。

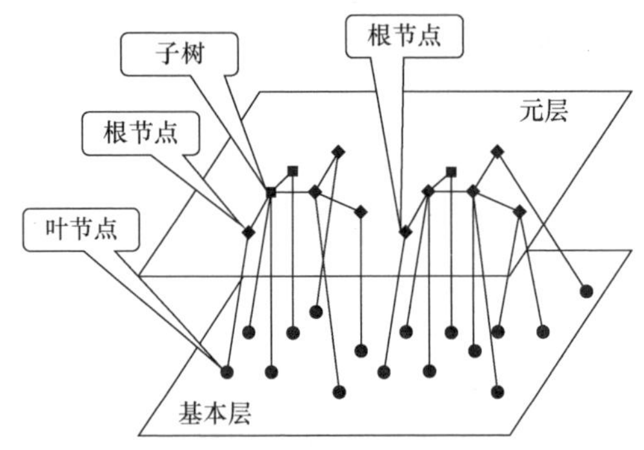

图 9.1　反射式对象树结构

反射式对象树结构具有如下优点。

（1）可以大大提高对象查找定位的速度，并提供灵活的查找策略，如 HDOSE 提供的对象查找服务包括以下几种。

① 根据对象 ID 查找对象：virtual CObj *LookupObj（int objid）。

② 根据对象类名和对象名查找对象：virtual CObj *LookupObj（char *ClsName, char *objname）。

③ 根据类名查找该类实例化的所有对象（返回对象链表）：virtual CObjList * LookupObjFromClass（char *ClsName）。

④ 根据类名查找该类及其派生类实例化的所有对象：virtual CObjList * LookupAllObjFromClass（char *ClsName）。

（2）运行时与设计时同构，便于理解，形成了对象结构的自描述和因果关联，为结构的调整提供了良好的基础。

（3）与应用业务无关，便于演化和扩展，扩展新的对象树与原树可以完全融合为一体，形成森林结构，特别适合中间件或框架的开发。

大多数仿真系统都具有交互密集的特点，对象需要频繁访问其他对象的数据。对分布式仿真系统而言，远程调用传递的参数的信息流量可能比被调用的对象的状态数据还多。基于这一特点，我们设计了基于代理的对象访问模式，即节点 A 的对象 A1 如果需要频繁访问节点 B 的对象 B1，则 HDOSE 将在节点 A 建立对象 B1 的代理，HDOSE 自动维护对象 B1 和节点 B 的数据一致性。显然，对于频繁的跨机器访问，采用代理模式比远程调用模式更节约通信带宽；同时，代理模式还可以避免因大量远程调用造成的服务器阻塞，它通过代理对象将实际调用过程分散到调用方（这与 CORBA 正好相反，CORBA 的调用发生在服务方），使系统的负载更容易达到平衡，这对要求时间均匀推进的实时人在回路系统而言是极为重要的。

基于分布式代理模式的系统主要涉及如下几个问题：①对象的订阅/发布及远程对象的发现与删除；②对象及代理对象的创建；③对象的统一命名和 ID 分配；④代理对象与原对象数据的一致性维护。

通过将代理对象与原对象按如前所述的对象树结构进行组织，最终将形成如图 9.2 所示的分布式对象树结构。

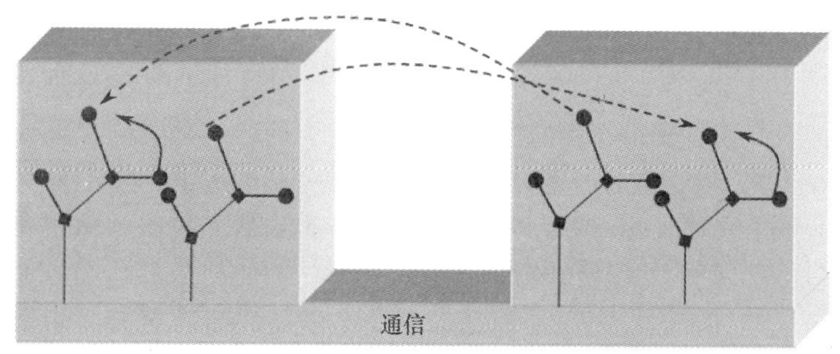

图 9.2　分布式对象树结构

当节点 1 的对象 C 需要访问节点 2 的对象 B 时，对象 B 在节点 1 建立一个远程代理 B1，对象 C 访问节点 B1 即可，而对象 B 与其代理对象 B1 之间的数据一致性由 HDOSE 维护，从而为上层应用提供了一个透明的、时空一致的分布式计算环境。因此，从应用层来看，系统分布式的特点是透明的，即 HDOSE 将对象及其远程代理封装为一个虚拟的环境，如图 9.3 所示。

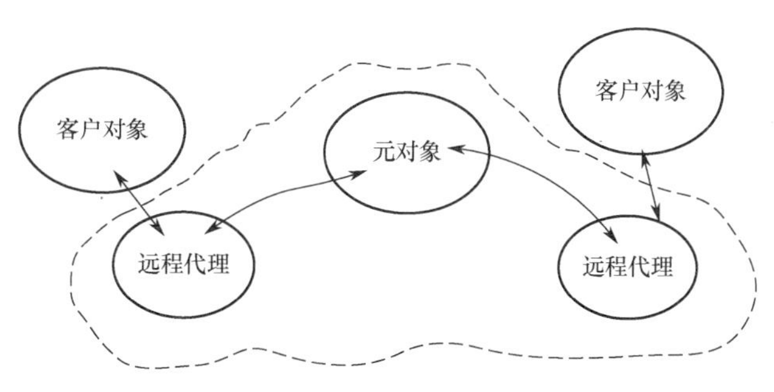

图 9.3　基于代理的虚拟访问环境

9.2 对象生命周期管理

体系仿真系统中的对象经常会不断地创建和消亡。当对象需要消亡时，对象本身是存在的，通过设计良好的对象退出操作可以使对象“优雅”地消亡。但是，当对象需要创建时，对象本身并不存在，需要借助上一层的服务来创建对象。

9.2.1 对象创建

仿真对象既可以在系统初始化时创建，也可以在运行时根据应用逻辑动态地创建。经典的对象创建模式有五种：Abstract Factory、Builder、Factory method、Prototype、Singleton。其中，Abstract Factory 在对象创建的请求方与服务方引入一个抽象对象创建工厂（Factory），提供各种对象创建服务，对派生的 Factory 确定具体的创建对象；Builder 在客户与产品（对象）之间引入 Builder，隐藏产品的组装过程，简化了复杂对象的装配过程；Factory method 在一个虚函数中创建对象，通过重载该虚函数，可以创建不同的对象；Prototype 定义一个可以复制自身的接口，子类实现具体的复制操作，客户方通过得到不同的原型实例来创建新的对象；Singleton 描述了如何创建系统中独一无二的对象的方案。

综合分析以上几个创建模式（特别是前四个），其特点是都通过虚函数的运行时绑定特性，实现对象创建过程与创建的接口隔离，不同的创建模式的区别在于接口参数不同。这几种模式具有如下几个缺点。

（1）对参数或环境的依赖性太大。例如，Abstract Factory 必须先得到具体创建工厂的引用，才能创建出与之相对应的“产品”；而 Prototype 则要先得到一个原型，才能复制出相同的对象。

（2）可扩展性不够。经典的对象创建型模式的实现完全依赖面向对象语言的多态机制，多态特征是由编译器确定并实现的，它通过构造对象的虚函数表来实现，虚函数表一经编译就完全被确定。也就是说，多态特性提高了系统的可扩展性，但这种可扩展性是受限的，其潜力不可能超过虚函数表描述的内容，其扩展能力是编译时确定的。

（3）结构比较复杂，并且这种复杂性不是框架能隐藏的。例如，Abstract Factory 要求每个“产品”对应一个创建“工厂”，如果要扩展框架创建“产品”的能力，必须扩建不同类型的“工厂”。

针对上述模式的不足，我们提出了一种新的创建模式，即首先简化创建对象的参数，使对象的创建仅依赖类名（字符串标识）或类 ID（整数标识），创建对象的接口函数为

```
CObject * CreateObj (char * class_name)
CObject * CreateObj (int class_id)
```

由于派生于 CObject 的所有对象的创建都通过一个一致的接口，因此该模式被命名为统一构造器（Unified Constructor）。通过该接口，对象创建的细节被完全隐藏起来，对象管理器提供的关于对象创建的服务是完全透明的，使得该模式的接口十分友好和简单，并且消除了要求创建对象的客户方对创建对象的依赖。

统一构造器的扩展性不受虚函数表的限制，它是通过对象创建描述表来获得创建信息的（通常在类对应的元对象中）。该表描述了类名、类标识、类实例化对象的函数地址三者之间的映射关系。所有支持的类都从 CObject 中派生，该类声明了一个静态的成员函数接口，该成员函数在调用构造函数时实现创建自身。其派生类重载该创建对象的函数，并将描述该函数的入口地址填入对象创建描述表。当对象管理器得到“创建对象”的请求时，它将检索对象创建描述表，查找相应的能创建对象的静态成员函数地址，并调用以创建所需的对象。最后，统一构造器根据创建对象的类层次和对象类型，将对象进行命名、编号，并存入反射式对象数据库中，如图 9.4 所示。

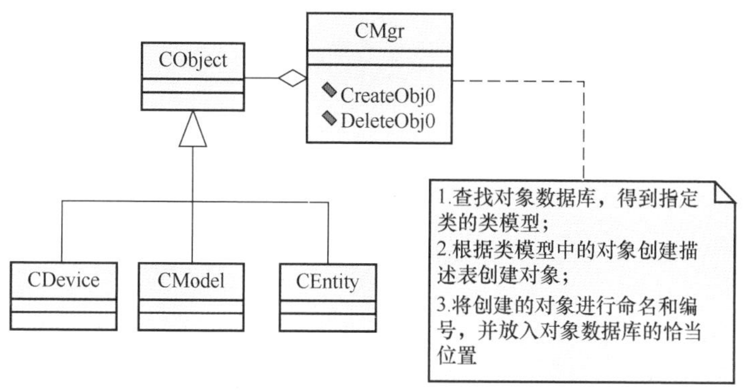

图 9.4　统一构造器

9.2.2　对象命名与 ID 管理

数量众多且运行时可动态创建或删除的仿真对象，在对象化的仿真系统中具有唯一的名字和 ID，针对仿真对象的诸多操作也是基于名字或 ID 完成的。因此，对

象命名和ID分配策略是仿真系统设计的重要内容。

为了实现命名的有效性并提高系统性能，对象命名和ID分配需要遵循以下几个原则。

（1）唯一性原则：仿真对象的名字和ID在一定范围内具有唯一性。

（2）分类原则：能通过名字或ID判定对象的类别和性质。

（3）可回收原则：尤其是ID，它作为一种资源，在对象创建时分配，在对象删除时回收，以便于重复利用。

虽然名字和ID均用来唯一标识仿真对象，但是它们有各自的意义和特点：名字可自动分配，也可以显式指定，具有良好的可读性，但是在查找和遍历操作时需要使用字符串匹配的操作，因此性能会明显降低；ID便于自动分配和管理，同时由于ID一般是整数，因此在查找遍历等操作中具有明显的性能优势，但其缺点是ID往往是一个随机值，可读性差。

9.2.3 对象生命状态管理

从实现上看，仿真对象本质上是一个内存块，但是这个内存块在从分配到释放的整个生命周期中，通常会经历以下重要操作。

（1）内存分配操作：操作系统锁定其他内存操作服务，为对象创建分配一块可访问的内存，软件意义上的对象开始存在。

（2）状态初始化操作：为软件对象赋予有意义的初始状态。

（3）名字和ID分配操作：为软件对象赋予可标识的名字和ID，仿真意义的对象开始存在。

（4）参数设置操作：为仿真对象加载和设置相关参数。

（5）首次运行准备操作：为对象进入运行态做最后一次准备，如开始计数等。

（6）运行功能操作：仿真对象常态化的时间推进解算、数据更新等操作。

（7）对象删除标记操作：标识仿真对象已不存在，所对应的内存块即将被释放。

（8）内存释放操作：操作系统执行内存回收的操作。

9.3 对象组合与嵌套

实体是由对象组合形成的，运用对象之间的组合和迭代技术，不但有效提高了模型的复用能力，而且为系统的多粒度建模提供了解决方法。通过为实体组装不同粒度的对象，可以使实体具有不同的分辨率，动态的组合和迭代可支持分辨率的动态演化。对象本身具有复合和迭代特性，即对象可以由粒度更细的对象复合而成，通过这种复合机制，理论上对象的粒度可以无限细。

如图 9.5 所示，通过在实体中设计子对象聚合链表，以及在对象中增加指向父对象的指针，可以解决对象的复合与迭代问题。一个多级复合的对象最终形成一个对象树，在仿真运行时，可以指定对象树的某些片段参与解算，从而实现模型分辨率的动态改变。

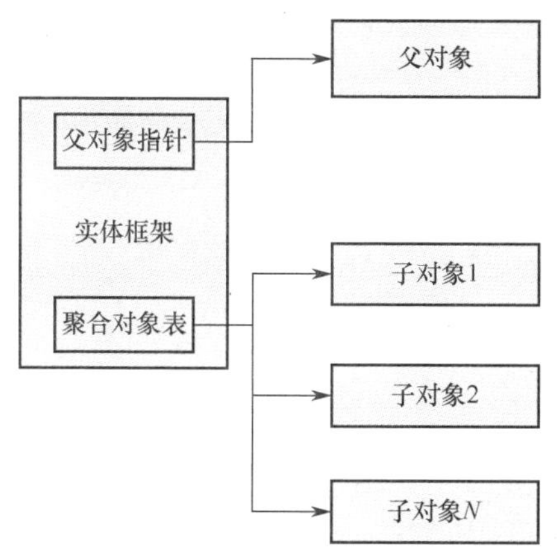

图 9.5　实体框架与对象树

9.4　仿真对象序列化

仿真系统的记录和回放，归根结底是仿真对象的记录和回放，这类似于为仿真系统安装一台摄像机和放映机。仿真系统的记录回放可归结为仿真对象的序列化和反序列化。为了有效描述系统或对象的记录回放特征，我们定义系统或对象的两种状态：运行态和回放态。运行态意味着对象是模型驱动的，回放态意味着对象是数据驱动的。从软件实现来看，这两种状态的差别是：当对象处于运行态时，其解算函数被调用；当对象处于回放态时，其回放函数被调用。根据运行态和回放态的定义，我们需要明确以下几个约束。

（1）系统或对象只有处于运行态时才可以记录，处于回放态时不可记录。

（2）系统或对象可从回放态切换到运行态，但不可以运行态切换到回放态。

因此，系统要进入回放态，必须在系统初始化的配置参数中指定；而对象要进入回放态，必须在对象创建的配置参数中指定。

（3）如果整个系统处于回放态，则创建的所有对象自动处于回放态；如果整个系统处于运行态，某些对象可以处于回放态。

（4）每次系统重新加载想定文件时，均重新生成新的记录数据的目录，同时也保存原场景运行的数据文件。

记录与快照有不同的意义，记录系统可全程记录所有对象创建及产生数据的过程（相当于摄像机和放映机），而快照只是对当时的场景对象进行一次扫描并记录（相当于照相机和图片查看器）。

仿真系统的记录功能总体来说是为回放功能服务的，通常的设计目标如下。

（1）支持对象系统全程数据记录（可配置主动对象或全部对象）。

（2）支持系统快照（快照即产生一个新的场景文件）。

（3）支持跳跃式不连续记录（记录可暂停，当然回放时状态也是跳跃的）。

（4）支持对局部选定对象进行记录（可在创建时指定记录文件名，也可由系统生成）。

（5）支持记录格式定制（用户重载记录的回调函数 Record）。

（6）系统默认的记录格式与想定编辑的场景文件格式兼容，与网络发布数据兼容。

（7）支持系统结构状态记录以服务于调试。

回放功能通常的设计目标如下。

（1）支持还原复现整个系统运行过程。

（2）支持局部选定对象的回放（需在创建时指定记录文件名）。

（3）支持回放格式定制（用户重载回放的回调函数）。

（4）支持回放时快进/慢进/快倒/慢倒及任意时刻的拖动。

（5）支持系统或对象从回放态转为运行态（需模型被加载）。

9.5 仿真事件管理

通过对象查找与遍历操作，可以实现一个对象对另一个对象的访问，但这种方式需要提前知道对象的名字、类别等先验信息。为了解决这一问题，我们讨论了另一种对象交互的机制，即事件机制。

事件系统是一种经典的体系结构样式，以事件系统作为构件之间交互的公共总线，可以以隐式调用（Implicit Invocation）的方式实现构件之间的交互，能方便地实现对事件传递过程的其他处理（如事件日志记录和追踪），并且被调用方无须知道调用方。另外，由于它可以很方便地隐藏分布特性对应用的影响，因此，事件系统在分布式系统中有十分广泛的应用，大多数经典的分布式中间件均有事件系统的风格。设计事件系统时需注意如下几个关键问题。

（1）事件定义，即事件是否需要声明，如果需要，如何声明，在何处声明。通常有以下几种情况：①固定的事件集，用户不能增加新的事件；②静态事件声明，用户可以增加事件，但只能在编译时确定；③动态事件声明，用户可以在程序运行时声明事件；④不需要事件声明。

（2）事件参数，即事件的参数形式、数量、传递方式和质量要求等。通常有以下几种情况：①无参数；②所有的事件参数形式完全固定；③每一事件都有固定的参数列表，但参数的格式和数量因事件不同而异；④所有事件的参数完全未知，仅在运行时确定。

（3）事件绑定，即关于事件及其绑定的响应函数是动态绑定（运行时）的还是静态绑定（编译时）的。

（4）事件在何处发布。通常有以下几种情况：①在单个过程中进行事件发布；②不同的事件类型在不同的过程中发布；③隐式发布，即事件在某一过程中被调用时发布。

（5）事件分发策略，即如何确定哪些事件响应构件得到事件的通知。通常有以下几种情况：①一个事件的发布导致所有绑定的过程被调用；②只有一个过程被响应；③基于参数的选择策略，即根据发布者确定参数分发策略；④基于状态的事件分发策略，即分发策略与系统状态有关。

（6）并发性，即事件被同步处理还是异步处理。同步处理意味着事件发布者必须等到事件响应结束后才能返回，异步处理则意味着事件发布者可以在事件发布后立即返回。

（7）事件传递的可靠性，即事件是否要求可靠地传递到接收方。

（8）事件的时效性，即周期性或突发性。通常，周期性事件具有时效性，过了一定时间就失去了意义，对实时性要求更高；而突发性事件不一定具有时效性，但对可靠性的要求更高。

通常，要设计一个事件系统，需要针对上述关键问题和应用的需求进行分析并做出决策。但对一个中间件或框架系统而言，由于它未来的应用是不可预测的，因此，如果将决策在设计阶段固定下来，将严重影响其适应未来新的应用环境的能力。

对分布式事件系统而言，由于其运行和操作环境更加复杂多变，因此对其适应性的要求也更高。为此，我们提出了基于反射的分布式事件系统的方案。

基于反射的分布式事件系统在传统分布式事件系统的基础上，通过对事件本身、对象对事件的响应能力和方式、事件的传递通道进行自述，解决事件分发策略、事件的参数形式及其语义理解、事件的信息通道及通道属性（如可靠性）等特征的观察和调整问题。

事件机制通过提供一种统一的事件发送和响应接口，进行本地对象之间和远程对象之间突发性消息的传送。由于事件的传递过程是透明的，发送者和接收者之间没有直接的控制关系，因此大大降低了对象之间的耦合，为组件化集成提供了强有力的支持。

另外，事件服务作为仿真引擎最核心的服务之一，不但应用模型之间可以通过事件机制进行交互，引擎内部的组件之间也可以通过事件机制进行交互。

事件可分为简单事件和模板事件。简单事件由仿真引擎统一表示，是开发模型时一种灵活的对象间通信方式。

模板事件是用户自定义的事件，它由用户在建模阶段明确定义。模板事件又可分为静态模板事件和动态模板事件。静态模板事件具有 C++源代码表示形式，它对应一个从 CEvt 派生的类，程序可以对派生类的各项进行赋值或处理；动态模板事件由引擎根据描述信息在内存堆中动态创建。

事件按传送方式的不同可分为同步事件和异步事件两种。远程事件必定是异步的，本地事件可以异步发送，也可以同步发送。另外，仿真引擎支持以截取器（事件钩子）的方式拦截其感兴趣的事件，并可在拦截后决定是否将事件继续发送到目的地。

事件通过过滤机制来确定最终的事件响应者。程序员应尽量确保事件被正确地过滤，否则事件将发送给不必要的对象，从而导致系统性能降低。设想如果以广播的方式传播事件到联邦内所有对象，将给系统带来非常沉重的运算负担，即便最终只有少数几个对象响应事件，但大范围的匹配搜索过程也将产生很大的计算需求。事件过滤由传播范围、指定接收对象 ID、接收类名、接收对象名几个因素确定。

高级的仿真系统需要支持对象事件的点播、多播和广播。常用的事件调度策略如图 9.6 所示。当事件指定目的对象时，事件直接传送到该对象上；当事件指定发送的目的类时，所有从该类派生的对象均接收该事件；当既不指定目的对象，也不指定目的类时，所有对象均接收该事件。

事件接收和处理是通过事件响应函数完成的，事件发生后响应函数自动被引擎调用。简单事件的参数直接在内存缓冲区中，内容和格式由收发双方自行约定。模板事件的参数和格式在预先定义的模板事件中。

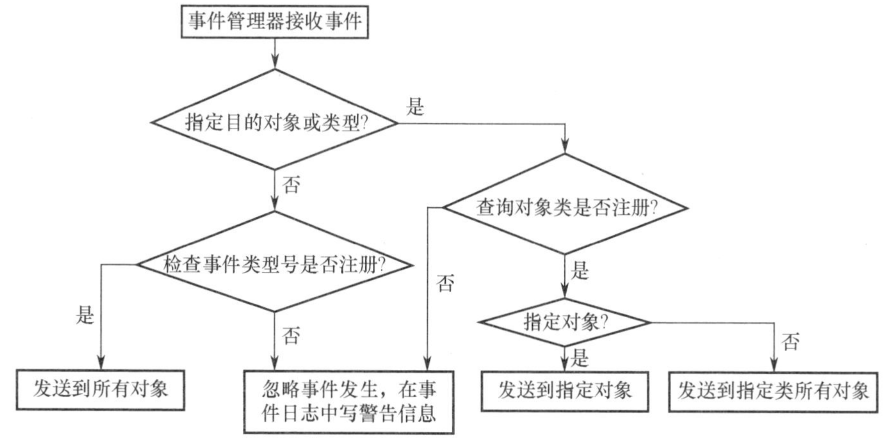

图 9.6　常用的事件调度策略

9.6　本章小结

任何复杂仿真系统均可归结为仿真对象和事件的模拟。本章首先讨论了仿真对象的高效组织、仿真对象的生命周期管理及对象的组合嵌套方法，然后讨论了仿真系统中的事件机制与设计思路。

第 10 章

体系仿真实验及评估技术

仿真实验设计与体系效能评估是体系仿真系统的重要组成部分，用于解决体系对抗仿真过程中“实验怎么做”的关键问题。其中，仿真实验设计用以规划设计实验方案，生成仿真实验方案，决定仿真实验的输入内容；体系效能评估用以评估解算体系仿真结果，决定仿真实验的输出内容。

10.1 仿真实验相关概念

仿真实验是指在实验室/内场开展的，以计算机为物理载体的仿真模拟活动。主要涉及实验设计、实验因素、实验指标、实验方案和实验评估等概念。

10.1.1 实验设计

实验设计（Design of Experiment，DoE）是指以概率论与数理统计为理论基础，以仿真应用系统为研究对象，按照预定目标制定合理的仿真实验方案的方法。实验设计主要研究如何高效而经济地获取仿真实验数据。具体地说，面向体系仿真的实验设计是从体系仿真系统的所有因子组合中，根据特定的设计方法选出具有充分代表性的少数实验方案，然后根据这些典型实验点的实验结果，对仿真对象和问题围绕仿真目的进行分析。复杂仿真系统的实验因子数量和每个因子的取值范围（水平）众多，而因子组合随因子数的增加呈指数级增长。如果考核所有因子组合，将面临“组合爆炸”的问题，导致实验无法实施。因此，在复杂仿真系统中应用实验设计技术，合理安排实验，正确处理、分析实验数据，能够极大地减少复杂系统仿真实验的次数，从而获得满足仿真目的要求的实验结果和结论。

10.1.2　实验因素

实验因素是指对实验指标特性值可能有影响的原因或要素，也称为实验因子，其本质是自变量，是实验时重点考察的内容。实验因素包括可控因素和不可控因素，可控因素是指可以控制和调节的因素；不可控因素则是指不能或暂时不能控制和调节的因素。两者都需要确定约束条件，即值域。

实验因素水平即实验因素的取值，也称为因子水平。一个实验因素可能有多个水平值，水平值可能是确定的，也可能是随机的。实验因素取值点的数量称该实验因素的“水平”数或“位级”数，也就是在某一因素上选择的样点数量，每一取样点上的数值就是样点的值，与具体因素有关。一个实验点可以由多个实验因素取值点构成，多个因素的不同取值点就会构成不同的组合，这样每个组合都称为一个组合实验点，也称设计点。

由实验因素/因子和因子水平构成实验空间，每个实验点就是实验设计空间中的一个点。实验设计的目的就是在实验空间中找到典型的抽样样本集。

10.1.3　实验指标

实验指标是指实验设计中根据实验目的而选定的用来考察或衡量实验结果的特性值，也称评估指标，也有人称其为反应变量，其本质为因变量。实验指标的选取在整个实验过程中占有十分重要的地位。因为任何一个实验的结论都是从实验指标所提供的事实材料中推导出来的。实验指标选择是否得当，直接关系到实验的成败。根据研究目的的不同，选择的实验指标种类和数目的多少也会不同。应根据研究目的选择能反映效应本质的最具关键性的指标。

10.1.4 实验方案

实验方案是一个包括想定、组合实验点、实验指标体系等内容的数据集合。可以将实验方案看成想定、实验框架、实验运行等的综合，其思想就是将完成仿真实验运行任务相关的一个或多个想定，以及一个或多个想定的多次仿真，作为一个整体进行批处理，并规定仿真实验运行过程中的控制、观测和数据采集及分析等条件，形成对整个仿真实验内容及过程的描述。实验方案的优劣，不仅取决于实验者在数理统计知识和现代实验方法方面所具备的理论基础和实践经验水平，更取决于实验者对领域问题掌握的程度。实验研究所建立的理论假说即实验目标，应当符合实验问题的客观实际，这是选择实验因素和实验指标，进而设计生成实验方案的前提条件。

10.1.5 实验评估

实验评估是指对仿真实验结果进行统计分析、聚合分析和综合评估等。针对体系攻防对抗仿真的实验评估，即体系作战效能评估。实验评估也是针对仿真实验样本的“标签化”处置，本质上是对仿真实验输出数据的处理环节。实验评估的输出形式因实验需求的不同而不同，对于分析类体系仿真实验，实验评估的输出为典型评估指标和综合效能指标的量化结果。

10.2 体系仿真实验设计

体系仿真实验设计是开展仿真实验的首要环节，实验设计的产物是实验方案。进行实验设计时，按照实验设计基本工作流程，确定实验设计基本框架，即实验设计空间，然后恰当地选取实验设计方法，在实验设计空间取样生成实验方案集。

10.2.1 实验设计流程

对体系仿真而言，仿真实验设计是从作战问题的结构化描述开始，确定研究分析的问题及其边界，找出顶层目标，选取实验指标。然后，在实验指标的牵引下，通过反复分析和预实验，确定想定边界和优化战争行动。最后，从初始状态集和决策策略集中挑选若干参量作为可控的实验输入参数，并设置分析策略和仿真实验系统运行参数，提交给仿真实验运行系统开始实验。

体系仿真的实验设计包括因子筛选、实验设计和数据分析等环节，基本工作流程如图 10.1 所示。

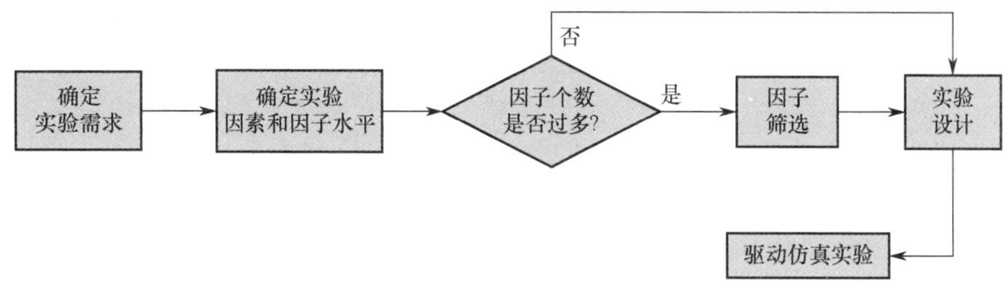

图 10.1　实验设计的基本工作流程

实验设计的基本步骤包括以下几个。具体如下：

（1）确定实验需求，包括实验目标、实验科目、实验类别和实验描述等；

（2）确定实验因素和因子水平，就是围绕实验目的，从可变实验因素中抽取相关因素作为实验因子，并确定实验因子水平选项；

（3）判断因子个数是否过多，视情进行实验因子筛选；

（4）因子筛选，通过将实验指标、因子信息还原成仿真系统的输入和输出，运行仿真系统，并根据仿真实验结果初步得到因子对输出影响的单调性、主效应大小和主效应方向等信息，初步筛选出有效因子集；

（5）实验设计，根据实验需求，采用恰当的实验设计方法，在实验设计空间进行抽样，生成实验方案集合；

（6）基于实验设计方案，驱动仿真系统开展仿真实验。

由于作战仿真的复杂性特点，对这类仿真实验，实验设计工作需要充分考虑不确定性因素，通过不断反复、螺旋上升的过程，对多维实验空间进行探索和分析，以达成作战仿真实验的目标。

10.2.2　实验设计框架

实验设计框架主要用于确定针对特定实验科目的实验因素的构成，以及对应的因子水平取值情况，为恰当选用实验设计方法提供依据。典型的实验需求框架描述规范如表 10.1 所示。

表 10.1　典型的实验需求框架描述规范

1．实验信息				
实验类别	实验名称/科目	实验目的	实验描述	实验日志
能力/任务/装备/技术	例如，××多信源感知认知	例如，检验预警探测装备效能	开始时间、结束时间、目的及意义等	实验者、实验时间、实验内容等记录
…	…	…	…	…
2．实验想定				
想定名称		想定描述	存储路径	备注
×××		×××		
…		…	…	…
3．实验因素				
实验因子 1	水平 1	水平 2	…	水平 m_1
实验因子 2	水平 1	水平 2	…	水平 m_2
…	…	…	…	…
实验因子 n	水平 1	水平 2	…	水平 m_n
4．实验指标				
指标 1				
指标 2				
…	…			
指标 M				
5．实验运行				
实验次数	运行次数	…	…	
6．其他				

10.2.3　实验设计方法

最优实验设计问题是在给定的实验设计空间 D 中寻找一个设计$|X^*|$，能够使得某个给定的标准 f 最优。经典实验设计方法包括正交设计、均匀设计和拉丁超立方设计等。目前，实验设计理论相对比较成熟，困难在于如何得到更加优化的实验因子组合。这就需要在现有经典实验设计方法的基础上，进一步支持不同因子混合水平数，产生具有较好实验空间填充效果的更加丰富的因子组合，合理安排仿真实验。

1. 正交设计

正交设计（Orthogonal Experimental Design，OED）是多因素的优化实验设计方法，是从全面实验的样本点中挑选出部分有代表性的点做实验，这些代表点具有正交性。正交设计的作用是只用较少的实验次数就可以找出因素水平之间的最优搭配，或由实验结果通过计算推断出最优搭配。

正交设计是使用正交表安排实验的方法。其中，正交表是按正交性排列用于安排多因素实验的表格。一般的正交表记为$L_n(q^s)$，n是表的行数，也是要安排的实验次数；s是表的列数，表示因素的个数；q是各个因素的水平数。表 10.2 就是一张正交表$L_9(3^4)$，用于安排“四因素三水平”的实验。常用的正交表可以在各种实验设计书中查阅。

表 10.2　正交表 $L_9(3^4)$

实验号（n）	列号（因数 s）			
	1	2	3	4
1	1	1	1	1
2	1	2	2	2
3	1	3	3	3
4	2	1	2	3
5	2	2	3	1
6	2	3	1	2
7	3	1	3	2
8	3	2	1	3
9	3	3	2	1

正交表具有两个重要的性质。

（1）均匀分散。在正交表的每一列中，不同数字出现的次数相等。例如，在$L_9(3^4)$正交表中，数字 1、2、3 在每列中各出现 3 次。这样使实验点均衡地分布在实验空间范围内，让每个实验点都有充分的代表性。

（2）整齐可比。对于正交表的任意两列，将同一行的两个数字看作有序数对，每种数对出现的次数相等。例如，表 10.2 中的有序数对共有 9 个：(1, 1)，(1, 2)，(1, 3)，(2, 1)，(2, 2)，(2, 3)，(3, 1)，(3, 2)，(3, 3)，它们各出现 1 次。这样就使得实验结果分析十分方便，易于估计各因素的主效应和部分交互效应，从而可分析各因素对指标的影响大小和变化规律。

由于正交表的这两个性质，在使用正交表安排实验时，各个因素的各种水平搭配是均衡的，这样就不会将主要因素的各种可能搭配遗漏，因此可以根据实验结果方便地分析各个因素及其交互作用对系统响应影响的大小和变化规律。

2. 均匀设计

均匀设计（Uniform Design，UD）是一种只考虑实验点在实验空间范围内均匀散布的实验设计方法，它能从全面实验点中挑选出部分有代表性的实验点，这些实验点在实验空间范围内充分均衡地分散，但仍能反映体系的主要特征。

均匀设计和正交设计相似，也是通过一套精心设计的表来进行实验设计的。均匀设计表用$U_n(n^s)$表示。其中，U代表均匀设计；n代表要做的实验次数；s是表的列数，表示因素的个数；q代表每个因素有q个水平，实验次数等于因素水平数目。表 10.3 是均匀设计表$U_7(7^4)$，表示可以安排 4 个因素，7 个水平，做 7 次实验。

表 10.3　均匀设计表 $U_7(7^4)$

实验号（n）	列号（因数 s）			
	1	2	3	4
1	1	2	3	6
2	2	4	6	5
3	3	6	2	4
4	4	1	5	3
5	5	3	1	2
6	6	5	4	1
7	7	7	7	7

$U_n(n^s)$均匀设计表的构造方法如下。

（1）确定第 1 行。给定实验次数n时，寻求比n小的整数h，且使n和h的最大公约数为 1，符合这些条件的正整数组成一个向量$\boldsymbol{h}$ =（$h_1,\cdots,h_s$），这些构成表的第 1 行，这就确保了均匀设计的列数由实验次数决定。

（2）其余各行由第 1 行生成。表的第k（$k<n$）行第j列的数据是kh_j除以n的余数，而第n行的数据就是n。

比较正交设计和均匀设计两种方法，当采用均匀设计时，每个因素的每个水平仅做一次实验，实验次数随水平数的增加而增加；当采用正交设计时，实验次数则随水平数的平方数增加而增加。

总体来说，均匀设计只考虑实验点在实验范围内充分“均匀散布”，而不考虑“整齐可比”，因而它的实验布点的均匀性比正交设计实验点的均匀性更好，使实验点具有更好的代表性。由于这种方法不再考虑正交设计中为“整齐可比”而设置的实验点，因此大大减少了实验次数，这是它与正交实验设计法的最大不同之处。

3. 拉丁超立方设计及其改进

拉丁超立方设计（Latin Hypercube Design，LHD）是最常用的实验设计方法之一[105, 106]。将一个包括n_v个因子，每个因子有n_p个水平的实验设计记作一个$n_p \times n_v$矩阵$\boldsymbol{X}=[x_1,x_2,\cdots,x_{n_p}]^{\mathrm{T}}$，其中，每一行$x_i=[x_{i1},x_{i2},\cdots,x_{in_v}]$作为一组实验点。

利用拉丁超立方设计在实验空间中随机选取 n_p 个实验点，且使设计矩阵的每一行、每一列都恰有一个水平，该方法共需进行 n_p 次实验。在一个实验空间中一共有 $(n_p!)^{n_v}$ 种不同的拉丁超立方设计。

1）特性分析和改进情况

常规的拉丁超立方设计方法实施起来很简单，但设计的样本空间具有随机性，其设计性能时好时坏。为了解决这个问题，有很多拉丁超立方的优化算法，如全局优化算法或机器学习算法，但前者的搜索空间巨大，后者算法收敛速度慢。另外，常规的 LHD 方法进行的实验次数决定于因子的水平数，即针对 n 水平的 m 因子，只能进行 n 次实验。当 m 较大时，实验点相对于整个参数空间就显得非常稀疏。传统 LHD 方法的一个限制是各因子的水平数必须相等，然而，实践中不相等的情况很普遍。如何支持混合水平数是 LHD 方法的重要改进点。

在 LHD 优化方面，主要是基于不同的优化准则，采用进化寻优，或者从 LHD 本身入手采用不同的平移优化方法或分阶段优化方法，提升实验样本的均匀性和运算效率。文献[107]基于全局搜索算法，通过选择不同的空间填充性标准，对所有可能的拉丁超立方进行比较，以得到最优的设计。文献[108]提出了一种平移传播 LHD（Translational Propagation LHD，TPLHD）方法，能够快速地生成近似最优的 LHD 方法，但 TPLHD 仅在低维下（≤6 维）有好的效果，难以支撑更多实验因素情况下的设计优化。在此基础上，文献[109]提出了一种扩展的平移传播拉丁超立方设计（Extended Translational Propagation LHD，ETPLHD）方法，该方法也称为扩展平移拉丁超立方设计，对实验空间进行分层设计，使生成的实验点数可变。

2）面向体系仿真实验的 LHD 改进

针对体系仿真系统中实验因子及水平数众多的领域特点，作者团队在 ETPLHD 的基础上，提出了一种基于数独分组的 LHD（Sudoku Grouping Based ETPLHD，SGETPLHD）[110]方法。

数独矩阵是一种特殊的拉丁超立方，可以保持行和列的数字分布的均匀性。原始 ETPLHD 算法对 $n_p \times n_v$ 的实验空间，首先选择某一维划分为 d 层，然后对每一层进行 $n_p \times (n_v - 1)$ 的 ETPLHD 设计，重复这一过程直到某一维采用 TPLHD 设计。以 16 水平×3 因子的实验空间为例，3 个因子维度分别记为 d_1、d_2、d_3。选择 d_1 维分为 $d = 16^{1/2} = 4$ 层，对每层进行 d_2 和 d_3 维度上的 16×2 规模的 TPLHD 设计。最终，共生成 4×16=64 个实验样本点，如图 10.2 所示。

16 水平×2 因子的 TPLHD 算法步骤描述如下。首先将包含各因子最低水平的小块作为第一个小块，并放入种子设计，如图 10.3（a）所示。然后任取一维，将种子设计沿该维进行平移，依次放入后续小块中，如图 10.3（b）所示。重复平移步骤，直到该维的所有小块都包含种子设计，如图 10.3（c）所示。将这一维的实验点作为新的种子设计，沿着其他维依次重复以上过程，直到实验空间中所有维都被填满，如图 10.3（d）所示。

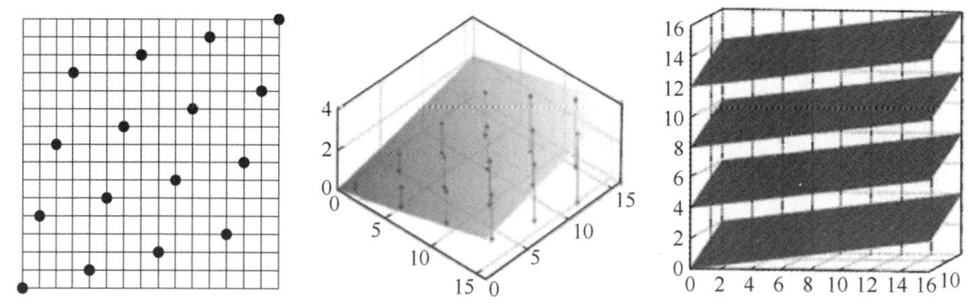

图 10.2　ETPLHD 的分层与平移

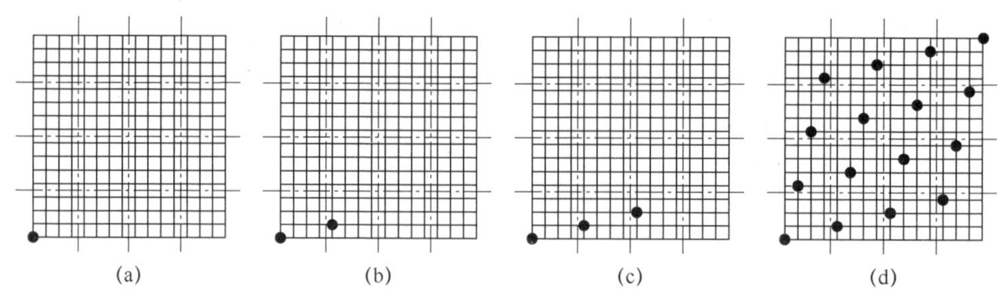

图 10.3　平移传播过程

3）改进 LHD 方法的算法步骤

在 ETPLHD 的基础上，以 5 水平×13 因子的实验空间为例，对 SGETPLHD 算法进行说明。假设共进行 k=4 次分组，SGETPLHD 算法步骤如下。

步骤 1：判断因子数 $n_v' = n_v = 13$ 是否能被 x 整除，$x \in \{z^+ \mid 6 \leqslant x \leqslant 9\}$。如果能被整除，将 n_v / x 记为单次分组数 n；如果不能被整除，因子数加 1 并赋值给 n_v'，重复上述操作。最终取 $n_v' = 15$，n=3。

步骤 2：生成 $\dfrac{n_v'}{n}$=5 因子，n_p=55 水平的 ETPLHD。

步骤 3：对 n_v' 上取到最接近的完全平方数，并生成 16 宫格的数独。

步骤 4：对 16 宫格数独进行分组，如图 10.4 所示，去掉第一行中编号大于 15 的因子，将剩余因子均分为 n=3 组；每组因子按第 2 步的 ETPLHD 输出设计点集合，其中序号大于 13 的因子不进行输出。取下一行，重复上述步骤共 k=4 次。

步骤 5：将每次 3 组设计点集按因子编号升序串行排列，作为一次实验设计结果；将 4 次设计点集并行排列，作为最终的实验设计结果。

选取随机生成4^2宫格数独的前4行

6 14 2 15	8 4 13 9	1 11 7 12	3 16 5 10
11 9 1 10	16 6 7 14	4 3 5 8	12 2 13 15
13 12 3 5	1 10 15 11	2 9 14 16	4 6 7 8
4 7 8 16	3 12 2 5	10 13 6 15	9 14 1 11
…	…	…	…
…	…	…	…
…	…	…	…

↓

删除其中大于15的数字，剩余数字按序均分为3组

6 14 2 15	8 4 13 9	1 11 7 12	3 16 5 10
11 9 1 10	16 6 7 14	4 3 5 8	12 2 13 15
13 12 3 5	1 10 15 11	2 9 14 16	4 6 7 8
4 7 8 16	3 12 2 5	10 13 6 15	9 14 1 11

↓

每组按照生成的TPLHD输出采样结果，其中编号大于13的因子不输出

LHD1					LHD2					LHD3				
6	14	2	15	8	4	13	9	1	11	7	12	3	5	10
11	9	1	10	6	7	14	4	3	5	8	12	2	13	15
13	12	3	5	1	10	15	11	2	9	14	4	6	7	8
4	7	8	3	12	2	5	10	13	6	15	9	14	1	11

图 10.4　数独分组过程

经测试，SGETPLHD 最多支持 1000 个因子、100 个水平的组合，可在百秒内生成 1000 万个样本点/实验方案。

10.3　体系效能评估分析

效能评估是体系仿真系统开发执行全生命周期中重要的一环。对分析类仿真而言，评估是仿真的目标，仿真是评估的手段，分析是连接仿真和评估的纽带。

10.3.1　体系效能评估

体系效能评估的关键问题包括指标体系构建、效能评估方法和评估工作流程。

1．指标体系构建

指标体系构建是体系效能评估的首要内容。作战效能指标是对作战效能大小特

性的度量，能够基本反映作战目标，描述体系在作战中“实现战役、战术任务或目标的可能程度”或任务完成效果。作战效能指标可以是衡量杀伤力效果的指标，例如，毁伤敌各类目标或装备的概率、数量、百分比；作战效能指标可以是衡量消耗成本的指标，例如，己方各类弹药消耗数量、武器装备战损概率和数量；作战效能指标可以是衡量时间性作战效果的指标，例如，压制敌机场时间、压制敌防空火力时间、压制敌舰载火控雷达时间、预警机空中值班时间、干扰机留空时间、迟滞敌机动部队行动时间，等等。评估指标的选取直接关系到综合评估的结论，任何一项指标都是从一个侧面反映评估对象的某些信息，决定选取多少、选取何种指标是评估工作最重要的一环。

1）指标选取原则

根据系统工程、运筹学的基本理论和研究工作的实践，建立作战效能评估指标体系时，应遵循的基本原则包括以下几个。

（1）完备性。应从满足我军打赢信息化条件下战争及武器装备系统、作战系统建设军事需求出发，对作战体系的各个方面进行综合考虑，以便全面反映作战体系效能水平。

（2）客观性。确定的各个评估指标应能真实地反映作战体系能力、效能的本质特性。

（3）科学性。应分清主次，抓住主要因素，使评估指标体系既相对简单，又不影响作战效能评估实质。

（4）系统性。指标体系应作为一个有机的整体，从各个层次、各个角度反映作战体系的特征、状况、变化趋势和发展动态。

（5）实用性。应充分考虑指标量化的难易程度和可靠性，并以计算数据为基础。

2）指标体系基本类型

不同的目标结构会带来不同的评估指标体系形式，常见的评估指标体系形式有层次型指标体系、网络型指标体系、多目标型指标体系三种[114]。

（1）层次型指标体系。层次型指标体系是一种根据评估对象的特性和评估的目标来分析体系的总体层次、结构层次、组成层次的评估指标体系。典型的层次型指标体系有树状结构，将同层指标看作是相互独立的，将跨层指标看作是线性分解的。

（2）网络型指标体系。在结构较为复杂的系统中，若出现评估指标体系难以分离或系统评估模型本身有要求时，应使用或部分使用网络型评估指标体系。网络型指标体系是把体系看成一个有向网络，可以用节点代表作战单元，整个体系的作战效能分为节点的作战效能和节点协同的效能。节点的作战效能度量了各节点完成作战任务的程度，节点协同的效能反映了节点之间协同完成任务的情况。

（3）多目标型指标体系。对复杂系统而言，追求单一目标的系统评估，往往具有很大的局限性，通常应建立多目标评估体系。在多目标评估体系中，每个目标的评估指标体系可以是层次型的，也可以是网络型的，还可以是多种形式的综合。

3）指标体系构建方法

指标体系构建可采用质量功能部署（Quality Function Deployment，QFD）方法，将使命目标—使命效果—作战任务—作战节点—作战活动自上向下分解，得到体系使命效能指标、作战任务效能指标和体系/系统属性指标。然后根据专家打分的权重，自下向上聚合，反映出各项指标对于使命目标的重要程度，实现关键指标筛选。

指标筛选 QFD 质量屋要素包括作战活动 M_i、作战活动重要度 W_i、作战能力 Q_j、作战活动与作战能力的重要度关系矩阵 $\boldsymbol{R}_{ij}$、作战能力的自相关 R_{kn}、作战能力的综合重要度 X_{ij}，如图 10.5 所示。

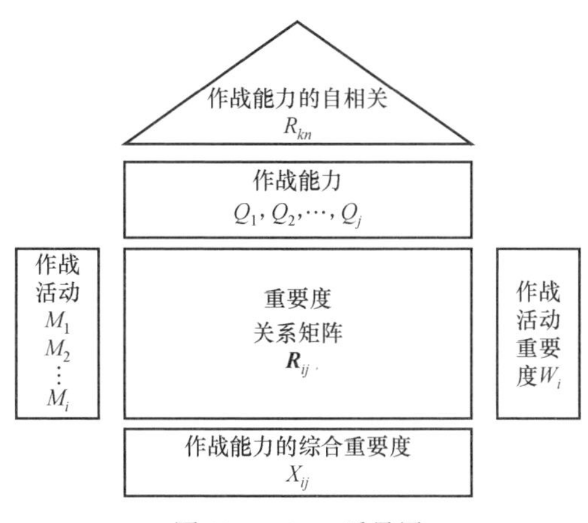

图 10.5　QFD 质量屋

QFD 质量屋可以被多次迭代，应用于指标生成的不同阶段。在使命效能指标设计、任务效能指标设计和属性指标设计三个阶段获得的指标可直接作为 QFD 指标的来源，利用 QFD 质量屋方法对每个指标分别进行赋权，最终获得归一化后的关键指标。分级多级应用 QFD 质量屋是从使命需求效果质量屋、作战任务质量屋、作战节点质量屋、作战活动质量屋到装备系统质量屋的分解流程，各质量屋分别按 QFD 获得关键指标。

以作战活动质量屋为例，QFD 指标分解基本流程如下。

步骤 1：自动从 TMOP 提取作战活动指标。

当用户创建的质量屋的类型是“作战活动质量屋”时，系统自动将从 TMOP 获取生成的作战活动指标、活动列表指标作为“作战活动”“子能力”。

步骤 2：导入上级质量屋定义的作战活动对作战节点的重要度 W_i。

导入上级“作战节点质量屋”计算的作战活动归一化后的权重值。

步骤 3：确定装备系统能力对作战活动的重要度 $\boldsymbol{R}_{ij}$ 。

利用质量屋建立作战活动–子能力关系矩阵。作战活动与装备系统能力之间的相关性度量及子能力之间的自相关度用 5 个等级的语言变量来描述，分别为很弱、较弱、中度、较强、强。定义相应的三角模糊数分别为（0, 0, 0.2），（0, 0.25, 0.5）、（0.3, 0.5, 0.7）、（0.6, 0.8, 1）和（0.8, 1, 1），系统支持用户修改。用户分别对作战活动与装备系统能力之间的相关性及子能力之间的自相关度赋值，结果如图 10.6 所示。

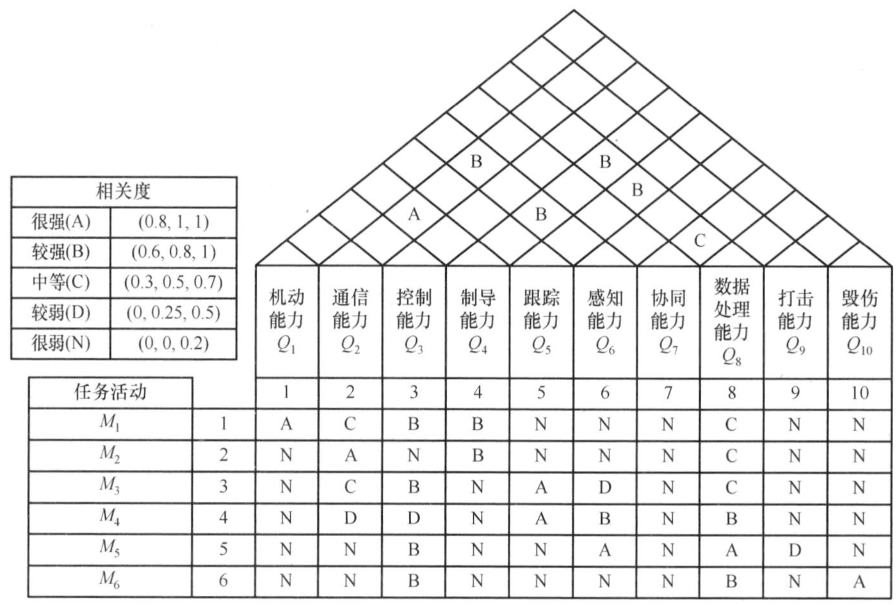

相关度	
很强(A)	(0.8, 1, 1)
较强(B)	(0.6, 0.8, 1)
中等(C)	(0.3, 0.5, 0.7)
较弱(D)	(0, 0.25, 0.5)
很弱(N)	(0, 0, 0.2)

		机动能力 Q_1	通信能力 Q_2	控制能力 Q_3	制导能力 Q_4	跟踪能力 Q_5	感知能力 Q_6	协同能力 Q_7	数据处理能力 Q_8	打击能力 Q_9	毁伤能力 Q_{10}
任务活动		1	2	3	4	5	6	7	8	9	10
M_1	1	A	C	B	B	N	N	N	C	N	N
M_2	2	N	A	N	B	N	N	N	C	N	N
M_3	3	N	C	B	N	A	D	N	C	N	N
M_4	4	N	D	D	N	A	B	N	B	N	N
M_5	5	N	N	B	N	N	A	N	A	D	N
M_6	6	N	N	B	N	N	N	N	B	N	A

图 10.6　作战活动质量屋相关度赋值结果

步骤 4：得出综合重要度 X_{ij} 。

综合 8 名专家的评估结果，综合重要度 X_{ij} 的计算公式为

$$X_{ij}=(1/8)\otimes(\tilde{X}_{ij1}\oplus\tilde{X}_{ij2}\oplus\cdots\oplus\tilde{X}_{ij8})\quad(i=1,2,\cdots,6;j=1,2,\cdots,9)$$

步骤 5：$\alpha-$截集表计算。

应用如下两个公式计算各装备系统能力重要度的 $\alpha-$截集的上、下限值。

各装备系统能力重要度的 $\alpha-$截集的上限值计算公式为

$$\begin{cases}(Y_j)_\alpha^U=\max\sum_{i=1}^{m}v_i(x_{ij}^*)_\alpha^U\\ \text{s.t.}\quad t(W_i)_\alpha^L\leqslant v_i\leqslant t(W_i)_\alpha^U\\ \sum_{i=1}^{m}v_i=1\end{cases}\tag{10.1}$$

各装备系统能力重要度的α－截集的下限值计算公式为

$$\begin{cases}(Y_j)_\alpha^L = \max\sum_{i=1}^{m} v_i (x_{ij}^*)_\alpha^L \\ \text{s.t.} \quad t(W_i)_\alpha^L \leqslant v_i \leqslant t(W_i)_\alpha^U \\ \sum_{i=1}^{m} v_i = 1\end{cases} \tag{10.2}$$

步骤 6：去模糊与归一化。

去模糊、归一权重，排序后，获得影响装备作战能力的关键能力指标，如表 10.4 所示。

表 10.4 影响作战能力的关键能力指标

子 能 力	去模糊值	权 重	排 序
Q_1	0.5873	0.0854	8
Q_2	0.9038	0.1314	1
Q_3	0.6490	0.0943	7
Q_4	0.8834	0.1284	2
Q_5	0.5763	0.0838	9
Q_6	0.8244	0.1198	3
Q_7	0.7834	0.1139	4
Q_8	0.6647	0.0966	5
Q_9	0.3359	0.0488	10
Q_{10}	0.6724	0.0977	6

2. 效能评估方法

效能评估方法是本领域研究的热点之一[111-123]。根据评估的依据和信息来源不同，效能评估的基本方法可以分为两类：一类是基于固有属性和概率模型的静态评估，另一类是基于仿真/交战结果数据的动态评估。静态评估主要运用经验和解析的数学公式推导得到；动态评估则通过将仿真/交战结果数据进行统计计算和聚合形成，如基于蒙特卡罗仿真的结果来进行统计评估。层次分析法、模糊综合评判法和幂指数法等综合评估方法，可以用于静态评估和动态评估，实现对底层多个指标的聚合解算和顶层效能指标量化。

典型的效能评估方法有 ADC（Availability，Dependability，Capacity）法[119]、指数法[120]、作战环评估方法[121]、模型驱动评估法[122]、层次分析法（Analytic Hierarchy Process，AHP）[123]等。

近年来，由于体系效能涉及因素多、评估指标多、系统动态性强、分析处理数据量大，智能化评估方法也成为人们关注和研究的热点[124-129]，基于人工智能的大数据挖掘和深度学习具有分析和学习大量数据样本的能力，可以有效地将数据样本变为决策信息，可用于动态评估，形成快速评估能力。典型的应用场景包括评估指标体系智能化构建、单指标评估模型算子拟合、多指标综合评估和基于智能评估的反向优化等。

其中，文献[124]采用深度自编码回归模型对体系弹道导弹的突防效能开展了评估。文献[125]提出了使用全连接深度神经网络（Deep Neural Network，DNN）进行武器装备体系作战效能评估的架构。针对深度学习参数选取难的问题，人们又研究了不同隐层数、不同神经元数下 DNN[126]、DBN[127]的回归预测效果。

3. 评估工作流程

体系效能评估工作流程[115]如图 10.7 所示。

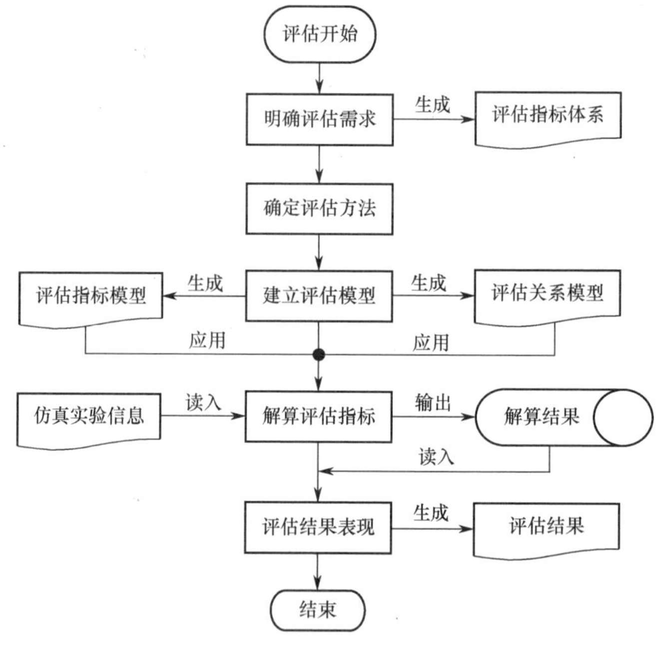

图 10.7　体系效能评估工作流程

1）明确评估需求

评估需求是评估活动的起点和归宿。明确评估需求的内容包括定义评估指标、明确评估对象、分析评估想定及规定评估条件。简单来说，就是针对某一评估对象，在一定的评估想定下，确定体系作战效能的度量准则，即评估指标体系。

2）确定评估方法

评估方法的选择以评估需求为依据，如果能将评估问题抽象为一系列评估问题模式，不同的评估问题模式匹配不同的评估方法体系，那么，评估方法的选择将呈现出更加规范化的形式。评估方法的选择是否合适，是决定评估结果可信程度的关键，所以，评估方法的选择是评估过程中最关键的环节之一。

3）建立评估模型

评估模型的建立以评估需求和评估方法为依据，以评估指标的解算为目的，建立适当有效的评估模型是评估过程的关键步骤。评估模型包括评估指标模型和评估关系模型两种类型。评估指标模型是评估条件与评估指标（一般为评估基础指标）的关系模型，其输入为评估条件，输出为评估指标的度量值；评估关系模型是评估指标体系下层指标与上层指标的关系模型，用来支持评估过程中的评估聚合。评估聚合的目的是得到用户最关注的评估指标的度量值，如导弹突防概率。该模型的输入为评估指标体系下层指标的度量值，输出为评估指标体系上层指标的度量值，即武器系统作战效能评估值。

4）解算评估指标

评估指标解算的前提是获取仿真实验结果数据。当评估条件被满足时，即收集到必要的仿真实验信息、专家信息和试验信息等多维评估数据后，运用评估指标模型，得到评估指标体系下层指标的度量值。然后运用评估关系模型进行评估聚合运算，得到评估指标体系上层指标的度量值，即用户最为关注的评估指标，即武器系统作战效能的度量值。

5）评估结果表现

指标解算结果需要以直观的方式呈现给用户，以便用户能够迅速从评估结果中获取有用的信息。例如，在多方案评估中，方案对比图是比较好的表现形式，便于用户捕捉到有关方案优劣的有用信息。

10.3.2　体系效能分析

体系效能分析是指基于实验方案数据和评估结果数据进行综合分析，主要内容包括相关性分析、灵敏度分析和关联性分析。其中，相关性分析是对实验因素/因子的相关系数进行量化求解，表征实验因素之间的相关关系，相关关系很强的实验因子可以考虑合并处理；灵敏度分析是对实验因素/因子对体系效能的影响程度进行量化求解，也称为影响因子，表征实验因素/因子的重要程度，明显不重要的实验因素/因子可剔除掉；关联性分析是对实验因子集和效能评估结果的数学关系进行拟合，表征实验方案和体系效能的因果关系，可支持效能指标预测。

1. 相关性分析

实验因子应当具有较好的独立性，通过相关性分析，可以检验实验因子之间的相关程度，即各个因子的独立性。相关性强的因子有必要做合并处理。因此，相关性分析是体系效能分析的必要内容，通常采用皮尔逊相关性系数判决法。

皮尔逊相关也称为积差相关（或积矩相关），是一种计算曲线相关的方法。相比使用无法考虑不同变量之间取值范围差异的欧氏距离判决法来衡量向量的相似度，皮尔逊相关性系数判决法是当变量取值范围不同时使用的一种处理方法。因为对不同变量之间的取值范围没有要求，得到的相关性所衡量的是两者相似的趋势，不同变量量纲上的差别在计算过程中得以弥补。具体来说，当两个向量的标准差都不为零时，相关系数有定义。皮尔逊相关系数判决法的适用条件包括：两个变量之间是线性关系，都是连续数据；两个变量的总体服从正态分布，或者接近正态的单峰分布；两个变量的观测值是成对的，每对观测值之间相互独立。

对两个因子进行相关性分析，样本数据分别记为$X_A(k)(k=1,2,\cdots,n)$和$X_B(k)(k=1,2,\cdots,n)$，两者的皮尔逊相关系数表示为

$$S_{X_AX_B}=\frac{\text{cov}(X_A,X_B)}{\sigma_{X_A}\sigma_{X_B}}=\frac{E(X_AX_B)-E(X_A)E(X_B)}{\sqrt{E(X_A^2-E^2(X_A))}\sqrt{E(X_B^2-E^2(X_B))}} \tag{10.3}$$

式中，$\text{cov}(X_A,X_B)$为协方差；E为数学期望。

相关系数越小，表明相关性越小。当$0.7<S_{X_AX_B}\leqslant 1$时，表明数据高度相关；当$0.4<S_{X_AX_B}\leqslant 0.7$时，表明数据显著相关；当$S_{X_AX_B}\leqslant 0.4$时，表明数据微相关。

皮尔逊相关性分析的基本流程如图10.8所示。

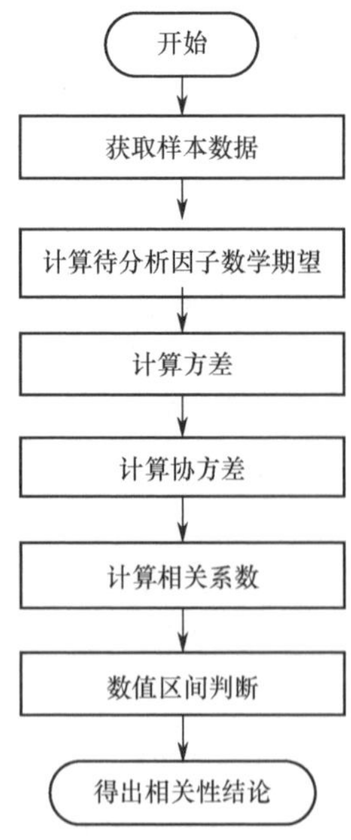

图10.8　皮尔逊相关性分析的基本流程

另外，还有一种相关系数求解的常规方法。将两个实验因子的样本数据分别记为 $X_A(k)(k=1,2,\cdots,n)$ 和 $X_B(k)(k=1,2,\cdots,n)$，相关系数的计算公式为

$$S_{X_A X_B}=\frac{\operatorname{cov}(X_A,X_B)}{\sqrt{\sigma_{X_A}\sigma_{X_B}}} \tag{10.4}$$

式中，$\operatorname{cov}(X_A,X_B)$ 为协方差；σ_{X_A}、σ_{X_B} 为两个实验因子样本数据的方差。

2. 灵敏度分析

灵敏度分析就是要确定输入因子的变化范围导致的输出指标响应的变化范围，以量化评估实验因子对实验指标的影响程度。可以用影响因子表征影响程度的大小。

由于体系效能的影响因素众多，需要采用定性灵敏度分析方法进行因素筛选，而后进行定量灵敏度分析。体系效能灵敏度分析问题可描述为：假设模型输出为 Y，分析人员提炼 Y 的影响因素集 $X=[X_1,X_2,\cdots,X_k]$，共 k 个分析因素。进行因素筛选时，通过定性灵敏度分析方法进行因素影响大小排序，筛选出相对重要的影响因素集 $Z=[Z_1,\cdots,Z_j,\cdots,Z_m]$（$1\leqslant j\leqslant m,Z_j\in X$）。对因素集 Z 进行定量灵敏度分析时，用 S_i 表示单个因素 Z_i 对模型输出的影响程度；用 Z_i 表示 Z_i 与 Z_j 之间的交互效应，即以上的相关性；用 S_{Ti} 表示 Z_i 及 Z_i 与其他因素的交互效应对模型输出的影响；以此类推。体系效能灵敏度分析流程如图 10.9 所示。

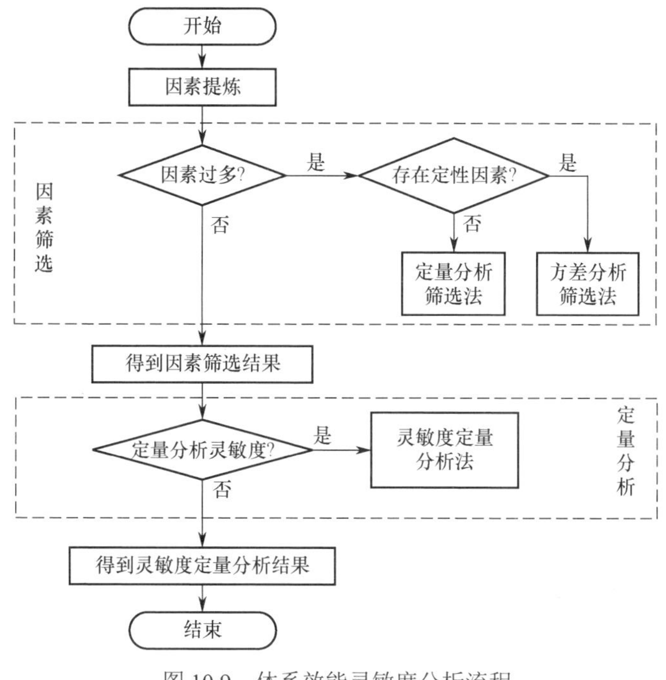

图 10.9　体系效能灵敏度分析流程

体系效能灵敏度分析可采用三种分析方法，分别是灵敏度定性分析法（Morris法）、方差分析（Analysis of Variance，ANOVA）法、灵敏度定量分析法（Sobol'法）。其中，Morris法计算简单、样本少，作为大量因素的因素筛选方法简单有效；ANOVA法分析结果不依赖因素类型，可以分析 Morris 法不能处理的定性因素；Sobol'法可进行灵敏度定量分析，计算单个因素及多个因素综合作用对模型输出结果产生的影响大小。

1）Morris 法

体系效能的影响因素众多，对所有因素进行灵敏度分析的工作量庞大，很多因素对体系效能影响比较小，甚至可以忽略，故应该首先通过简单有效的定性分析方法对大量因素进行筛选，选取其中相对重要的因素进行定量分析。

Morris 法是一种全局灵敏度分析方法，主要用于因素筛选，其设计思想是基本元素法和参数空间离散搜索法。应用于体系效能分析时，Morris 法独立于模型，输入因素为连续的或离散的，计算简单，采样样本少，定性给出因素相对影响的大小及因素交互效应的强弱，简单有效。但是 Morris 法只能给出因素对输出影响程度的定性判断，衡量因素与其他因素交互作用的强弱，不能反映该因素与哪些因素存在交互作用。此外，Morris 法的灵敏度计算依赖输入变量的值，计算结果与输入变量的取值范围有关，适合分析因素比较多、模型复杂、不能大样本采样的情况，可用于因素初筛阶段的定性分析。如需要定量分析因素的灵敏度，还需要配合使用其他方法。

2）ANOVA 法

当定性、定量因素并存进行灵敏度分析时，可采用 ANOVA 法。体系效能分析问题的输入因素一般具有不同的量纲，因素类型多样且定性和定量因素并存，定性因素和定量因素都应该予以考虑。其中，有些定性因素是不能定量化的。ANOVA法从输出变量的方差入手，研究诸多因素中哪些因素对输出结果产生显著影响。

ANOVA 法的基本原理为：在综合考虑总体数据的情况下，分析影响输出结果的误差来源问题。受各种因素的影响，输出数据呈波动状。通常，将总体数据之间的差异情况称为总偏差，用总偏差平方和 SST 来表示，反映了全部数据之间总的波动情况，即

$$\mathrm{SST}=\sum_{i=1}^{m}\sum_{j=1}^{n}(Y_{ij}-\bar{Y})^2 \tag{10.5}$$

式中，$\bar{Y}$ 表示数据总平均值，即

$$\bar{Y}=\sum_{i=1}^{m}\sum_{j=1}^{n}Y_{ij}/nm \tag{10.6}$$

式中，n 表示数据样本水平数；m 表示实验组数。

影响数据结果波动的原因分成两类：一类是研究中施加的可控因素；另一类是不可控的随机因素。故数据总偏差 SST 来自不同因素水平下输出数据的平均值与总平均值的偏差平方和，称为因素平方和或组间偏差平方和，如因素 A 的组间偏差平方和用 SSA 来表示，即

$$\mathrm{SSA} = \sum_{j=1}^{n}(\bar{Y}_j - \bar{Y})^2 \tag{10.7}$$

式中，$\bar{Y}_j$ 是第 j 种因素水平下输出数据的平均值，即

$$\bar{Y}_j = \sum_{i=1}^{m} Y_{ij} / m \tag{10.8}$$

Morris 法只是给出了因素及因素之间的作用对输出影响是否显著的定性判断，并不是定量结果。ANOVA 法相较于 Morris 法，分析结果可以反映不同因子组合的交互效应强弱。因此，ANOVA 法有其独特的优势，可用于处理存在定性因素的因素筛选。

3）Sobol’法

Sobol’法是一种全局灵敏度分析方法，其基本思想是方差分解，通过计算单个输入变量或多个输入变量的方差对总输出方差的影响，得到其对应的灵敏度系数。

如果已知模型 Y 的函数形式及各输入变量的取值分布，可以计算得到相应的灵敏度系数。通过建立体系效能的仿真模型，基于仿真模型获取输入/输出样本点，然后基于样本点进行计算，此即基于蒙特卡罗积分法的 Sobol’法。该方法需要大量样本数据，可以引入阈值以减少计算量，阈值判断条件为：如果交互效应小于阈值，则表明因素交互效应不明显，不再计算其交互效应；如果交互效应大于阈值，则继续进行计算求解。采用阈值的思想进行 Sobol’法计算，可以节省一些不必要的采样运算，同时通过设置阈值大小来控制计算结果的粗糙度，使方法更加符合实际需要。

3. 关联性分析

实验因子与实验指标关联性分析，就是找出两者之间的关联关系，即因果关系，作为实验优化决策和指标预测分析的关键依据。关联性分析方法包括最小二乘法、支持向量机（SVM）等。

1）最小二乘法

拟合模型 $y = \beta_0 + \beta_1 x_1 + \beta_2 x_2 + \cdots + \beta_k x_k + \varepsilon$ 的一般问题称为多元线性回归问题。设有 $n > k$ 个观察值，令 x_{ij} 表示变量 x_i 的第 j 个观察值或第 j 个水平。

$$\beta_0' = \beta_0 + \beta_1\overline{x}_1 + \beta_2\overline{x}_2 + \cdots + \beta_k\overline{x}_k \tag{10.9}$$

用矩阵表示正规方程组为$\boldsymbol{Y} = \boldsymbol{X\beta} + \boldsymbol{\varepsilon}$，其中

$$\boldsymbol{Y} = \begin{bmatrix} y_1 \\ y_2 \\ \vdots \\ y_n \end{bmatrix}, \quad \boldsymbol{X} = \begin{bmatrix} 1 & (x_{11} - \overline{x}_1) & (x_{21} - \overline{x}_2) & \cdots & (x_{k1} - \overline{x}_k) \\ 1 & (x_{12} - \overline{x}_1) & (x_{22} - \overline{x}_2) & \cdots & (x_{k2} - \overline{x}_k) \\ \vdots & \vdots & \vdots & \ddots & \vdots \\ 1 & (x_{1n} - \overline{x}_1) & (x_{2n} - \overline{x}_2) & \cdots & (x_{kn} - \overline{x}_k) \end{bmatrix} \tag{10.10}$$

$$\boldsymbol{\beta}=\left[\beta_0' \ \beta_1 \ \cdots \ \beta_k\right]', \ \boldsymbol{\varepsilon} = \left[\varepsilon_1 \ \varepsilon_2 \ \cdots \ \varepsilon_n\right]' \tag{10.11}$$

一般来说，$\boldsymbol{Y}$是一个$(n\times1)$的响应变量，$\boldsymbol{X}$是回归变量的水平的一个$(n\times p)$矩阵，$\boldsymbol{\beta}$是一个$(p\times1)$的回归系数向量，$\boldsymbol{\varepsilon}$是一个$(n\times1)$的随机误差向量。

$\boldsymbol{\beta}$的最小二乘估计量是$\hat{\boldsymbol{\beta}} = (X'\boldsymbol{X})^{-1}X'\boldsymbol{Y}$。

它的数量形式为

$$\begin{bmatrix} \hat{\beta}_0' \\ \hat{\beta}_1 \\ \hat{\beta}_2 \\ \vdots \\ \hat{\beta}_k \end{bmatrix} = \begin{bmatrix} n & 0 & 0 & \cdots & 0 \\ 0 & S_{11} & S_{12} & \cdots & S_{1k} \\ 0 & S_{12} & S_{22} & \cdots & S_{2k} \\ \vdots & \vdots & \vdots & \ddots & \vdots \\ 0 & S_{1k} & S_{2k} & \cdots & S_{kk} \end{bmatrix}^{-1} \begin{bmatrix} \sum_{j=1}^{n} y_j \\ S_{1y} \\ S_{2y} \\ \vdots \\ S_{ky} \end{bmatrix} \tag{10.12}$$

最小二乘估计量$\boldsymbol{\beta}$的统计性质为

$$E(\hat{\beta}) = \boldsymbol{\beta} \tag{10.13}$$

$$\operatorname{cov}(\hat{\beta}) \equiv E\{[\hat{\beta} - E(\hat{\beta})][\hat{\beta} - E(\hat{\beta})]'\} = \sigma^2(X'\boldsymbol{X})^{-1} \tag{10.14}$$

2）支持向量机

支持向量机可以很好地应用于函数拟合问题。首先考虑用线性回归函数$f(x) = \omega x + b$拟合数据$\{x_i, y_i\}$（$i = 1,\cdots,n$，$x_i \in R^d$，$y_i \in R$）的问题，并假设所有训练数据都可以在精度ε下无误差地用线性函数拟合，即

$$\begin{cases} y_i - \omega x_i - b \leqslant \varepsilon \\ \omega x_i + b - y_i \leqslant \varepsilon \end{cases} \tag{10.15}$$

与最优分类面中最大化分类间隔相似，控制函数集复杂性的方法是使回归函数最平坦，它等价于最小化$\dfrac{1}{2}\|\omega\|^2$。考虑到允许拟合误差的情况，引入松弛因子$\xi_i \geqslant 0$和$\xi_i^* \geqslant 0$，则条件式（10.15）变成最小二乘法是比较成熟的拟合回归方法。

$$\begin{cases} y_i - \omega x_i - b \leqslant \varepsilon + \xi_i \\ \omega x_i + b - y_i \leqslant \varepsilon + \xi_i^* \end{cases} \tag{10.16}$$

优化目标变成最小化 $\frac{1}{2}\|\omega\|^2 + C\sum_{i=1}^{n}(\xi_i + \xi_i^*)$，常数 $C(C>0)$ 控制对超出误差 ε 的样本的惩罚程度。采用同样的优化方法可以得到其对偶问题。在一般条件下，对 Lagrange 因子 a_i 、 a_i^* 最大化目标函数

$$\sum_{i=1}^{n}(a - a^*) = 0 \quad (0 \leqslant a, a_i \leqslant C, i = 1, \cdots, n) \tag{10.17}$$

$$W(a_i, a_i^*) = -\sum_{i=1}^{n}(a_i + a_i^*) + \sum_{i=1}^{n} y_i(a_i^* - a_i) - \frac{1}{2}\sum_{i=1}^{n}(a_i^* - a_i)(a_i^* - a_i)x_i x_j \tag{10.18}$$

得回归函数为

$$f(x) = (\omega x) + b = \sum_{i=1}^{n}(a_i^* - a_i)(x_i x) + b^* \tag{10.19}$$

这里 a_i 、 a_i^* 只有小部分不为 0，它们对应的样本就是支持向量，一般是在函数变化比较剧烈的位置上的样本。这里也只涉及内积运算，只要用核函数 $K(x_i, x_j)$ 替代式(10.18)，式(10.19)中的内积运算就可以实现非线性函数拟合。

以上两种方法中，最小二乘法基于经验风险最小的原则，应是线性回归算法，不适用于对非线性关系的回归分析；支持向量机方法是基于结构风险最小的分析方法，适用于对线性和非线性关系的分析，具有更广泛的适用性。

10.3.3　智能化评估分析

传统的体系仿真效能评估分析的基本过程为：通过实验设计生成仿真实验样本/方案；基于实验样本进行蒙特卡罗仿真，产生仿真结果数据；基于仿真结果数据进行评估指标统计计算；基于评估指标体系进行评估聚合和综合，得到体系效能综合量化结果；进行多方案对比分析和可视化。

以上流程的主要问题在于：一是评估模型是静态的，仅用于处理仿真结果数据，而无法将仿真结果数据作为一种资源反哺模型优化；二是评估解算是面向状态的静态计算，无法支持评估指标预测；三是无法给出方案和作战效能的因果解释，使得以方案对比为核心的评估产物的利用率不高。

1. 智能化评估及反向优化原理

本书讨论一种基于人工智能的智能化评估及反向优化方法，基本原理为：仿真

运行系统在仿真输入（实验因子取值）的激励下，经过大量的模型解算输出仿真结果，体系效能评估系统根据输出结果得出评估结论，输入的实验因子和输出的仿真结果及评估结论均送入仿真大数据管理中心，深度学习网络根据仿真大数据进行学习（在图 10.10 中用虚线表示），学习到一定阶段即可以根据输入因子得出智能化的评估结论反馈到实验规划系统（在图 10.10 中用细实线表示），而实验规划系统通过对实验因子进行搜索和寻优，指导深度学习网络输出择优选出的实验因子组合。通过将择优选出的实验因子放入仿真运行系统进行检验和评估，产生更可信的结论，从而进一步为深度学习网络提供更好的学习样本。

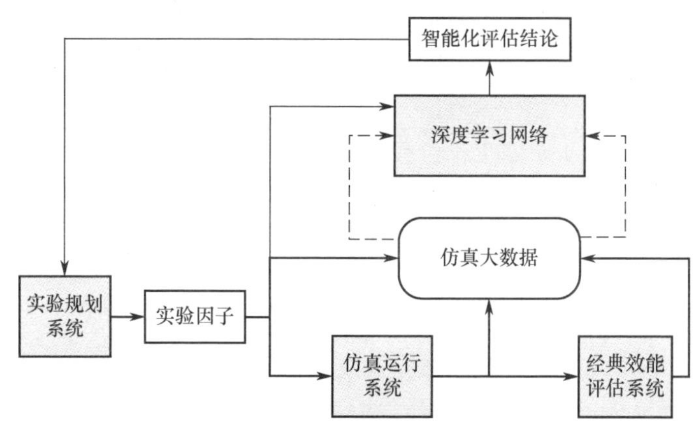

图 10.10　智能化评估与实验因子优化

通过仿真实验—学习—优化—检验的不断迭代，最终将得到优化的实验因子组合。在体系仿真的应用背景下，实验因子组合意味着装备的优化指标或作战运用方案。

要实现上述过程，有几个重要的环节：①实验规划系统能高效生成具有代表性和遍历性的实验因子；②仿真系统模拟需要具备足够的精度且运行结果可信；③经典的效能评估系统给出的结论是科学合理的；④深度学习网络经学习训练后能准确反映输入因子与输出结论之间的关系；⑤反馈的评估结论可支持样本空间搜索和寻优。

2. 基于深度学习的智能效能评估流程

体现智能化评估的具体实现过程是：将实验因子组合及作战效能评估数据进行数据预处理，得到统一的数据格式，再将这些数据分成两部分，分别称为训练数据和测试数据。先用训练数据来训练深度学习评估模型，再用测试数据来验证该模型的有效性。验证合格后，将想定的作战方案对应的实验因子组合作为输入激励，由该深度学习评估模型推理后直接得出作战效能评估结果，从而省去了复杂的仿真推演和评估计算过程。基于深度学习的智能效能评估流程如图 10.11 所示。

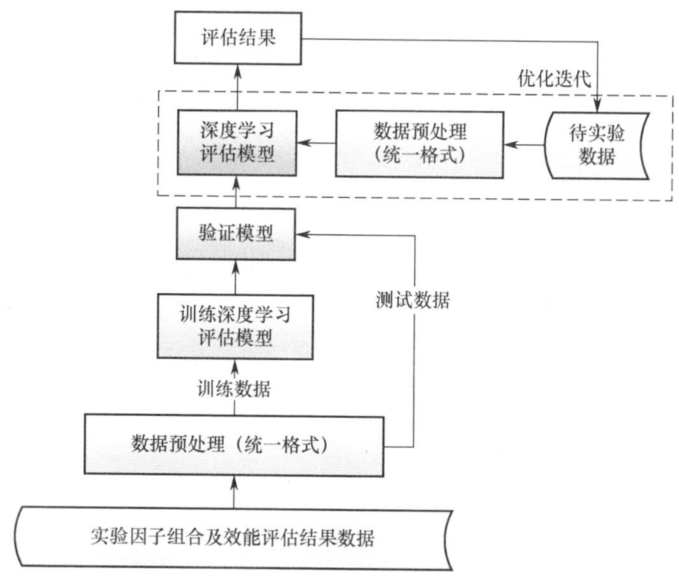

图 10.11　基于深度学习的智能效能评估流程

智能化评估系统的应用流程如图 10.12 所示。首先需要读取通过经典效能评估方法得到的训练数据，并设置网络参数，包括优化器选择、学习速率和迭代次数设置。训练完成后，读取实验因子，即可直接获取效能评估结果。在模型训练完成后，软件支持对多组实验因子进行评估，进而支撑实验方案设计中的实验因子寻优。

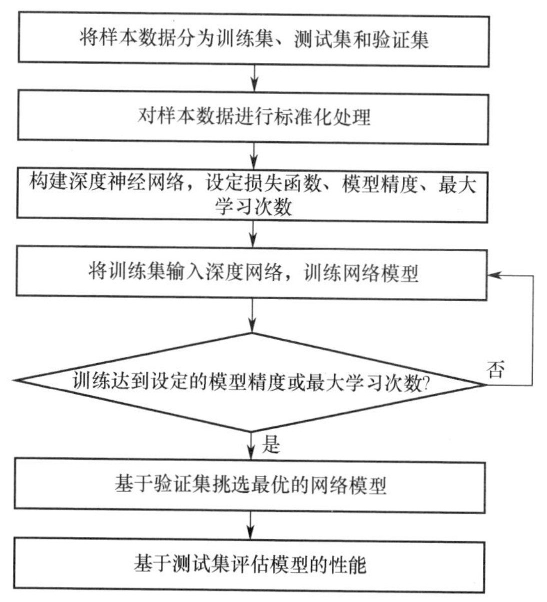

图 10.12　智能化评估系统的应用流程

3. 基于全连接 DNN 的效能评估预测

采用全连接 DNN 模型构建适用于复杂体系仿真作战效能评估的预测模型。在多个包含高维特征、不同目标变量，类似复杂体系仿真作战效能评估的数据集上进行预测实验，分析该模型在这类问题上适合的样本量、模型隐层数规律，可以为基于深度回归模型的复杂体系仿真作战效能评估提供模型隐层数选择和样本量选择上的指导[130]。

1）全连接 DNN 回归建模原理

一般情况下，深度学习的样本量较大。假设复杂体系仿真作战效能评估数据集包含 n 个样本、m 个想定参数、M 个待预测的作战效能指标。为提高模型的学习效率，可采用批处理方式进行模型训练。记每批参与训练的样本数为 batch_size，全样本训练完记为一个 epoch。采用全连接 DNN 回归模型构建适合复杂体系仿真作战效能评估的回归模型，模型结构如图 10.13 所示。按照常规做法，第一个隐层的神经元个数为 1024，后续隐层的神经元个数依次呈比例 2 递减，每个隐层的神经元个数最少为 32。模型激活函数均选用 ReLU 函数，初始化 epoch 为 300，batch_size 为 100。

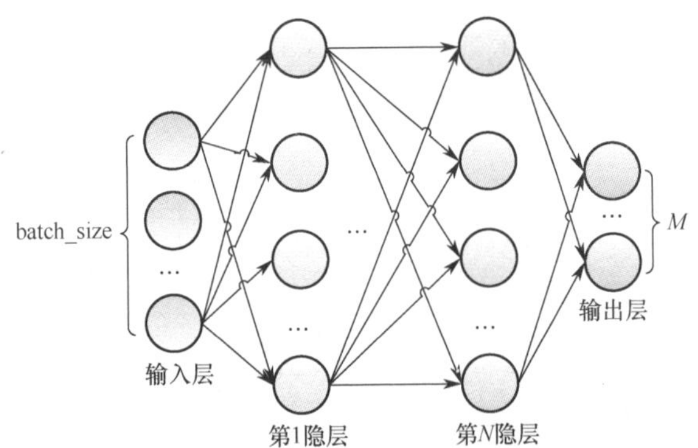

图 10.13　全连接 DNN 回归模型结构

选取 DTLZ1 函数作为确定 DNN 网络参数的基准函数，自定义因子个数 m 取为 30、50 和 100 三种情况；目标变量个数 M 取为 3、5 和 10 三种情况。实验设计后得到样本数 n 为 1000、5000、10000、20000，进而得到 36 个不同的样本数据集。对图 10.13 所示的全连接 DNN 回归模型初始化，对该模型隐层数为 1～10 的 10 种结构进行实验，分析不同隐层结构下模型取得的回归预测决定系数（R-Squared，R^2）指标值，研究模型隐层数和样本量大小对该模型回归预测效果的影响，R^2 的计算公式如下：

$$R^2 = 1 - \frac{\sum_{i=1}^{n}[y_i - \hat{f}(x_i)]^2}{\sum_{i=1}^{n}[y_i - \overline{y}]^2} \tag{10.20}$$

其中，x_i 是第 i 个样本点；y_i 是在点 x_i 处的实际输出值；$\hat{f}(x_i)$ 是对应 y_i 的拟合值；$\overline{y}$ 是所有 y_i 的平均值。R^2 值越大，表示取得的回归预测效果越好。

实验结果如表 10.5 所示，在一个 DTLZ1 样本数据上，该模型取得的最好预测效果跟模型隐层数、样本量 n 均有很大关系，但不是模型隐层数越多，相应的预测效果越好。此外，在条件允许情况下，更多有代表性的样本数据通常有助于提高模型的预测效果。当 n 较大时，无须太多隐层也能有好的训练效果。

表 10.5　全连接 DNN 取得的最大 R^2 时所需样本量 n 和隐层数

m		***M***		
		30	**50**	**100**
3	隐层数	3	2	7
	n	20000	5000	20000
	R^2	0.9455	0.9673	0.9820
5	隐层数	1	4	2
	n	20000	20000	20000
	R^2	0.9533	0.9696	0.9814
10	隐层数	2	1	3
	n	20000	20000	20000
	R^2	0.9368	0.9572	0.9767

因此，深度回归模型虽然有较多的调试参数，但在复杂体系仿真作战效能评估这类问题上，针对不同数目的目标变量预测，可以改变模型隐层数和样本量大小。模型在其隐层数不超过 10 时能够取得较好的预测效果。根据结果分析，预测网络的样本数 n 和隐层数可遵循如表 10.6 所示的量化原则进行选择。

表 10.6　不同 M 下全连接 DNN 取得较好预测效果时样本量 n 和隐层数之间的对应关系

M	***n***		
	1000 ≤ *n* ≤5000	**5000 < *n* ≤10000**	**10000 < *n* ≤20000**
3	隐层数 2～6	隐层数 3～6	隐层数 3～7
5	隐层数 2～5	隐层数 2～6	隐层数 2～6
10	隐层数 2～4	隐层数 2～6	隐层数 1～4

2）基于 DNN 代理的体系效能优化流程

基于深度学习模型的体系作战效能评估流程如图 10.14 所示。首先，将样本数据随机划分为80%的训练集和20%的测试集，然后，输入训练样本进行模型训练。当满足MSE阈值或epoch等设定条件时，模型训练结束。最后，在训练好的模型中输入测试的想定参数试验样本，得到作战效能预测值。

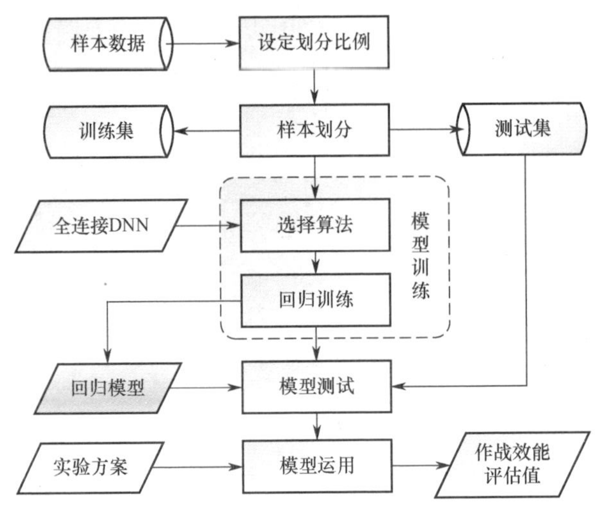

图10.14　基于深度学习模型的体系作战效能评估流程

在DNN代理模型的基础上，基于进化策略对体系单指标作战效能的指标取值进行优化，将代理模型对单作战效能的预测值作为优化目标值，设置一定的约束条件，经过多次进化、迭代、寻优，达到终止条件时的想定参数取值组合即最优解，此时的效能预测值为作战效能最优值，优化流程如图10.15所示。

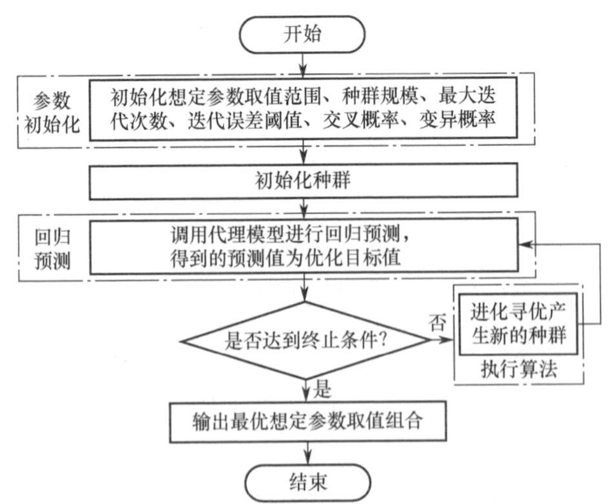

图10.15　基于进化策略的单指标作战效能优化流程

根据此前的研究，在复杂体系仿真作战效能评估这类预测问题上，当样本量 n

不大于 5000、目标变量数目 M 为 3 时，隐层数为 2～6 的全连接 DNN 能取得较好的预测效果。以下选用两层全连接 DNN 回归模型为预测模型。对于体系作战效能优化这类问题，每个待优化的作战效能指标权重不同，取得的作战效能综合优化性能也不同。因此，通过给每个待优化的作战效能指标分配一个优化权重，可将多指标作战效能优化问题转化为单指标作战效能优化问题，从而按图 10.15 所示的优化流程实现优化。

3）基于 DNN 的体系效能优化案例

以某仿真系统为例，选取红方指控能力中“兵力到位率”（记为“效能一”）和“指挥可达性”（记为“效能二”）、防护能力中“拦截远程导弹的能力”（记为“效能三”）、打击能力中“舰艇对导弹的探测能力”（记为“效能四”）四个基础的作战效能指标作为评估预测研究对象。选取其中 45 个红方想定参数作为实验因子，水平取值均有两种或三种可能情况，取值属性为离散数值型或枚举型。通过体系仿真得到 5100 个样本数据。实验参数的水平取值为混合型，数量级及度量单位也有所不同，在深度学习之前先对样本数据进行数据预处理。全样本中，5000 个样本用于训练和测试模型，100 个样本用于验证模型。

选取 2～6 的隐层数结构，每种结构的该模型对同一作战效能回归预测均运行 10 次，计算均方误差（Mean Squared Error，MSE）、平均绝对误差（Mean Absolute Error，MAE）和 R^2 三个回归评价指标的值。采用该全连接 DNN 模型对四个单指标作战效能进行预测，取得的三个指标的最小值、平均值和最大值、所用时间等如表 10.7 所示。能够看到，采用较少的隐层数 4 或 6 的全连接 DNN 模型能够取得较好的单指标作战效能预测效果，MSE、MAE 值较小，R^2 值较大，所用时间在 4min 左右，以较少的时间代价取得了较好的预测效果。

表 10.7　全连接 DNN 对四个单指标作战效能的回归预测效果

预测效果			效能			
			效能一	效能二	效能三	效能四
全连接 DNN	MSE	最小值	0.00013	0.00086	0.00082	0.00019
		平均值	0.00014	0.00088	0.00088	0.00020
		最大值	0.00015	0.00090	0.00096	0.00020
	MAE	最小值	0.0092	0.0235	0.0232	0.0110
		平均值	0.0095	0.0239	0.0238	0.0112
		最大值	0.0100	0.0243	0.0248	0.0113
	R^2	最小值	0.9701	0.8771	0.8664	0.9311
		平均值	0.9724	0.8828	0.8799	0.9326
		最大值	0.9744	0.9055	0.8945	0.9339
	所用时间/min		4.373	5.564	3.118	5.364
	最佳隐层数		6	6	4	6

最后，对每个指标作战效能，基于 100 个验证数据，通过对比取得的效能预测值与相应的常规作战效能评估基准值，验证全连接 DNN 效能预测结果的有效性。以“兵力到位率”“指挥可达性”为例，相比效能基准值，该模型在“兵力到位率”“指挥可达性”“拦截远程导弹的能力”“舰艇对导弹的探测能力”四个作战效能上取得的平均预测相对误差分别为 0.0075、0.0193、0.0331、0.0125。

以上述四个作战效能综合预测为例进行多效能的评估应用。结果表明，隐层数为 6 的全连接 DNN 模型取得了最佳回归预测效果。两种模型取得的三个指标最小值、平均值和最大值及所用时间如表 10.8 所示。

表 10.8　隐层数为 6 的全连接 DNN 对四种作战效能的预测效果

指标取值		MSE	MAE	R^2	所用时间
全连接 DNN	最小值	0.00093	0.0198	0.8994	约 4.355min
	平均值	0.00093	0.0199	0.9116	
	最大值	0.00100	0.0201	0.9249	

以在各个单作战效能上取得最优预测效果的全连接DNN回归模型为预测模型，设置种群大小为 40，最大迭代次数为 200，迭代误差阈值为 0.05，根据想定参数之间的制约关系设立约束条件。种群执行 GA 进化迭代，直到作战效能的最大预测取值收敛到迭代误差阈值范围内，或者算法迭代次数达到最大迭代次数，优化过程结束，得到四个作战效能的最优取值及优化用时如表 10.9 所示。

表 10.9　四个作战效能最优取值及优化用时

优化效果	效　能			
	效能一	效能二	效能三	效能四
原样本中效能最大取值	0.9264	0.9205	0.9144	0.9266
最优取值	0.9401	0.9301	0.9322	0.9517
优化用时/min	13.766	14.521	14.374	15.572
收敛代数	102	91	81	175

对比各作战效能的原最大取值能够看到，此优化方法对每个作战效能取得的最优值均优于相应作战效能的原最大取值，优化用时十几分钟。最后，将最优效能的想定参数取值组合解输入常规 WSOEE 流程中，得到相应的常规效能评估基准值。与全连接 DNN 回归模型预测下 GA 优化得到的效能最优值对比，得到效能最优值与常规评估基准值之间的平均相对误差如表 10.10 所示。

表 10.10　效能最优值与常规评估基准值之间的平均相对误差

效能指标	效能一	效能二	效能三	效能四
平均相对误差	0.0113	0.0124	0.0126	0.0122

可以看出，以具有较好回归预测效果的全连接 DNN 为预测模型，该优化方法得到的各作战效能最优值与相应的常规评估基准值之间的平均预测相对误差较小，证明了优化结果的有效性。

以效能一到效能四的四个作战效能同权重优化为例，设置四个作战效能综合优化时，每个作战效能所占的优化权重均为 1/4。按照图 10.15 的优化流程，求得的四个作战效能最大值分别为 0.9305、0.9216、0.9162 和 0.9354，与表 10.9 中该模型预测下优化取得的单指标作战效能最大值对比，能够发现四个作战效能同权重优化取得的四个单指标作战效能的最大值均稍小，但仍比原样本点对应的最优效能值要大。

最后，在验证集上，将优化取得的效能值与相应的常规评估基准值对比，得到对四个作战效能的平均预测相对误差均在 0.022 以下，表明这种加权优化方法具有一定的有效性。这种综合权重优化方法可以在决策者进行多指标作战效能不同权重优化时，为其选择最优的想定参数取值组合提供帮助，进一步支撑作战使用中想定方案的优化。

4. 智能化评估流程及支撑工具

建立复杂体系仿真作战效能智能评估及反向优化软件，通过深度网络，对效能评估模型进行训练，训练完成的模型能根据给定的实验因子组合快速地给出效能评估值。单次训练的模型应该支持评估人员基于多次实验因子到效能评估指标的映射转换。智能化效能评估流程如图 10.16 所示。

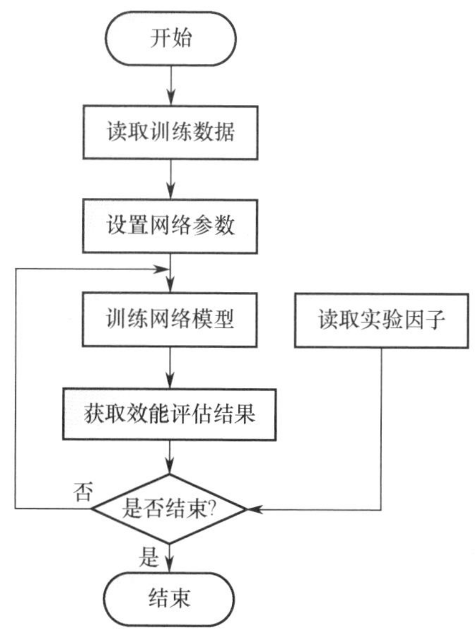

图 10.16　智能化效能评估流程

智能化效能评估模块通过读取训练数据、设置网络参数完成模型训练，通过读取实验因子组合和效能评估结果，得到实验因子组合对应的效能评估指标值，进而形成实验样本。深度网络智能化评估软件的主界面如图 10.17 所示。

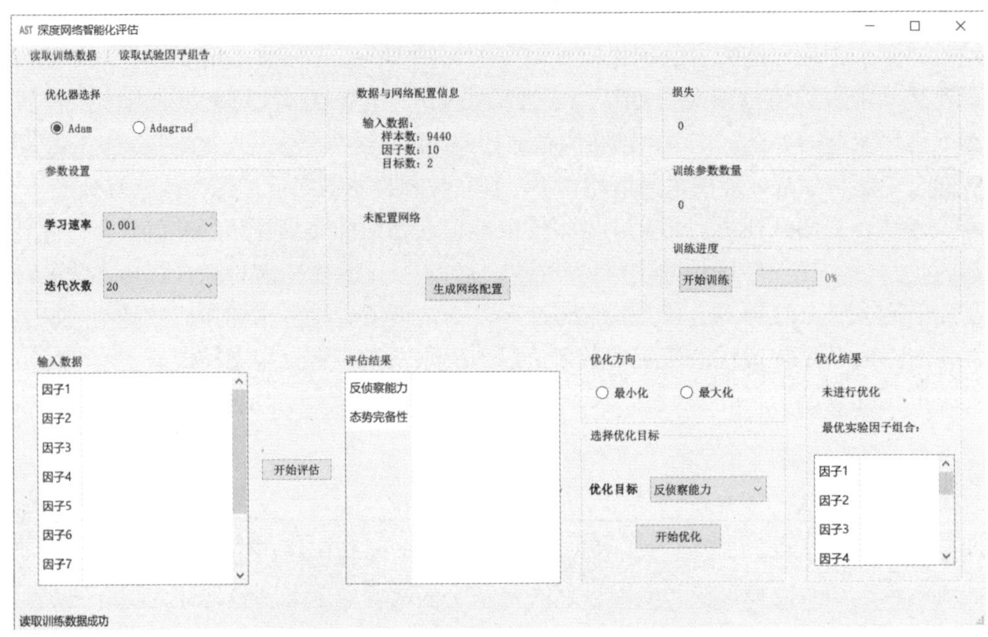

图 10.17 深度网络智能化评估软件的主界面

通过读取使用经典效能评估方法构建的训练数据，将体系仿真实验中的实验因子数据组合作为网络的输入数据，经典效能分析评估结果作为网络的输出数据，实现网络模型训练。深度网络参数调整和可视化训练过程如图 10.18 所示。

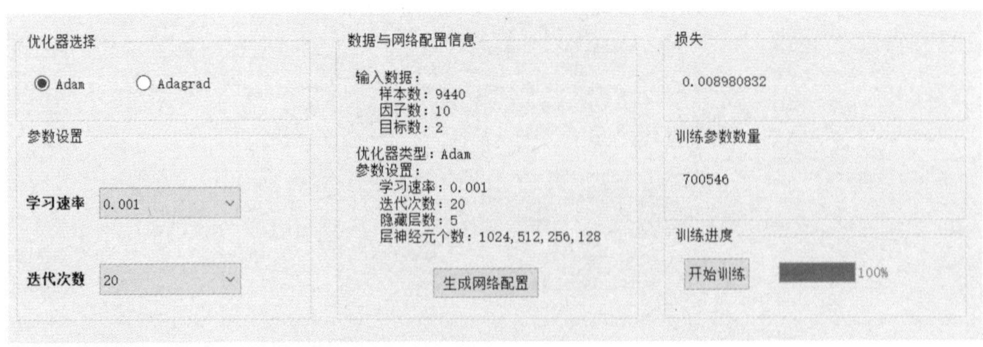

图 10.18 深度网络参数调整和可视化训练过程

选择优化方向和优化目标后，可以实现有针对性的实验方案优化，得到最优效能值对应的实验因子组合，如图 10.19 所示。

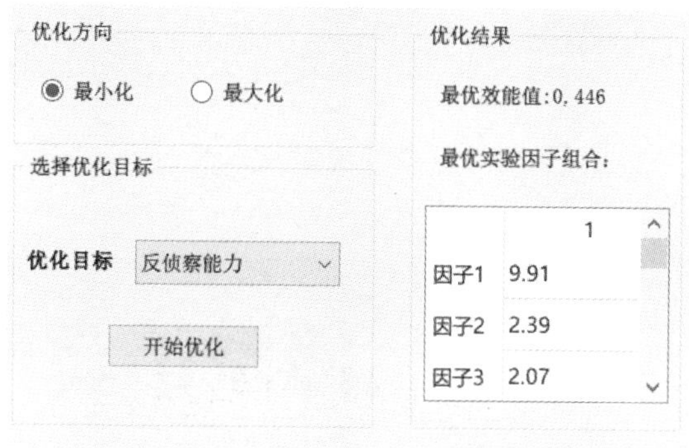

图 10.19　最优效能值对应的实验因子组合

10.4　本章小结

本章在介绍仿真实验的基本概念的基础上，针对体系仿真的特点，讨论了体系仿真实验的流程、框架和实验设计方法，以及体系效能评估与分析技术。其中，智能化评估方法近年来受到人们越来越多的关注。

第 11 章

体系仿真应用案例

体系仿真技术的研究和发展来源于仿真应用的需求，同时，相关的技术成果也必须回归到应用中进行检验和测试。本章以两个典型应用需求为背景，以作者团队自主研发的仿真平台为开发和运行环境，讨论应用案例的模型构建、系统设计、集成方案及仿真结果。

11.1 海战场体系仿真

海战场攻防对抗涵盖水面、水下、空中、岸基多域战场，涉及兵种多、装备系统多、体系要素多，作战场景十分复杂。海战场体系仿真应重点围绕海上信息夺控、对海打击、海上防御和水下攻防等问题，覆盖海战场主要作战兵力、装备和作战样式，通过海战场作战实验规划、武器装备体系建模、交战过程推演和作战效能评估，支持海战场作战方案规划、作战力量训练等。基于体系仿真的思路、方法、技术和平台，本书介绍研制和运用海战场攻防武器装备体系仿真系统的思路和一般过程。

11.1.1　海战场体系仿真需求

海战场体系作战在水面、水下、空中和岸基多域战场展开，作战样式包括对海目标精确打击、区域防护、反潜作战和登陆作战。

海战场体系仿真就是针对这几种典型作战样式进行作战过程的模拟和制胜机理的实验探究，主要仿真需求具体如下。

（1）对海目标精确打击仿真。以精确制导武器模型和海面目标模型为核心，模拟目标信息获取、打击目标选择和指示、突击兵力选择和优化、突击兵力配置、突击兵力协同、突击兵力规划、火力航路规划和打击效果评估的作战全过程，并以目标毁伤程度为主要依据，迭代优化打击策略、方案。

（2）区域防护仿真。以战斗机、水面舰艇等区域攻防武器、平台模型为核心，模拟航空兵预警探测、目标威胁评估、火力分配和拦截效能评估，以及水面舰艇编队威胁判断、防空火力分配、电子干扰、高导抗击空中目标、高炮抗击空中目标和舰艇机动规避等作战全过程，并以水面舰艇编队受保护程度为主要依据，迭代优化防护策略、方案。

（3）反潜作战仿真。以反潜装备模型、潜艇防御鱼雷模型和水下无人潜航器模型为核心，模拟潜艇搜索、潜艇跟踪、潜艇攻击的多域协同反潜作战，以及情报侦察与监视、水下反潜等水下无人作战过程，并以毁伤概率为主要依据，迭代优化反潜作战策略、方案。

（4）登陆作战仿真。以岸基平台设施模型和水面作战平台模型为核心，模拟火力准备、火力支援、编队展开换乘及编波、冲击上陆和岛上作战的全过程，以登陆兵数量等为依据，迭代优化登陆作战策略、方案。

针对海战场体系仿真需求，围绕体系仿真推演和体系仿真实验两种应用模式，开展海战场体系仿真建模、仿真系统构建和全流程仿真实验实施。其中，体系仿真建模是海战场体系仿真过程中资源准备和主题策划阶段的核心内容；仿真系统构建是仿真运行阶段的关键依托；仿真实验实施则是贯穿任务筹划到分析评估全过程的任务主线。

11.1.2　海战场体系仿真建模

海战场体系仿真建模是要构建海战场典型作战样式下的攻防武器装备平台模

型、系统模型、交战模型等兵力实体仿真模型。根据海战场作战兵力和作战样式需求，将海战场主要作战兵力构成进行分类，构建海战场兵力实体模型框架，如图 11.1 所示。该模型框架涵盖了海战场攻防作战体系对抗仿真涉及的主要兵力实体，包括空中、水面、水下、岸基的作战平台，各类导弹、火炮、鱼雷和电子对抗武器装备，以及环境模型、战场辅助资源模型等。

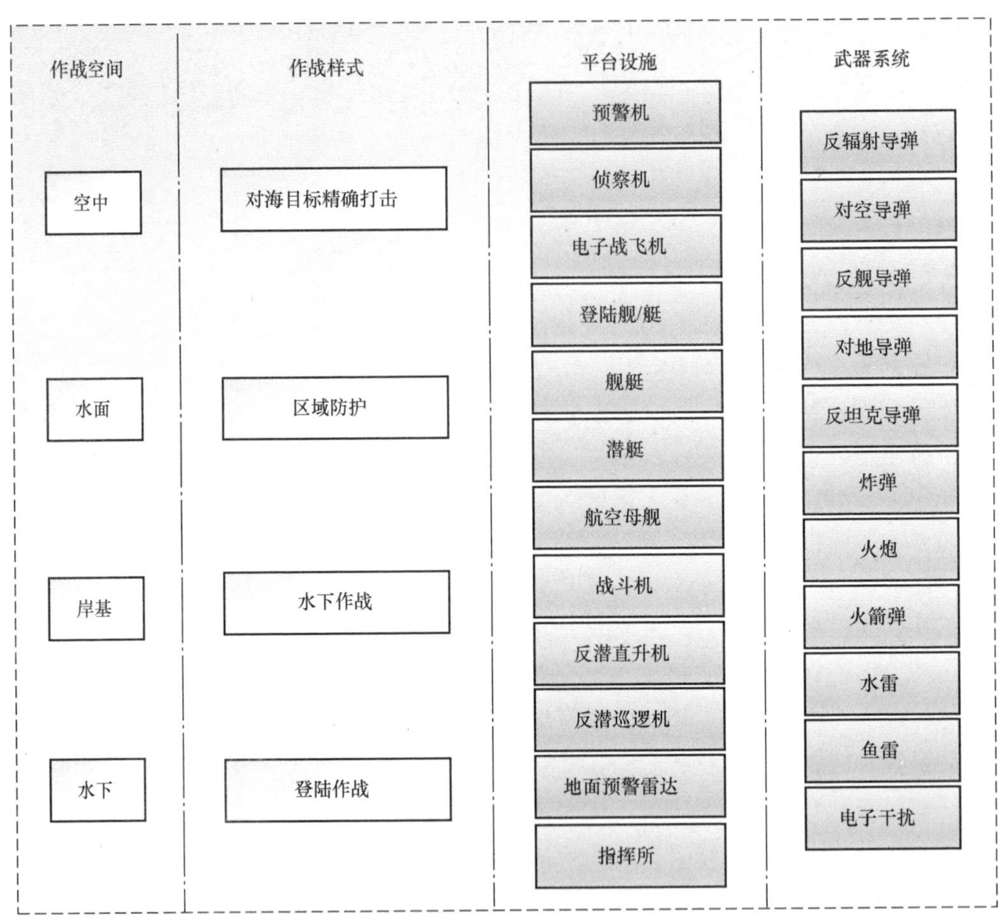

图 11.1　海战场兵力实体模型框架

基于参数化、组件化建模思想的模型构建，模型体系、模型交互关系具有一定的通用性，与装备型号无关。依据海战场军事概念模型，结合海战场兵力模型框架，围绕水面、空中、水下战场空间抽象构建几个典型实体模型。

1. 水面舰艇实体建模

水面舰艇实体模型体系由舰指控制器模型、水面舰艇预警雷达模型、水面舰艇火控雷达模型、舰载照射器模型、舰艇电子对抗火力单元控制模型、舰艇火力打击控制模型、舰艇运动控制模型、水面舰艇平台模型、舰载压制干扰器模型等组成。水面舰艇实体建模如图 11.2 所示。台位和群指可直接向舰艇发送任务指令，舰艇内部则通过“传感器感知—决策控制—火力控制—武器系统”的 OODA 环处理过程实现工作逻辑。舰艇武器系统模型通过参数装订事件向舰载武器提供必要的初始信息，并将武器发射出去，实现武器与目标交战功能。

2. 舰载预警机平台建模

舰载预警机平台实体建模如图 11.3 所示。台位可直接向飞机发送调度指令，也可通过群指模型逐级下发兵力调度任务。预警机控制器作为决策控制模型，可根据输入的任务不同产生不同的运动指令和雷达操作指令，控制预警机下属各个装备子系统产生相应的动作。另外，融合模型作为战场态势感知处理模型，可接收所有战场实体的传感器的感知信息，并将感知信息进行综合处理，形成红蓝方的综合态势信息。

3. 武器实体建模

以通用防空导弹实体建模为例，如图 11.4 所示。防空导弹实体模型包括如下子模型：防空导弹控制模型、导引头控制模型、导弹导引头模型、导弹运动控制模型、导弹平台模型等。其中，防空导弹控制模型的主要功能是接收来自舰艇或预警机的中段制导指令，转换为自身的制导指令，发送给导弹运动控制模型；导引头控制模型的功能是控制导引头工作，并进行目标综合处理与选择；导弹导引头模型的功能是对攻击目标进行探测跟踪；导弹运动控制模型根据跟踪制导指令产生运动控制指令，对目标实施追踪；导弹平台模型完成导弹飞行状态的计算并更新运动状态信息。导弹导引头模型分为主动和半主动两类，主动末制导导引头将自主地进行目标探测和跟踪，而半主动末制导导引头则需要与舰艇或飞机配合才能跟踪目标。

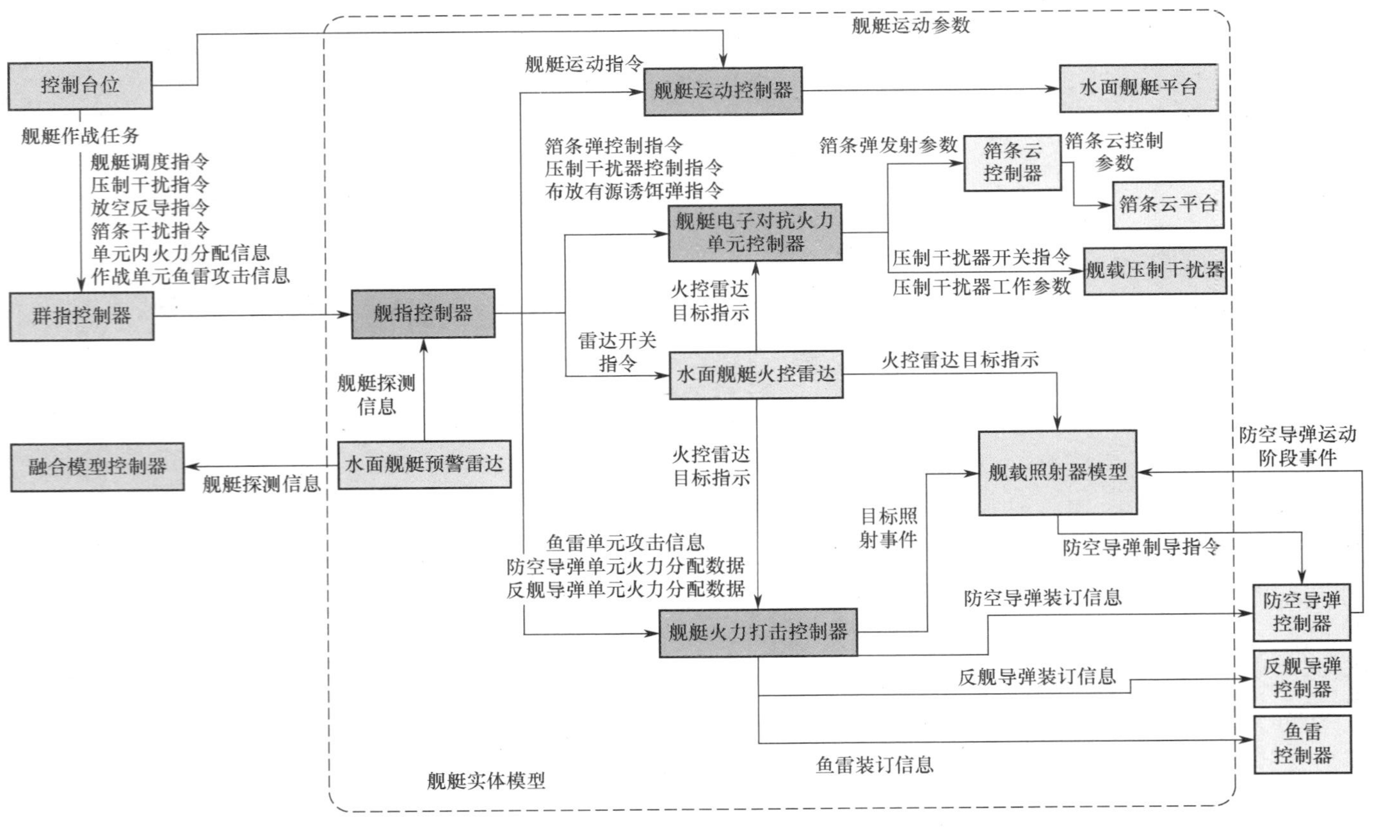

图11.2 水面舰艇实体建模

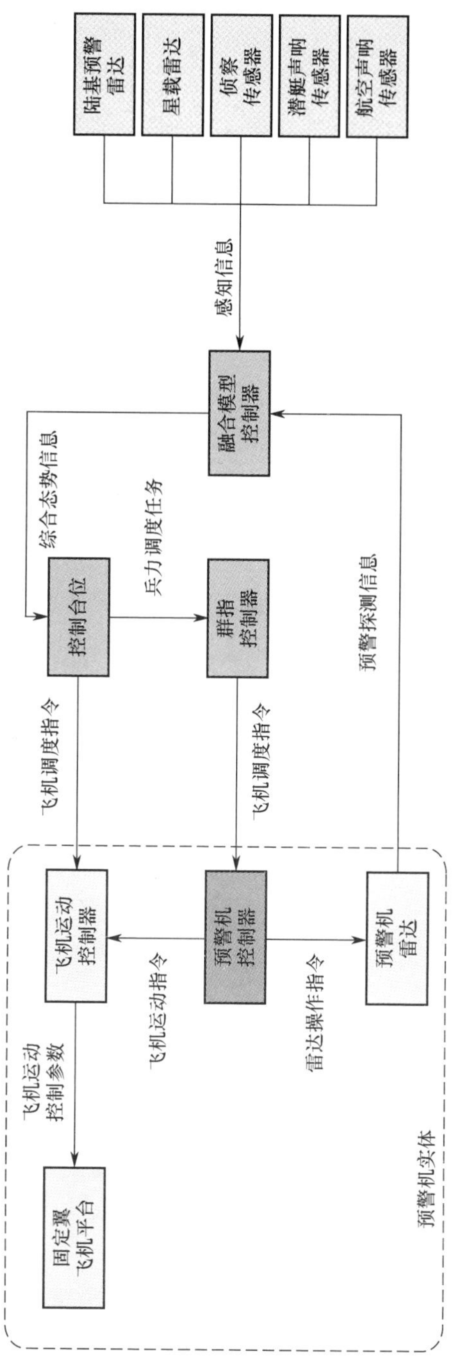

图11.3　舰载预警机平台实体建模

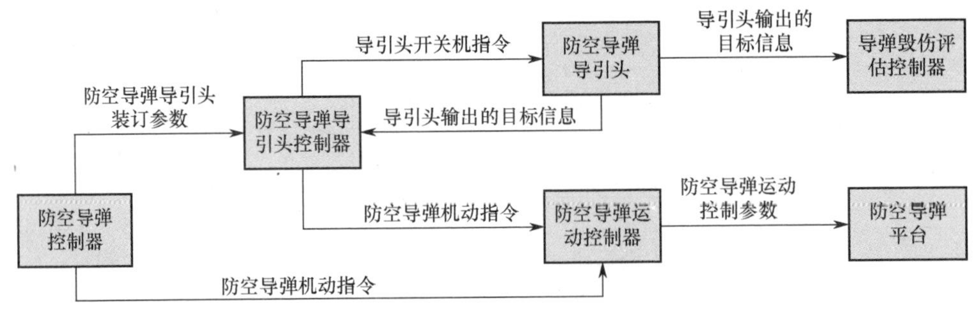

图 11.4　通用防空导弹实体建模

4. 水下作战平台实体建模

水下作战平台实体建模，以通用潜艇、无人潜航器（UUV）、鱼雷武器等实体为例进行构建，如图 11.5 所示。潜艇实体由潜艇决策模型、鱼雷火控系统模型、潜艇战术机动模型、潜艇声呐模型、声诱饵武器系统模型等构成。其中，潜艇决策模型的主要功能是综合处理目标信息、目标威胁评估、机动任务生成、鱼雷武器分配、声诱饵分配等，其他模型则完成对应的特定任务功能。无人潜航器通常作为一种探测跟踪装备，由声呐模型、数据链模型、运动模型构成，主要实现水下自主航行、自动探测跟踪、信息传输等功能模拟。

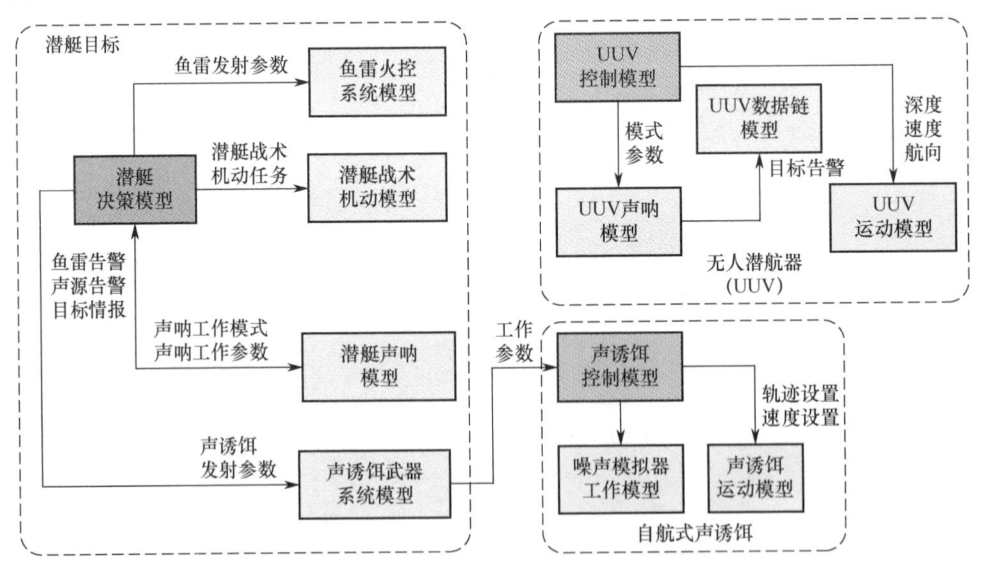

图 11.5　水下作战平台实体建模

根据模型体系构成、实体模型组成与开发实际、模型体系架构约束等要求，形成的海战场体系仿真应用领域模型组件如图 11.6 所示。

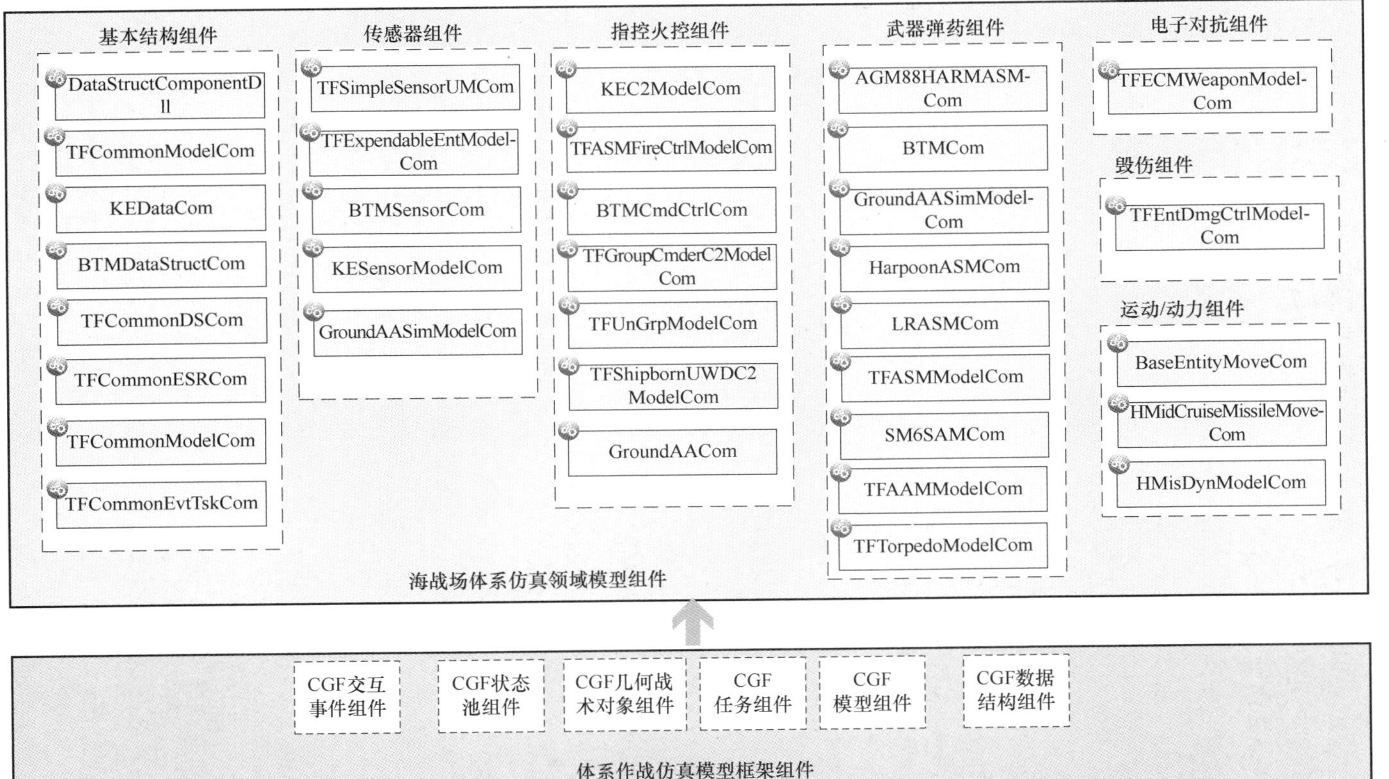

图11.6　海战场体系仿真应用领域模型组件

体系仿真框架组件是在通用仿真引擎定制的体系作战仿真领域模型框架的基础上形成的作战仿真相关组件，用于支撑各类战术、战役作战仿真应用。针对海战场装备体系仿真应用领域的需求，开发了包括基本结构组件、传感器组件、指控火控组件、武器弹药组件、电子对抗组件、毁伤组件、运动/动力组件在内的领域应用模型组件，用于支撑海战场武器装备体系对抗作战仿真。

11.1.3 海战场体系仿真系统

海战场体系仿真系统的主要功能包括：海战场作战想定编辑，提供便捷的人机交互想定编辑界面；导调控制，提供各类兵力导调控制界面；兵力态势模拟，模拟海战场空中、水面、水下、岸基作战兵力的行动过程与状态；战场环境模拟，模拟海洋、大气、电磁等战场环境特征；实验设计与分析评估，提供各类实验设计、仿真结果分析评估手段；战场可视化，提供战场各类态势显示、信息提示、战场特效等内容与效果。海战场体系仿真系统有在线推演系统和大样本实验系统两类。

1. 在线推演系统

在线推演系统可进行海战场武器装备体系作战样式和作战流程优化，以及典型场景下联合作战战法研究等，通常采用实时人在回路在线推演模式，对应的体系仿真系统架构如图 11.7 所示。

在线推演系统支持通过中间件接入实装或模拟器设备，以及特勤、指挥、情报等系统模拟数据，建立业务数据与仿真数据交互的通信协议，实现实时仿真推演。在推演过程中，在线推演系统基于战场态势实时下发指挥信息，各类型武器装备实时响应，如图 11.8 所示。人工导调与控制包括开始、暂停、继续、正常/异常结束，以及仿真步长、速度与时间因子的设置。仿真结束后保存数据，并支持数据回放。

2. 大样本实验系统

为了充分验证海战场武器装备的体系对抗效能，可采用基于蒙特卡罗方法及 B/S 架构进行大样本超实时仿真。大样本实验系统功能配置与部署如图 11.9 所示。实验规划、仿真场景编辑及仿真分析评估等交互设置完成后，由部署在云端的仿真计算服务器完成具体的仿真实验任务。

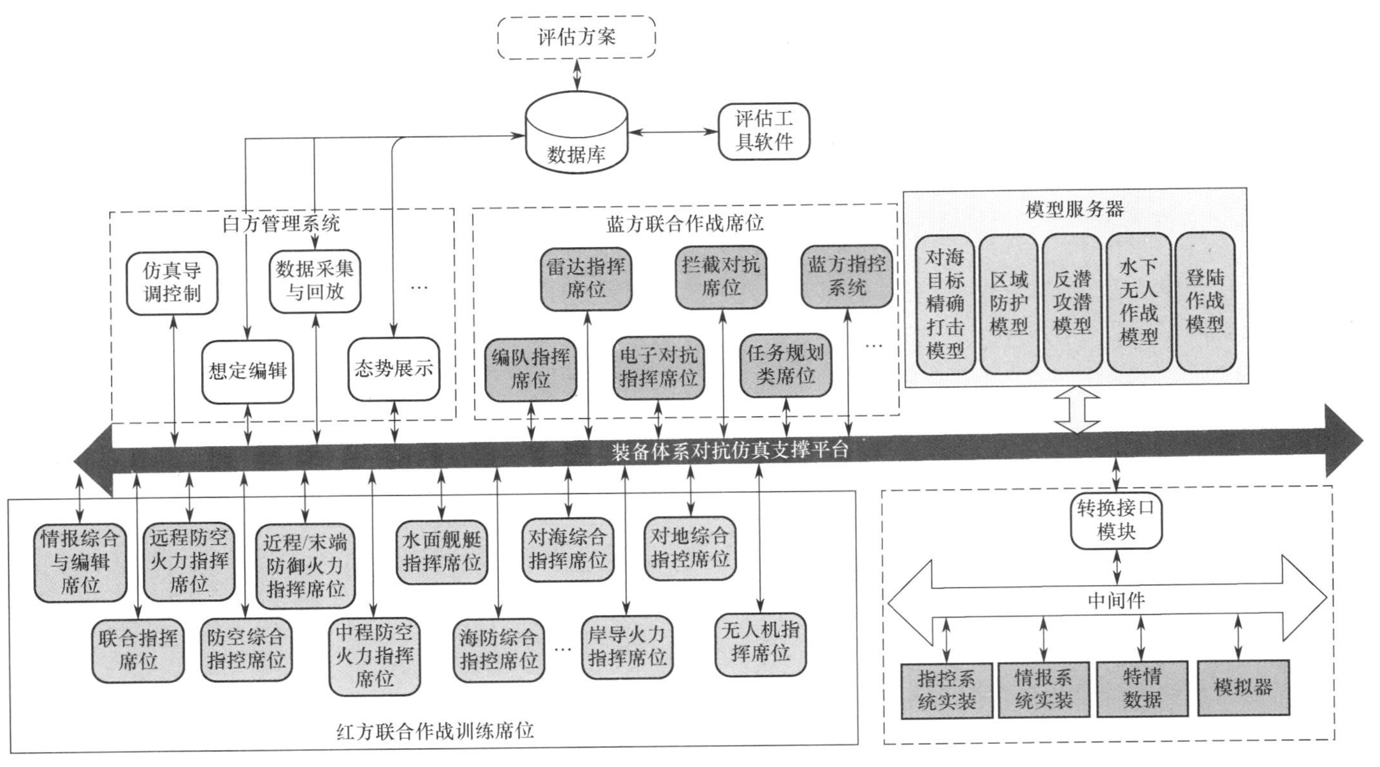

图11.7 海战场武器装备体系仿真系统架构（在线推演模式）

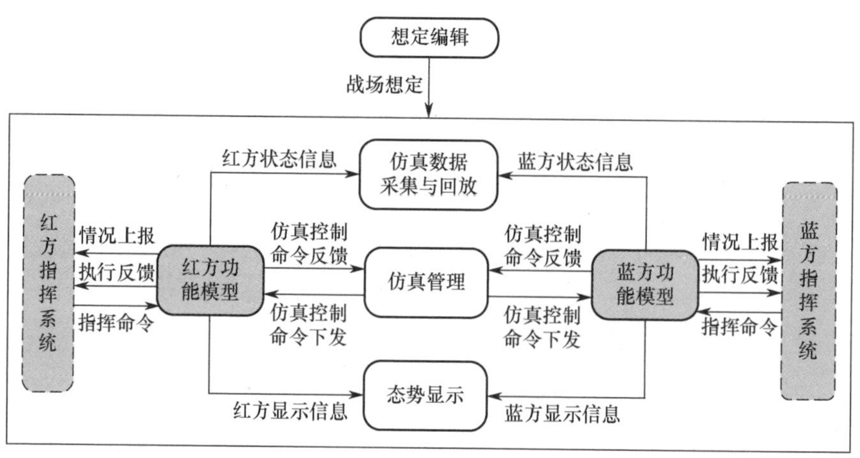

图 11.8　推演信息交互

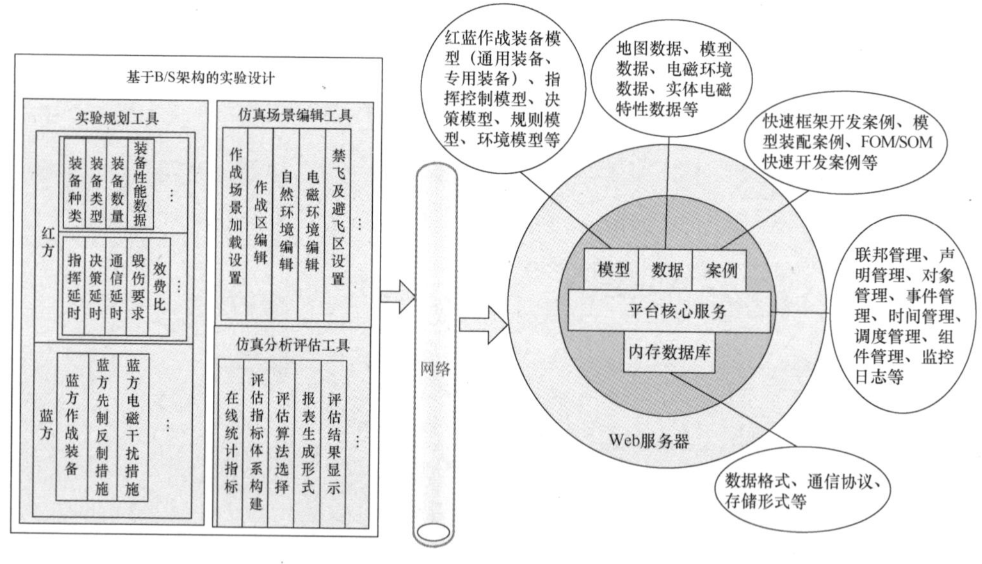

图 11.9　大样本实验系统功能配置与部署

其中，实验规划工具完成作战方案空间的编辑与生成；仿真场景编辑工具完成体系对抗作战场景的选择与设置，包括作战区域、自然环境及电磁环境等；仿真分析评估工具完成实验分析评估规划，包括在线统计指标构建、评估指标体系构建、评估算法选择及结果展示等。仿真设置完成后，系统通过网络将实验设计文件提交至仿真计算服务器，完成蒙特卡罗仿真计算。

海战场体系仿真系统提供战场态势显示、查询与研讨的用户界面，包括地形数据加载、态势标绘、模型加载/管理/显示、三维视角切换和特效显示（三维、航迹、电磁特效等）等，如图 11.10 所示。同时，系统还实时显示仿真推演态势数据，包括两方面内容：一是当前仿真过程中的各类关键事件信息；二是在线统计、分析的动态指标数据，并显示当前指标变化曲线，以及指标的预测数据。

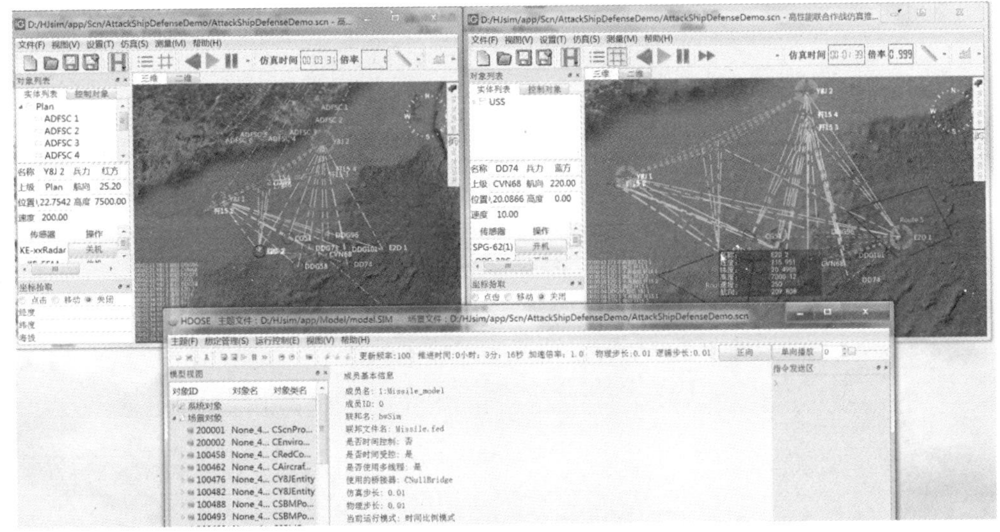

图 11.10　仿真推演态势显示示例

11.1.4　海上编队联合作战实验

海上编队联合作战实验的基本过程为：针对海上编队联合作战，包括对海目标精确打击、海上区域防护、水下攻防等整个联合作战全过程，对体系对抗联合作战行动进行想定编辑、实验设计、仿真运行和作战效能评估分析。

1. 想定编辑

想定编辑包括场景配置、战场环境配置、兵力参数编辑、兵力任务编辑和指控关系编辑等。利用想定编辑工具开发典型作战想定，如图 11.11 所示。

2. 实验设计

以对海目标精确打击为例，针对对海目标精确打击作战过程中与装备能力相关的环节提取实验因素，如表 11.1 所示。

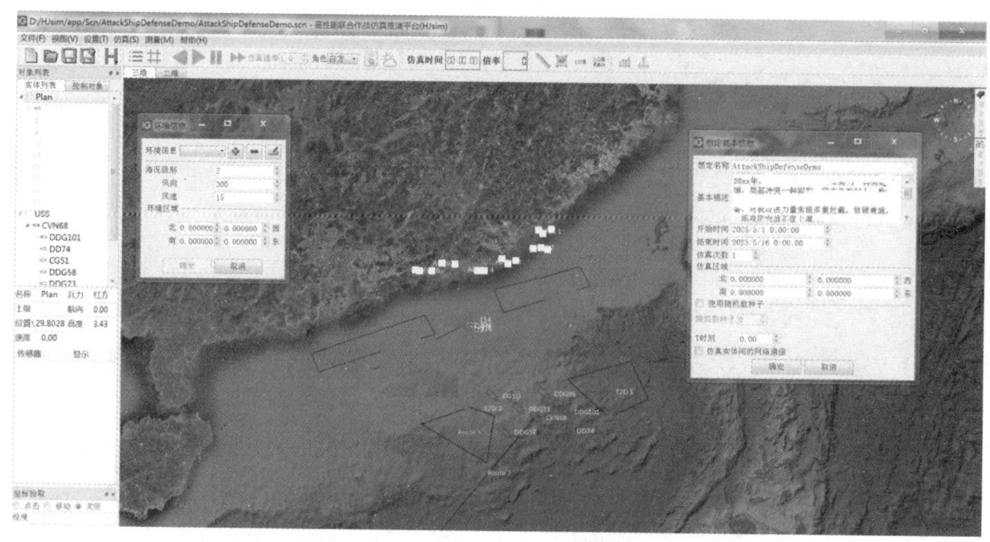

图 11.11　海战场体系对抗仿真想定编辑

表 11.1　对海目标精确打击涉及的实验因素

作战阶段	实验因素	含　义
作战筹划阶段	出动兵力数量	执行任务的飞机数量
	突击飞机武器挂载	突击飞机挂载的武器型号和数量的组合
作战实施阶段	突击飞机飞行高度	突击飞机飞行时距地面的垂直距离
	导弹齐射距离	发射导弹时载机与目标的距离
	攻击方向	飞机使用武器时相对于目标的方向，通常以舷角表示
	攻击高度	空舰导弹发射时载机稳定平飞的高度
	攻击样式	空舰导弹进袭目标的方向和数量
	飞机出动波次及数量	突击飞机分几波次出航、每波次的数量
	导弹搜捕方式	空舰导弹对编队内预选打击目标捕捉规则
	目标分配	对敌编队内各舰分配的反舰导弹数量

海上目标精确打击评估指标如表 11.2 所示。

表 11.2　海上目标精确打击评估指标

目 标 层	一级指标	二级指标	度量指标
海上目标精确打击作战效能	兵力资源使用	水面舰艇兵力使用	水面舰艇类型、数量
		航空兵使用	飞机的类型、数量
	指挥协同能力	指挥时效	目标指示信息时延
		指挥可靠度	目标指示成功率
		协同难度	协同的种类、数量

续表

目　标　层	一级指标	二级指标	度量指标
海上目标精确打击作战效能	射击效率	空空导弹射击效率	空空导弹命中效率
		反舰导弹射击效率	反舰导弹命中效率
		防空导弹射击效率	防空导弹命中效率
	作战效益	战果	毁伤目标的类型、数量
		战损	损失的兵力类型、数量
		获胜概率	任务完成度

根据上述实验因素和评估指标构成的实验框架，运用实验设计工具生成实验描述文件，或者将实验描述信息实例化后生成 20 个仿真实验样本，如图 11.12 所示。

antiship_1.scn
antiship_2.scn
antiship_3.scn
antiship_4.scn
antiship_5.scn
antiship_6.scn
antiship_7.scn
antiship_8.scn
antiship_9.scn
antiship_10.scn
antiship_11.scn
antiship_12.scn
antiship_13.scn
antiship_14.scn
antiship_15.scn
antiship_16.scn
antiship_17.scn
antiship_18.scn
antiship_19.scn
antiship_20.scn
antishiptemplate.scn

图 11.12　对海精确打击仿真实验样本

3. 仿真运行

利用仿真运行管理工具，从数据库中读取、加载并运行仿真实验样本。大样本仿真实验可在单机上运行，也可在多机上分布或并行运行。单机大样本仿真实验运行配置如图 11.13 所示，多机上大样本仿真实验运行配置如图 11.14 所示，在此模式下可大幅度提高实验运行效率。

仿真运行后，可对仿真结果进行记录和统计分析。以导弹打击记录信息为例，其统计信息详细记录了每一枚对海精打武器的发射平台、目标平台、是否命中目标、被拦截情况、交会位置、攻击角、是否被干扰、被干扰类型等信息。以机载预警雷达探测跟踪信息记录为例，仿真过程中详细记录了雷达开机工作过程中对每个目标的发现时间、跟踪时间、RCS、发现概率、漏警率、识别概率、速度、距离、持续跟踪时长等信息，为后续目标感知能力评估提供原始数据，如图 11.15 所示。

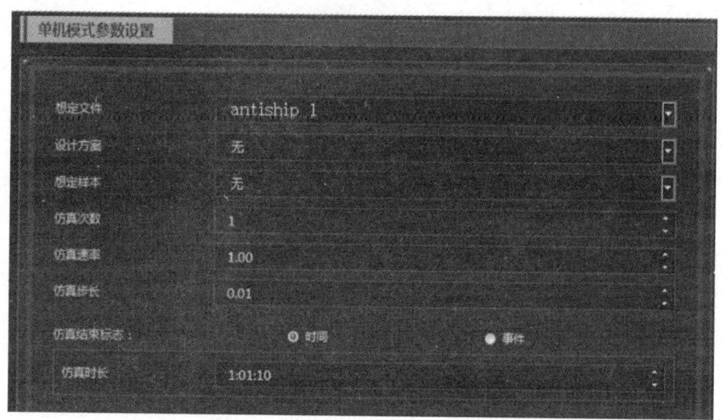

图 11.13　单机大样本仿真实验运行配置

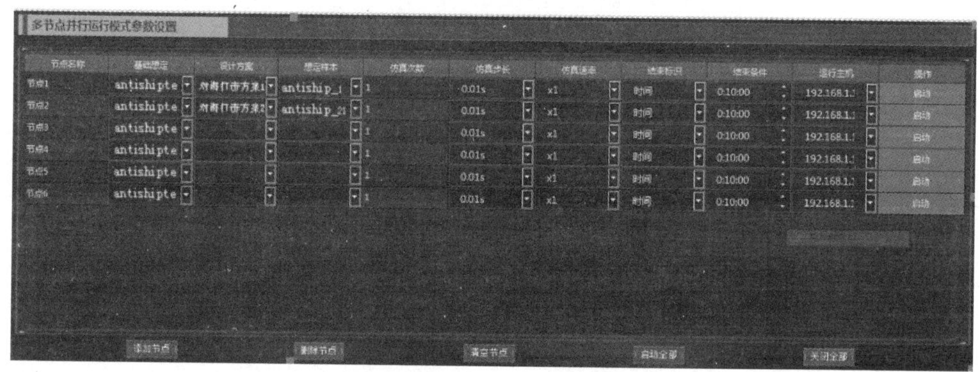

图 11.14　多机大样本仿真实验运行配置

	A	B	C	D	E	F	G	H	I	J	K	L	M	N	O	P	Q	R	S	T
1	InfoSource	InfoSource	InfoSource	InfoSource	InfoSource	UpdateTim	IsTracking	TargetID	TargetNam	CID	Rcs	Pd	FalseDismiss	Pidf	Velocity(m	Distance(m	MaxDetectI	ContinueC	ContinueTi	RadiationPt(KW)
2	2	1	200013	KEXX预警机	KE-xxRadar	18.6	1	200023	E2C预警机	1	30	0.999978	0.000022	1	150.1701	459912.2	3161.296	1	0	0
3	2	1	200013	KEXX预警机	KE-xxRadar	36.6	1	200023	E2C预警机	1	30	0.999978	0.000022	1	219.7021	459015.7	3161.296	2	12	0
4	2	1	200013	KEXX预警机	KE-xxRadar	54.6	1	200023	E2C预警机	1	30	0.999978	0.000022	1	249.9132	459133	3161.296	3	24	0
5	2	1	200013	KEXX预警机	KE-xxRadar	72.6	1	200023	E2C预警机	1	30	0.999978	0.000022	1	249.9998	460092.4	3161.296	4	36	0
6	2	1	200013	KEXX预警机	KE-xxRadar	90.6	1	200023	E2C预警机	1	30	0.999978	0.000022	1	250	460892.4	3161.296	5	48	0
7	2	1	200013	KEXX预警机	KE-xxRadar	108.6	1	200023	E2C预警机	1	30	0.999978	0.000022	1	250	460956.9	3161.296	6	60	0
8	2	1	200013	KEXX预警机	KE-xxRadar	126.6	1	200023	E2C预警机	1	30	0.999978	0.000022	1	249.9997	460006.2	3161.296	7	72	0
9	2	1	200013	KEXX预警机	KE-xxRadar	144.6	1	200023	E2C预警机	1	30	0.999978	0.000022	1	249.9999	459430.6	3161.296	8	84	0
10	2	1	200013	KEXX预警机	KE-xxRadar	162.6	1	200023	E2C预警机	1	30	0.999978	0.000022	1	250	459909.5	3161.296	9	96	0
11	2	1	200013	KEXX预警机	KE-xxRadar	180.6	1	200023	E2C预警机	1	30	0.999978	0.000022	1	249.9979	460537.9	3161.296	10	108	0
12	2	1	200013	KEXX预警机	KE-xxRadar	198.6	1	200023	E2C预警机	1	30	0.999978	0.000022	1	250	463097	3161.296	11	120	0
13	2	1	200013	KEXX预警机	KE-xxRadar	216.6	1	200023	E2C预警机	1	30	0.999978	0.000022	1	250.0039	467658.6	3161.296	12	132	0
14	2	1	200013	KEXX预警机	KE-xxRadar	234.6	1	200023	E2C预警机	1	30	0.999978	0.000022	1	250.0013	471119	3161.296	13	144	0
15	2	1	200013	KEXX预警机	KE-xxRadar	252.6	1	200023	E2C预警机	1	30	0.999978	0.000022	1	250	472387.2	3161.296	14	156	0
16	2	1	200013	KEXX预警机	KE-xxRadar	270.6	1	200023	E2C预警机	1	30	0.999978	0.000022	1	250	472464.3	3161.296	15	168	0
17	2	1	200013	KEXX预警机	KE-xxRadar	288.6	1	200023	E2C预警机	1	30	0.999978	0.000022	1	250	471983	3161.296	16	180	0
18	2	1	200013	KEXX预警机	KE-xxRadar	306.7	1	200023	E2C预警机	1	30	0.999978	0.000022	1	250	471904.6	3161.296	17	192	0
19	2	1	200013	KEXX预警机	KE-xxRadar	324.7	1	200023	E2C预警机	1	30	0.999978	0.000022	1	250	473085.9	3161.296	18	204	0
20	2	1	200013	KEXX预警机	KE-xxRadar	342.7	1	200023	E2C预警机	1	30	0.999978	0.000022	1	250	475896.2	3161.296	19	216	0
21	2	1	200013	KEXX预警机	KE-xxRadar	360.8	1	200023	E2C预警机	1	30	0.999978	0.000022	1	250	479155.8	3161.296	20	228	0
22	2	1	200013	KEXX预警机	KE-xxRadar	378.8	1	200023	E2C预警机	1	30	0.999978	0.000022	1	250.0003	481855.9	3161.296	21	240	0
23	2	1	200013	KEXX预警机	KE-xxRadar	396.8	1	200023	E2C预警机	1	30	0.999978	0.000022	1	250.0002	483891.2	3161.296	22	252	0
24	2	1	200013	KEXX预警机	KE-xxRadar	414.8	1	200023	E2C预警机	1	30	0.999978	0.000022	1	250	484597.3	3161.296	23	264	0
25	2	1	200013	KEXX预警机	KE-xxRadar	432.8	1	200023	E2C预警机	1	30	0.999978	0.000022	1	250	484125.9	3161.296	24	276	0

图 11.15　预警雷达探测跟踪数据统计

4. 作战效能评估分析

基于仿真过程数据和统计结果数据，利用效能评估工具对实验方案进行作战效能评估分析，评估项目包括单项指标评估和上层指标的综合评估。通过选择数据文件、评估模型、添加评估数据和点击评估等操作，实现单指标的效能评估，结果显示在界面右下角的“结果信息”选区。通过选择上层评估指标及其综合评估方法，包括模糊评判法、层次分析法等，可对上层指标进行综合效能评估，如图11.16所示。

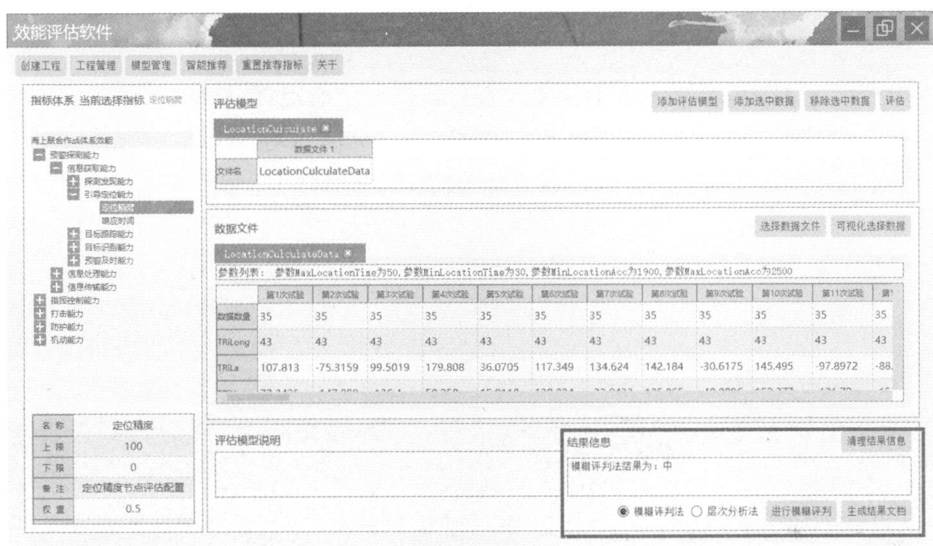

图 11.16　综合评估示意

11.2　大规模核酸检测模拟演练

在城市管理和人们日常的生产生活中，常有大规模的人群或物流活动，这些活动群体也构成了一个体系，通过模拟该体系的运动变化过程，可以更有效地对活动群体的活动过程进行组织和管理，从而降低成本和风险。

在新冠肺炎疫情突发公共卫生应急事件处置过程中，基于疫情防控大数据，开展大规模核酸检测模拟演练，是提高应急处置能力的重要举措。大规模核酸检测模拟演练的目标是，在给定的时间目标约束条件下，对一定方案条件下的效果、成本、费用和风险等进行综合评价，找出采样能力、检测能力和转运能力等的短板，并给出优化方案。

例如，某段时间内根据相关规定，500 万人口以内的城市，应当在两天内完成全员核酸检测任务；500 万人口以上的城市，应当在三天内完成全员核酸检测任务。考虑到全员检测对大中城市经济发展和人民生活的重要影响，有必要通过体系仿真的手段进行模拟演练和精准推算，为在给定时间内完成任务的同时节约成本和降低风险而给出合理的方案。

11.2.1 模拟演练场景配置

场景配置是为大规模核酸检测模拟演练提供一定想定背景。例如，某年某月某日某时，某市某区出现数例阳性病例，经疫情防控指挥部进行风险研判后决定，启动二级应急响应，在该区域开展大规模核酸检测。

场景配置内容包括基本配置、疫情标绘和处置标绘三个部分。

1. 基本配置

基本配置用于设定开展大规模核酸检测的场景名称、响应等级等基本信息。基本配置界面示例如图 11.17 所示。

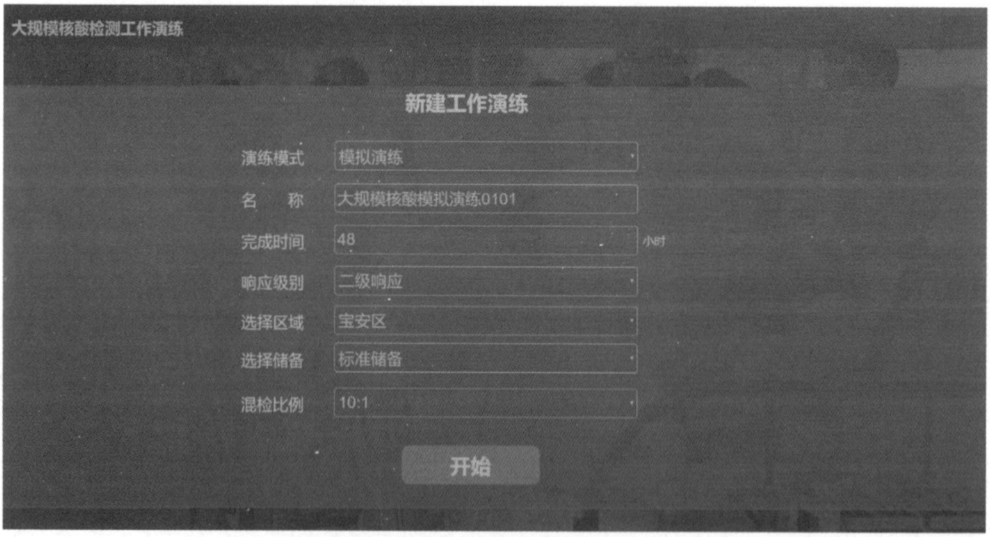

图 11.17 基本配置界面示例

需要设置的项目及选项具体如下：

（1）场景名称：例如，“××年××月××日××市××区大规模核酸检测模拟演练”。

（2）响应等级：三级/二级/一级/其他。

（3）区域范围：市/区/街道。

（4）开始时间：大规模核酸检测的开始时间（例如，2022 年 2 月 20 日）。

（5）完成时间：大规模核酸检测的截止时间（例如，开始时间+48 小时）。

（6）工作模式：单方案调优/多方案选优。

2. 疫情标绘

疫情标绘用于在数字地图上直观标注显示发生疫情的位置/区域。例如，2022 年，北京市某区某街道出现新型冠状病毒肺炎阳性病例，在地图上标绘阳性病例出现的位置，如图 11.18 所示。

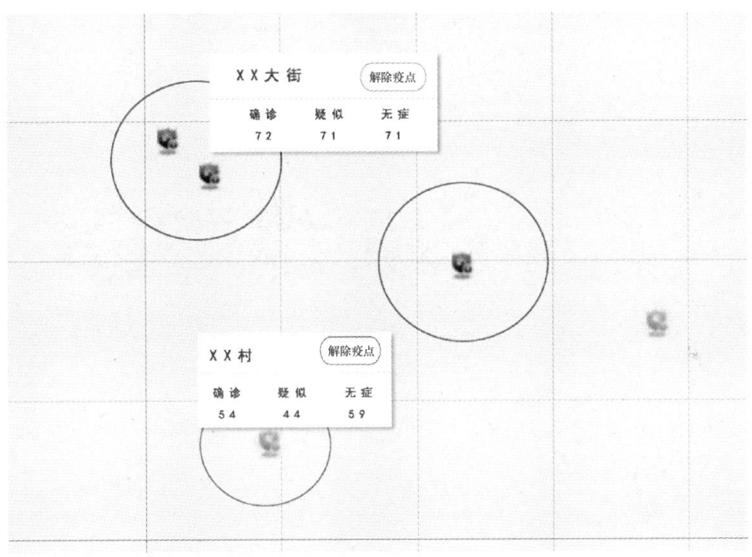

图 11.18　疫情标绘示意

3. 处置标绘

处置标绘用于在数字地图上直观标注并显示防控处置相关指令接收、区域划设等。例如，特定疫情下的处置应对措施为：经疫情防控指挥部研究决定，将某社区划分为封控区、管控区和防范区，并下达某区大规模核酸检测指令。某区接收到指令后，启动全区大规模核酸检测计划。

11.2.2 模拟演练模型构建

1. 大规模核酸检测体系的复杂性

由于现代城市的通信和交通非常发达，市民充分掌握采样点分布和排队情况；开展大规模核酸检测时的人口分布，在作息规律的基础上呈现出随机性和自组织性；再加上采检工作人员、保障人员的工作效率受到场地、资源和经验等多种因素的制约，呈现出不确定性，导致采样、转运和检测相关环节的很多参数是时变的，进而增加了大规模核酸检测活动模拟的难度。可以认为，大规模核酸检测模拟演练是针对人、车、物、场和对象的“采—运—检”体系的仿真。“采—运—检”体系即大规模核酸检测体系，其复杂性主要体现在如下几个方面。

（1）人口流动的时变性。人口是采样检测的对象。城市人口的流动是由人们的活动决定的，与人们的作息习惯也密切相关，具有一定的周期性和规律性。以一天为一个周期，人口的流动是随时间变化的。某市人口流动时的变热力图如图 11.19 所示。

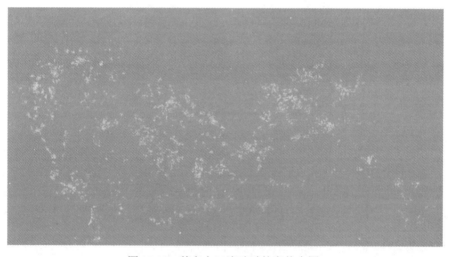

图 11.19 某市人口流动时的变热力图

（2）人口分布的自组织性。现代城市拥有丰富的信息化设施和先进的技术，确保了人们对疫情信息、防疫资源等情况的实时掌握。在开展大规模核酸检测时，人流如“水流”，自动地适应采样点拥挤分布状态，实现人口分布的自组织。

（3）“采—运—检”环节的关联耦合性。采样、转运和检测构成了大规模核酸检测过程中的核心活动链路或业务流，就如同一个工作流水线，任何一个环节出现问题都会影响整个工作效果。例如，转运速度跟不上采样速度，会造成样本丢失、样本过期等状况；检测速度跟不上转运速度，会造成样本积压问题。“采—运”“运—检”和“采—检”都存在匹配和关联的问题，可称之为关联耦合性要求。能否满足该项关联耦合要求，直接关系到大规模核酸检测的最终效果。

（4）方案优化的多因素决策权衡要求。大规模核酸检测方案的评判标准是多维的，需要从任务效果、成本消耗和承担风险等方面进行综合权衡。此外，还需要通过大规模核酸检测全过程的能力数据统计和平衡匹配分析，找到能力短板，为方案优化提供依据。

2. 采—运—检模型框架

综合以上分析，将大规模核酸检测体系抽象为“过滤转换器”，构建采样模型、转运模型和检测模型。每类模型都考虑功能/任务、属性和状态三个要素。基于这三类模型，采用面向对象方法构建具体“采—运—检”对象实体。“采—运—检”模型框架如图 11.20 所示。

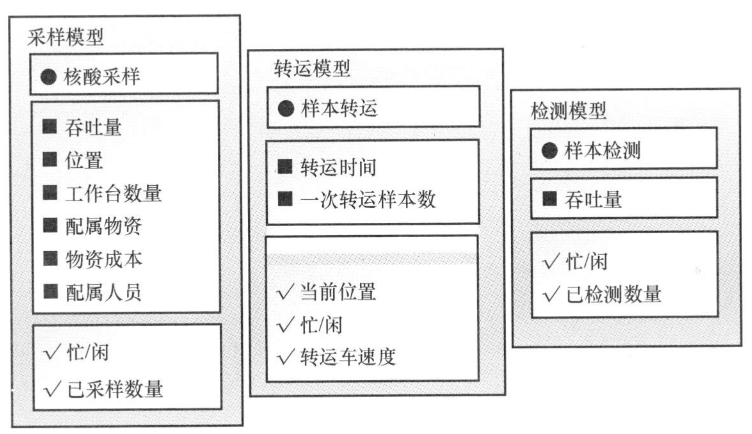

图 11.20　“采—运—检”模型框架

1）采样模型

（1）模型的功能/任务：对人口对象进行核酸采样。

（2）模型需要配置的属性。

① 吞吐量：单位时间内采样的人数。

② 地理位置。

③ 工作台的数量。

④ 配属的物资/物资的成本。

⑤ 配属的采样人员、保障人员。

（3）模型的状态参数。

① 忙/闲。

② 已采样数量。

2）转运模型

（1）模型的功能/任务：样本转运。

（2）模型需要配置的属性。

① 采样点到检测机构的转运时间。

② 一次转运的样本数量。

（3）模型的状态参数。

① 当前位置。

② 忙/闲。

③ 转运车速度。

3）检测模型

（1）模型的功能/任务：对核酸采集样本进行检测。

（2）模型需要配置的属性：其中，吞吐量是指单位时间内检测的样本数量。

（3）模型的状态参数。

① 忙/闲。

② 已检测数量。

11.2.3 模拟演练系统设计

将作战仿真技术应用于民用应急领域，通过构建数字化核酸检测场景，在数字孪生城区虚拟部署采样点、调度转运车辆和组织样本检测，模拟在两天时间内完成几千万人口城市的大规模核酸检测过程，以在最小经济成本的约束下满足任务要求为核心目标，推演评估大规模核酸检测方案/预案的合理可行性，进而优化组织单元和流程，为疫情防控指挥部门、核酸检测组织保障人员等提供数字决策和岗位技能锻炼支持。

大规模核酸检测模拟系统功能框架如图 11.21 所示。

1. 应用层

（1）应急方案优化。用于基于大规模核酸检测底数台账数据，在核酸检测工作预案的基础上形成工作安排，并进行方案验证和迭代优化。

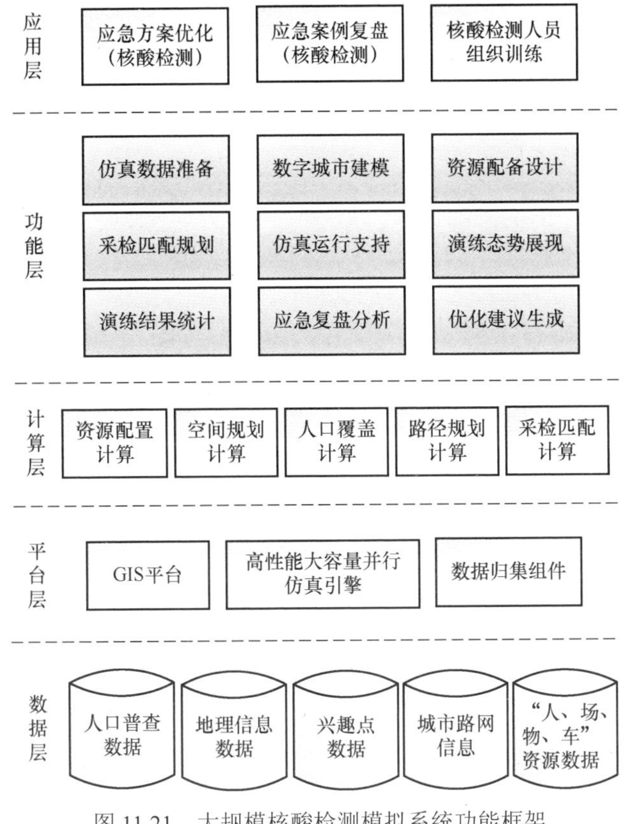

图 11.21 大规模核酸检测模拟系统功能框架

（2）应急案例复盘。用于对已经发生的大规模核酸检测案例数据进行复盘分析，支持基于案例数据的场景展示，能得出针对当前复盘案例的能力短板、差距等结论。

（3）核酸检测人员组织训练。用于构建大规模核酸检测的模拟演练场景，支持疫情防控指挥部门、核酸检测组织保障人员等开展个人岗位技能训练和组织协同训练。

2. 功能层

（1）仿真数据准备。为模拟演练准备“人、场、物、车”基础数据，以及各级响应情况下的工作预案数据。同时，为优化各区防疫工作准备，提供基于防疫资源的应急能力静态对比和优化数据。

（2）数字城市建模。用于构建数字孪生城区环境，以及模拟人口数据和人口的城区地理分布，形成数字化的城市人口及分布场景，并能够在数字地图上显示采样点、检测点和转运路径等信息。同时，支持构建突发公共卫生事件生成，以及人口时空迁徙模拟。

（3）资源配备设计。在数字化人工城市场景下，考虑采样点布局/启动、采样点物资配置、转运车辆配置、混检比例、排班计划等因素，采用实验设计方法，设计生成多个资源配备方案。

（4）采检匹配规划。在数字化人工城市场景下，针对一定的资源配备方案，基于采样点—检测机构匹配优化算法，进行智能匹配和样本转运路径规划，生成初始转运路径方案（仿真过程中动态寻优）。

（5）仿真运行支持。用于在一定应急响应等级条件下，针对数字化地理城区启用若干采样点、检测机构和车辆进行大规模核酸检测场景，驱动计算仿真实体状态、行为的时空变化过程，实时输出已采样人数、待采样人数、检测比例等数据。

（6）演练态势展现。用于实时输出采样、检测人数和比例等数据，在数字地图上动态展现采样点状态、人口采样检测状态及分布、检测机构状态、大规模核酸检测管控区/封控区等区域标绘等，并对阳性病例相关地点进行标绘。

（7）演练结果统计。用于对全核酸检测区域内的全部采样点的采样速度、全部转运车辆的转运速度，以及全部检测机构的检测速度进行统计输出，对全部检测人数、演练结束时的核酸检测用时进行统计。

（8）应急复盘分析。用于对已经发生的核酸检测案例进行复盘分析。通过导入历史案例数据，对采样检测过程进行复盘推演，找到应急资源配置、规划的短板，通过调整优化工作方案，修正核酸检测采样、检测、转运规则，更新规则库。

（9）优化建议生成。用于围绕采样点布局、物资配置、转运车辆配置、采样点—检测机构匹配、混检比例等给出优化建议。

3. 计算层

（1）资源配置计算。按照标准配置/保守配置等，计算各区的资源分配数量，用于支持核酸检测的资源消耗程度计算。

（2）空间规划计算。按照城市路网、行政区划、人口密度等，计算采样点的布局范围，支持智能划片布点。

（3）人口覆盖计算。按照采样点的行政归宿，以及“就近采样”原则等，计算对应采样点的人口覆盖数量。

（4）路径规划计算。已知采样点和检测机构的配对方案，按照路径最短/时间最短原则等，计算转运车行驶路径，支持转运路径实时规划。

（5）采检匹配计算。根据当前采样点状态及趋势，以及各检测机构的状态及趋势，计算采样点与检测机构的配对方案，支持实时转运规划。

4. 平台层

（1）GIS 平台。为模拟演练提供地理信息。

（2）高性能大容量并行仿真引擎。提供一定场景条件下大规模核酸检测仿真计算支持，输出模拟的核酸检测过程中的数据和结果数据。

（3）数据归集组件。提供人口、人、场、物、车的真实数据。

5. 数据层

数据层主要是指支持数字孪生城区构建，以及工作方案推演优化计算的相关支持数据，其系统界面如图 11.22 所示。

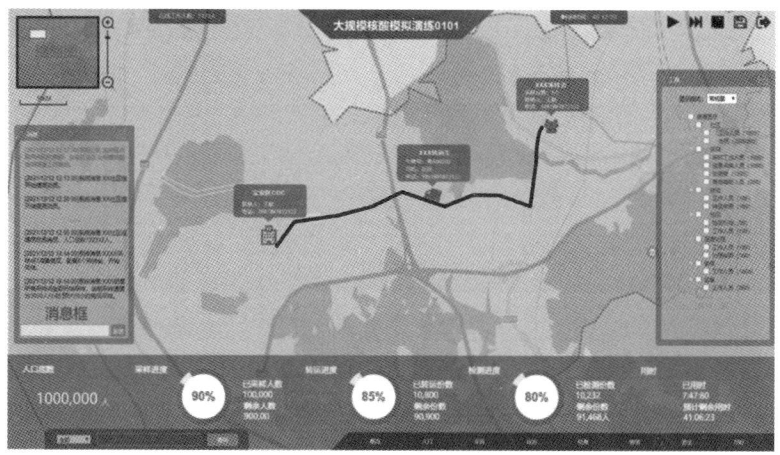

图 11.22　大规模核酸检测模拟演练系统界面

11.2.4　模拟演练实验评估

开展大规模核酸检测模拟演练的输入是演练方案，输出是对评估指标的量化结果。实验评估就是针对演练的输入/输出进行设计，包括方案因子选取、实验方案设计和演练效应评估。

1. 方案因子选取

围绕风险抑制、及时送检和防止样本积压等核心问题，针对大规模核酸检测的采样、转运和检测三个关键环节提取方案因子，为模拟演练方案的生成奠定基础。

1）采样方案因子

采样阶段方案设计的焦点在于：避免由于中高风险区采样慢，难以快速抑制疫情扩散，从而增加风险管控难度的情况。采样方案因子构成及因子水平如表 11.3 所示。

表 11.3　采样方案因子构成及因子水平

序　号	采样方案因子	因子水平
1	采样起止时间	9:00~11:00；14:00~18:00；19:00~23:00；等等（单段或全时段）
2	人员配置	标配（例如，1 台 1 人）；超配（例如，1 台 2 人）；欠配（例如，3 台 2 人）
3	启动的采样点数量	多；适中；少
4	物资配置	标配；超配；欠配
5	采样点布局	密集；均匀；稀疏
6	采样速度	快速（例如，10～20s/人）；中速（例如，20～30s/人）；慢速（例如，30～40s/人）
7	混检数量	1；5；10

2）转运方案因子

转运阶段方案设计的焦点在于：避免转运过程花费时间太长而无法及时送检。转运方案因子构成及因子水平选项，如表 11.4 所示。

表 11.4　转运方案因子构成及因子水平

序　号	转运方案因子	因子水平
1	转运车数量	充足；满足；不足
2	转运路线	红绿灯少；路径最短；备选路线
3	转运阈值	时间阈值；样本数量阈值；优先级
4	转运速度	40km/h；50km/h；等等

3）检测方案因子

检测阶段方案设计的焦点在于：避免样本积压。检测方案因子构成及因子水平选项，如表 11.5 所示。

表 11.5　检测方案因子构成及因子水平

序　号	检测方案因子	因子水平
1	设备数量	充足；满足；不足
2	检测速度	10000 管/h；15000 管/h；20000 管/h
3	检测机构数量	多；适中；少
4	检测机构分布	均匀；稀疏

2. 实验方案设计

实验方案设计包括采样、转运和检测的方案设计。

1）采样方案设计

针对人口对象的核酸采样是开展大规模核酸检测的首要环节。采样方案对应的采样能力应当能够有效支撑指定区域人口分布条件下的核酸采样任务。

在单方案调优模式下，基于以上提取的采样方案因子，设定初始的方案因子取值，得到初始采样方案，如表 11.6 所示。相关配置如表 11.7～表 11.9 所示。

表 11.6 单方案调优模式下采样方案设置示例

采样方案因子	因子设置	备 注
采样起止时间	时间配置表	见表 11.7
物资配置	物资配置表	见表 11.8
人员配置	人员配置表	见表 11.9
启动采样点数量	100	
采样点布局	启用布局图	
采样速度	中速（20～30s/人）	
混检数量	5	与处置区域政策一致

表 11.7 启动采样点工作时间配置示例

采样点	时间段 1	时间段 2	时间段 3
采样点 1	9:00～11:00	14:00～18:00	19:00～23:00
采样点 2	9:00～12:00	14:00～18:00	
…	…	…	…
采样点 n	9:00～12:00	14:30～17:30	…

表 11.8 采样点（社区）物资配置示例

<table>
<tr><th>物资类别</th><th>名 称</th><th>型 号</th><th>数 量</th></tr>
<tr><td rowspan="3">临时采样点物资</td><td>帐篷</td><td>—</td><td>…</td></tr>
<tr><td>长条桌</td><td>1～1.5m</td><td>…</td></tr>
<tr><td>…</td><td>—</td><td>…</td></tr>
<tr><td rowspan="4">个人防护用品</td><td>一次性医用口罩</td><td>—</td><td>…</td></tr>
<tr><td rowspan="3">防护套装</td><td>二级</td><td>…</td></tr>
<tr><td>一级</td><td>…</td></tr>
<tr><td>一般</td><td>…</td></tr>
<tr><td rowspan="2">体温检测设备</td><td>测温仪</td><td>红外手持式</td><td>…</td></tr>
<tr><td>体温计</td><td>水银</td><td>…</td></tr>
<tr><td>…</td><td>…</td><td>…</td><td>…</td></tr>
</table>

表 11.9 人员配置示例

采样点	采样台数量	采样台采样人数	采样台保障人数
采样点 1	2	4	12
采样点 2	3	5	15
…	…	…	…
采样点 *n*	1	2	6

其中，设计采样点人员配置方案时，应考虑的内容及遵循的原则包括：1 个采样点配多少采样台；1 个采样台配多少人（1～2 名采样人员）；1 个采样点配多少保障人员（采样人员人数的 3 倍）；每万人核酸检测需要采样人员约 20 人。

此外，在多方案选优模式下，用户可根据关心的问题要点、侧重点的不同，有针对性地抽取一些方案因子进行实验设计，形成多个组合方案，进而结合其他方案因子的固定配置，得到待优选的多个采样方案。其中，多方案选优模式下的采样方案示例如表 11.10 所示。

表 11.10 多方案选优模式下的采样方案示例

采样方案	采样起始时间	人员和物资配置	采样点数量和布局	采样速度	采样能力
方案一	时间配置表	标配	启用布局图	10～20s/人	—
方案二	时间配置表	超配	启用布局图	5～10s/人	—
方案三	时间配置表	人员配置表	启用布局图	速度配置表	—

2）转运方案设计

核酸采样后累积到一定样本数量时需要及时安排转运，确保所有采集的样本在合理时间内送达指定检测机构。转运方案对应的转运能力应当能够有效支撑一定采样/产管速度下的样本转运任务。

在单方案调优模式下，基于以上提取的转运方案因子，设定初始的方案因子取值，得到初始转运方案，如表 11.11 所示。相关配置如表 11.12～表 11.15 所示。

表 11.11 单方案调优模式下的转运方案设置示例

转运方案因子	因子设置	备注
转运车数量	车辆数量配置表	见表 11.12
转运路线	转运路线表	见表 11.13
转运阈值	转运阈值配置表	见表 11.14
转运速度	转运速度配置表	见表 11.15

表 11.12　车辆数量配置示例

采样点	车辆数量	保障人员
采样点 1	n_1	m_1
采样点 2	n_2	m_2
…	…	…
采样点 n	n_n	m_n

表 11.13　转运路线示例

采样点	路线 1	路线 2	路线 3	最短耗时
采样点 1	R_{11}	R_{12}	R_{13}	T_1
采样点 2	R_{21}	R_{22}	R_{23}	T_2
…	…	…	…	…
采样点 n	R_{n1}	R_{n2}	R_{n3}	T_n

表 11.14　转运阈值配置示例

采样点	时间阈值	数量阈值
采样点 1	TT_1	NT_1
采样点 2	TT_2	NT_2
…	…	…
采样点 n	TT_n	NT_n

表 11.15　转运速度配置示例

采样点	转运速度
采样点 1	r_1
采样点 2	r_2
…	…
采样点 n	r_n

此外，在多方案选优模式下，用户可根据关心的问题要点、侧重点的不同，有针对性地抽取一些方案因子进行实验设计，形成多个组合方案，进而结合其他方案因子的固定配置，得到待优选的多个转运方案。其中，多方案选优模式下的转运方案如表 11.16 所示。

表 11.16　多方案选优模式下的转运方案示例

转运方案	转运车数量	转运路线	转运阈值	转运速度	转运能力
方案一	车辆信息表	转运路线图	时间阈值	40km/h	—
方案二	车辆信息表	转运路线图	数量阈值	50km/h	—
方案三	车辆信息表	转运路线图	时间阈值	速度配置表	—

3）检测方案设计

样本转运到检测机构后需要在一定时间范围内完成检测，避免样本积压、样本过期等情况的发生。检测方案对应的检测能力应当能够有效支撑转运速度/样本送达速度下的样本检查任务。

在单方案调优模式下，基于以上提取的检测方案因子，设定初始的方案因子取值，得到初始检测方案。

在多方案选优模式下，用户可根据关心的问题要点、侧重点的不同，有针对性地抽取一些方案因子进行实验设计，形成多个组合方案，进而结合其他方案因子的固定配置，得到待优选的多个检测方案。其中，多方案选优模式下的检测方案示例如表 11.17 所示。

表 11.17　多方案选优模式下的检测方案示例

检测方案	检测速度	检测机构数量	检测机构布局	检测能力
方案一	10000 管/h	3	检测机构布局图	—
方案二	15000 管/h	4	检测机构布局图	—
方案三	20000 管/h	5	检测机构布局图	—

3. 演练效应评估

演练效应评估是对演练效果、成本、风险和能力指标的综合评估。构建的演练效应评估指标体系如图 11.23 所示。

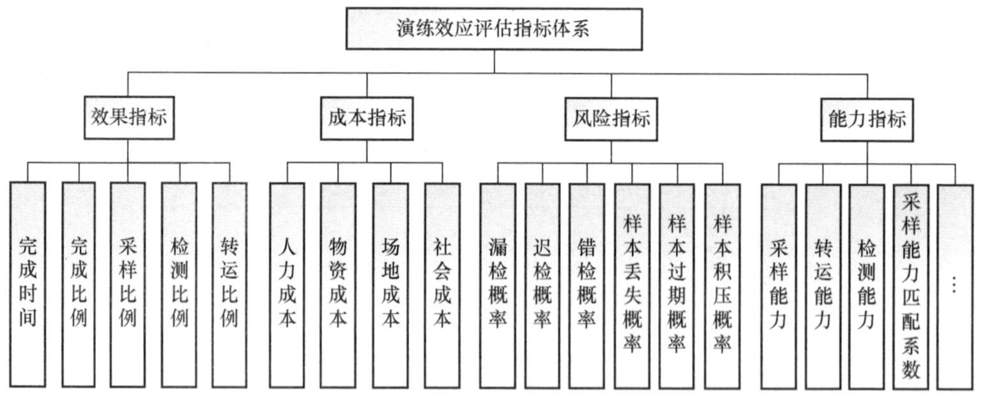

图 11.23　演练效应评估指标体系

1）效果指标

（1）完成时间：完成大规模核酸检测任务的总耗时。

（2）完成比例：在截止时间内，对人口对象的核酸检测比例，用已检人口数/应检人口数表征。

（3）采样比例：责任区域内对人口对象的采样完成比例，用已采样人数/应采样人数表征。

（4）检测比例：责任区域内对人口对象的检测完成比例，用已检测人数/应检测人数表征。

（5）转运比例：责任区域内对人口对象的转运完成比例，用已转运人数/应转运人数表征。

2）成本指标

（1）人力成本：大规模核酸检测相关工作人员、保障人员的劳务费用总和。

（2）物资成本：开展大规模核酸检测过程中相关材料采购、物资消耗、车辆调度等产生的费用总和。

（3）场地成本：采样点、检测机构等场地的征用、建设和维护等费用总和。

（4）社会成本：开展大规模核酸检测时人口产生非常规流动，引起人口分布和密集度的变化。核酸检测排队等活动减少了正常工作时间，从而造成经济损失，用核酸检测的人口分布影响指数表征。

3）风险指标

（1）漏检概率：对应检人口对象漏检的概率。

（2）迟检概率：对应检人口对象没有及时检测的概率，被界定为“迟检”的延迟时间为某一门限值。

（3）错检概率：把非阳性病例误判为阳性病例的概率，可暂不考虑。

（4）样本丢失概率：因转运过程失控、监管不力等造成样本丢失的概率。

（5）样本过期概率：因转运周期过长、检测机构监管不力等造成样本过期的概率。

（6）样本积压概率：因检测机构接收样本能力不足等造成样本积压的概率。

4）能力指标

（1）采样能力：所有采样点单位时间内采样数量的总和。

（2）转运能力：所有转运车辆单位时间内转运样本数量的总和。

（3）检测能力：所有检测机构单位时间内检测样本数量的总和。

（4）采样能力匹配系数：采样点数量×采样速度/人口底数，或者采样点人群流速×设定时段/市民人数，该值越接近 1 越好。

（5）采转平衡匹配系数：采样点产管速度（管/h）/转运样本数阈值/车辆数量，该值应当小于 1。该值越小，表明车辆资源越充足，冗余度越大。

（6）转检平衡匹配系数：检测速度（管/h）/样本送达速度（到达车辆数×转运样本数阈值/用时），该值越接近 1 越好。

（7）采检平衡匹配系数：（单位时间采样量/单位时间检测量）×混检比例，该值越接近 1 越好。

基于以上指标，构建演练效应评估模型，如图 11.24（a）所示。基于多个演练方案的评估结果如图 11.24（b）所示。

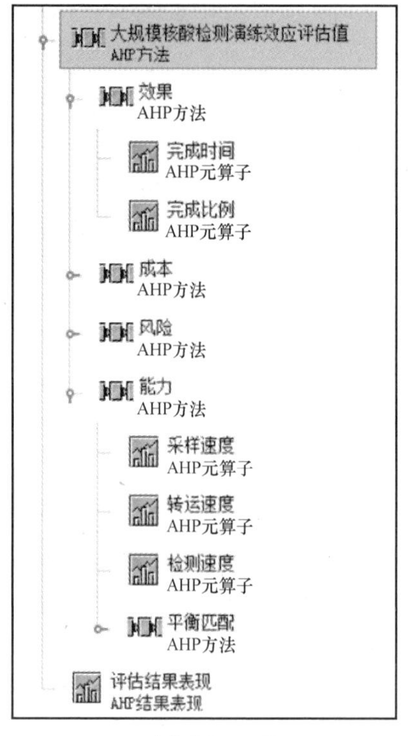

（a）演练效应评估模型

样本数量：3
属性数量：1

大规模核酸检测演练效应的评估值
0.7375590137059552
0.702690825640737
0.7840731887219033

（b）基于多个演练方案的评估结果

图 11.24　演练效应评估模型及评估结果

11.3　本章小结

本章首先讨论了体系仿真应用的基本模式和典型开发流程，以两个具体的应用需求为牵引，运用前述章节的理论方法和平台规范，按照“资源开发、主题策划、任务筹划、仿真运行、分析与评估”的开发执行过程，围绕“实验怎么做、场景如何配、系统怎么搭、模型如何建”等内容展开讨论。其中，海战场体系对抗仿真是一个典型的军用仿真案例，大规模核酸检测模拟演练是一个典型的民用仿真案例。

第 12 章

回顾、建议与展望

12.1 研究成果总结回顾

12.1.1 体系仿真过程模型与平台框架

本书主要针对体系仿真涉及作战要素多、装备交联复杂、实体规模大、层次粒度多、动态演化快等特点，围绕高效地开发高精度、高可信、高性能、高逼真的体系仿真系统和应用技术开展讨论。本书首先根据这些特点提出该领域的研究思路。基于该思路，通过将大型复杂体系仿真软件的开发作为软件工程的一个特例，从软件工程的角度揭示仿真系统的开发执行过程，即资源开发、主题策划、任务筹划、仿真运行、分析与评估五个阶段的过程模型。

基于上述过程模型，本书为每个阶段定义了相关的工具以进行支持，从而进一步提出了面向体系仿真系统的开发运行平台及工具，这些平台及工具将直接影响系统的开发与执行。

12.1.2 体系仿真建模技术

针对体系建模问题，本书首先构建了建模概念体系，然后提出了多视图协同建模方法，该方法的核心思想是将复杂体系建模涉及的多用户、多阶段、多学科、多粒度、多模式归结为系统的多视图，从而将系统模型在时间维与逻辑维进行统一。在此基础上，确立描述复杂系统的多视图分解原理和方案，以支持多用户在不同阶段、从不同角度、采用不同的建模方法对系统进行描述和展示。最后通过各个视图间的相互关联、映射与融合，将多视图下的子模型合并成系统整体模型。基于多视图协同建模方法，本书讨论了作战体系仿真领域的各个典型业务视图，包括搭载、感知、通信、指挥、交战等内容。

实体是体系仿真的核心概念和基本元素。实体内聚的仿真模型涉及侦察、感知、决策、机动、通信、攻击、干扰、效果评估等诸多方面，其内部构造需要形式化的描述方法和高效的组织管理机制。本书运用组合化、参数化的建模技术，按易变和不易变程度对仿真模型进行分解和归类，提出了一种可动态演化的柔性实体建模框架，使模型的粒度和组合关系更容易被灵活地控制。在此基础上，进一步讨论了实体的动态行为建模，包括基于任务计划的建模方法和基于行为树的建模方法。

建模语言是建模技术的重要内容，它通常与一定的建模方法相呼应。本书结合参数化、组合化的需求，设计了基于 SRML 的四级参数化描述语言，使类、型号、实体、对象四个层级的信息描述耦合并易于组合。同时，该语言也支持对系统配置、场景想定、实验参数、仿真结果等信息进行形式化描述。

12.1.3　仿真引擎核心技术

仿真引擎是仿真系统的“操作系统”，其重要性不言而喻。本书重点讨论了仿真引擎设计与实现中的核心技术：一是反射式面向对象技术，本书提出并构建了反射式对象树，使大规模多粒度仿真对象组织管理更加高效和简洁，并支持结构的动态演化；二是将离散事件仿真 DEVS 理论与体系仿真相结合，提出了面向连续、离散、混合系统的仿真推进机制和事件管理机制；三是针对并行仿真的需要，提出了一种大规模多粒度模型的并行调度方法。这几项技术的综合运行，显著提高了仿真引擎的演化能力和运行性能。

12.1.4　体系仿真实验与效能评估技术

针对体系仿真实验规划与效能评估，问题，本书围绕“实验怎么设计”“结果如何分析”“效能如何评估”三个方面开展讨论。首先，重点讨论了一种基于数独分组的改进拉丁超立方实验设计方法，该方法对因子通过数独分组降维，在降维后的各个子空间中平移种子设计，使空间的遍历性和实验效率得到优化。然后，介绍了体系效能评估的指标构建、常用评估方法和基本工作流程。接着，讨论了基于实验方案和效能评估结果的效能分析方法，包括相关性分析、灵敏度分析和关联性分析。最后，重点介绍了智能化评估分析的原理、流程和支撑工具，给出了基于仿真大数据的评估指标挖掘、预测方法，以及基于全连接 DNN 的评估元模型构建和指标优化的方法。

12.1.5　体系仿真案例

本书围绕“模型怎么建”“实验怎么做”“系统怎么搭”的体系仿真核心问题，介绍了军用、民用领域的典型案例。首先，针对海战场体系仿真问题，从仿真需求分析出发，着重介绍海战场模型体系组成、海战场体系仿真系统架构，以及开展海上编队联合作战实验的工作流程。然后，针对公共卫生应急领域大规模核酸检测模拟演练问题，依次介绍了基于疫情处置态势的模拟演练场景配置，包括采样点、转运车和检测机构的模拟演练模型构建、模拟演练系统架构设计，以及模拟演练实验因素和评估指标，为开展此类演练提供了基本的技术实现方法。

12.2　问题与建议

12.2.1　面向体系仿真的多视图建模方法

在多视图协同建模框架下，针对体系仿真各个视图，需要更严格的形式化手段精确定义语义及表示法，并在 SRML 的基础上进行扩展，形成一套规范、完备的体系仿真建模语言。

12.2.2　自组织行为的模拟

本书讨论的体系主要是在强力指挥控制下的可控的体系，这类体系的职责和任务非常清晰、明确，不存在频繁动态切换的情况，即便模拟战场中出现了指挥权交接的情况，交接规则也是非常明确的。但是，对于完全靠自组织和松耦合形成的体系，如大规模人群流动模拟、无人集群协同作战模拟这类情况，需要对自组织机理和自主决策进行模拟，本书尚未开展相关讨论和研究。

12.2.3 基于应用特征的高性能计算

本书对大规模多粒度并行仿真做了大量的研究与讨论，但主要内容还是聚焦在仿真引擎上。体系性能的提高除了受平台影响，还与应用系统的部署、模型的内容密切相关。因此，有必要根据体系仿真的特点，特别是红蓝双方在对抗条件下OODA环的信息流动方向和先验信息（如兵力类型与部署位置），进一步研究仿真系统的信息过滤与处理机制，以减少不必要的遍历，并能判断所消耗的大量计算资源。

12.2.4 模型粒度动态控制

本书目前讨论的多粒度模型，是假设模型的粒度在初始化后就确定下来的，不会在仿真进程中动态地改变。为了进一步反映体系对抗的本质特征并提高计算效率，需要动态改变模型的粒度。例如，在敌我双方交战前的接敌阶段，双方保持一定的阵形平移，在模拟过程中只需要模拟平移的中心位置即可；而在交战过程中，兵力实体的运动则需要更精细的模型。

12.2.5 防系统崩溃的可信计算

体系仿真涉及的模型规模大、类型多，且运行时间长、输入变量多，在如此密集的运算中要保证仿真系统不崩溃是一件困难的事，因此，有必要研究和应用可信计算的机制，保证仿真的数据在崩溃前得到快照，同时启动新的仿真进程（在崩溃前的状态上继续执行），从而保证仿真系统的稳健性和仿真数据的连续性。

12.2.6 面向过程的序贯实验设计

体系具有动态演化的特性，传统实验设计方法的实验设计输入为仿真前筹划计划的静态产物，这样的实验方案在仿真过程中是不变的。而在实际情况中，行为决策是随着战场态势的变化而变化的一个动态方案序列，静态的实验方案是无法体现这种动态的行动决策过程的。本书讨论的实验设计方法，假设各个因素相互独立且同时影响实验的走向，实时动态决策映射到仿真实验因素选取问题，需要考虑因素之间的动态耦合或因果关系，在这种情况下如何更高效地设计实验，需要进一步讨论与研究。

12.2.7　基于仿真大数据的评估优化

体系仿真的目标是服务于应用领域问题。通过大样本、高性能仿真计算，可以突破复杂问题求解的数据瓶颈，为评估元模型的构建提供大样本数据支持，进而解决仿真过程中的动态评估和实时决策问题。本书提出的智能化评估分析方法，给出了一种构建评估元模型的方法，但没有结合序贯实验考虑实时决策方案的探索优化。如何围绕领域应用问题，综合序贯实验设计方案和仿真大数据挖掘评估结果进行因果追溯，基于一定的优化策略实现决策方案的快速进化，需要进一步研究和探讨。

12.3　研究方向展望

12.3.1　基于云计算的体系仿真

虚拟化技术和通信技术的发展使云计算得到了越来越广泛的应用，针对体系仿真的特点，尤其是大样本体系仿真实验的需求，构造效率高、成本低、耦合少、使用便捷、维护简单的体系仿真云系统，是未来发展的一个重要方向。针对训练的需求，如何在云端动态构造特定任务的训练环境下，能快速安装前端设备且满足实时交互的需要，是训练云仿真的关键。

12.3.2　智能化仿真

从仿真角度看，人工智能与仿真的结合可统称为智能化仿真，这是未来仿真的主要研究方向[131]。原因主要有：第一，人是万物之灵，对人的感知、判断、决策进行模拟，是仿真走向高级阶段的表现；第二，人是战争的主体，作战体系的模拟必然要模拟人，对现代战争而言，对人行为决策的模拟是重点；第三，军事决策智能的研究必须依托仿真，这是因为演习和实战的数据远远无法支撑智能体的决策训练，仿真几乎是唯一的训练途径；第四，人工智能和机器学习的发展，为基于数据的建模和验模提供了新的技术。

智能化仿真的主要研究方向包括以下几个。

（1）智能决策行为建模：研究博弈环境下的智能决策，模拟人的决策行为，构造虚拟红/蓝指挥官，通过“机机对抗”开展战法研究；构造智能对手，与实际指挥员进行“人机对抗”进行训练。

（2）智能体实验训练环境：以仿真为手段，通过还原真实的体系对抗过程，获取反映制胜机理的数据，再通过这些数据训练智能体。

（3）智能化建模：基于实际数据，构造智能神经网络代替仿真模型，对仿真对象的输入/输出进行逼近，从而得到反映数据规律的仿真模型。

（4）智能化分析与评估：通过对仿真大数据进行学习和训练，直接拟合仿真系统的输入/输出结论，从而避免仿真系统复杂的计算。

12.3.3 虚实共生的数字孪生

近年来，平行仿真技术、嵌入式仿真技术得到了越来越多的关注[132]，具有实时、虚拟、构造（LVC）特征的仿真系统也得到了越来越广泛的应用。仿真系统与装备融合，与指挥系统融合，是未来仿真的重要发展方向，也是未来高技术装备和指挥系统的发展方向。随着移动计算、物联网等技术在民用领域的大量成熟应用，未来这些技术与军用仿真结合，将产生虚实共生的数字孪生系统，实现虚拟兵力与现实兵力融合，出现数据双向流动、状态相互更新、指令相互传送、超时空的模拟与现实时空快速切换等特征，这将对未来的战争模式、训练途径、装备研制产生重大影响。

附录 A

HDOSE 仿真引擎编程模型与接口规范

A.1 目的与范围

HDOSE 仿真引擎编程模型与接口规范定义了仿真服务平台和仿真组件各自的基本接口，同时也规定了两者之间如何互动，以及仿真组件如何被扩展和集成。本规范为基于 HDOSE 的开发仿真应用提供编程参考，同时也为开发符合本规范的仿真引擎提出接口要求。

A.2 术语

（1）HDOSE：高性能分布式面向对象仿真引擎（High Performance Distributed Object-Oriented Simulation Engine）。

（2）HDOSE 组件：基于 HDOSE 开发的、可在 HDOSE 环境中运行的组件，具有相对独立的功能和逻辑结构，物理上是一个 DLL 文件。

（3）HDOSE 平台：HDOSE 规范中定义的为组件提供服务的那部分接口及其实现，是组件的宿主运行环境。

（4）HDOSE 对象：由 HDOSE 组件封装的逻辑元素，也是构成系统的基本元素，它对应一个 C++对象。HDOSE 定义了事件、连接、节点三类基本对象类，应用系统根据需要从上述几个类中派生形成应用相关的对象类，这些对象类实例化后即得到 HDOSE 对象。

（5）引擎实例：通过 HDOSE 平台创建的一个引擎服务对象。HDOSE 支持在一个仿真进程中创建多个引擎实例。

（6）成员：HDOSE 沿用了 HLA 成员 Federate 的概念，一个成员与一个引擎实例相对应。由于 HDOSE 支持在一个仿真进程中创建多个引擎实例，因此一个进程中可以有多个仿真成员。

（7）联邦：沿用 HLA 成员 Federation 的概念，指整个相关联的成员集合。

（8）事件：突发性的信息传递，HDOSE 会在经过注册的事件发生后自动调用与该事件对应的回调函数。

（9）连接：周期性的信息传递，HDOSE 通过构造一个对象和若干远程代理来自动维护与管理这些信息。

（10）节点：分布式系统中一个基本的逻辑处理单元，它可以发布自身的属性数据，从而使其对别的节点可见。

（11）调度器：HDOSE 内置的一个对象，主要完成对象管理和调度的功能。在默认情况下，调度器周期性地扫描、调用从节点类派生的对象。

（12）桥接器：用于连接 HDOSE 与底层中件间的软件模块。HDOSE 通过连接不同的桥接器实现与不同的中间件互操作，而所有桥接器都有一个公共的基本接口。

（13）实体：由 HDOSE 对象聚合在一起形成的逻辑对象，它通常与现实世界中具有一定的独立感知和行为能力的事物相对应。

（14）场景：对象实例创建、消亡、状态变化及对象之间相互聚合、依赖、交互形成的关系的集合。

（15）反射：计算机软件领域的概念，指软件具有描述自身并使描述与运行相一致的特征。

（16）运行态：成员或对象通过模型计算而更新自身数据的一种状态。

（17）记录态：运行态的特例，就是在运行态下启动记录功能。

（18）回放态：成员或对象通过数据读取更新自身数据的一种状态，在回放态下，所有的 tick/simulation 不再调用，而 tick/update 继续调用。

（19）主动对象：可以对自身数据进行修改而不会被动更新状态的对象。

（20）被动对象：也称代理对象或远程对象，与主动对象相反，它不能修改自身数据，它的数据因主动对象的更新而更新，犹如主动对象的一个影子。

（21）Sim：基于 XESL 规范编写，用于描述成员/仿真进程配置的总文件。

（22）Opd：基于 XESL 规范编写，用于描述参数集的文件。

（23）ASB：基于 XESL 规范编写，用于描述实体装配关系的文件。

（24）Scn：基于 XESL 规范编写，用于描述场景的文件。

（25）Ply：基于 XESL 规范编写，用于描述记录回放信息文件。

A.3　仿真平台接口规范

A.3.1　全局服务

1. 启动引擎

1）原型

void StartHdose（const char *filename）。

2）说明

启动引擎时，仿真引擎完成相关的初始化工作，包括：读取和解析模型文件，加载可执行文件，模型被仿真引擎按一定方式有序地组织与管理起来；检查和匹配组件接口，对不符合规范的组件进行告警；可根据模型描述文件动态生成组件模型；创建一个联邦成员并加入联邦执行，若联邦执行不存在，则先创建联邦执行再加入。

2. 关闭引擎

1）原型

void EndHdose（int hdoseid）。

2）说明

关闭引擎成员，退出联邦执行，并执行相关的清理工作，如解除订阅/发布关系；处理队列中的事件；删除实体对象，释放相应的内存等。若成员为联邦中最后一个成员，则要销毁联邦执行。

3. 创建引擎

1）原型

CEngine* CreateEngine（int id）。

2）说明

创建一个引擎实例，但此时引擎不具备联邦成员的特征。

4. 获取引擎实例

1）原型

CEngine *GetEngine（int id）。

2）说明

该方法用于获取引擎实例对象指针。如果指定获取的引擎实例对象存在，则成功返回对象指针，否则返回 NULL。

A.3.2 引擎基础服务

1. 加载模型描述文件

1）原型

virtual void CEngine::Load（char * FileName）。

2）说明

加载模型描述文件，模型被引擎按一定方式有序地组织与管理，对组件接口进行检查，对不符合规范的组件进行告警，并根据模型描述文件动态生成组件模型，读取并初始化类信息。

2. 初始化引擎

1）原型

virtual void CEngine::Init（）。

2）说明

对引擎进行初始化，包括加入联邦执行、发布订购声明、进行实体对象注册等，此时引擎具备一个联邦成员的特征。

3. 装载场景文件

1）原型

virtual void LoadScenario（char *FileName）。

2）说明

场景文件描述对象的创建时间及参数等重要信息，此调用将清空之前的场景对象，同时创建新的场景对象，并将当前模型的推进时间置于场景文件定义的第一个时间。值得注意的是，此调用将产生一个装载请求，并不能保证场景马上发生变化，需要等到引擎内部执行完该请求后，才会发生变化。

4. 卸载场景文件

1）原型

virtual void UnLoadScenario（）。

2）说明

此调用将清空当前的场景，此函数通常不被单独调用，因为在系统退出时或装载新场景文件时，该函数会被自动调用。

5. 请求引擎运行

1）原型

virtual void CEngine::Run（）。

2）说明

引擎初始化完成后，成员并没有向前推进。通过该服务，成员向联邦执行发送时间推进请求，获得允许后，成员向前推进。

6. 请求引擎退出

1）原型

virtual void CEngine::Exit（）。

2）说明

该服务与关闭引擎达到的效果一样。请求引擎退出后，引擎将不再进入下一个仿真周期，而是进入退出前的清理工作，清理完毕后正常退出。

7. 请求引擎暂停服务

1）原型

virtual void CEngine::Pause（）。

2）说明

引擎暂停所有服务，成员暂停向前推进，所有实体对象停止属性更新、映射及数据交互。

8. 请求引擎恢复服务

1）原型

virtual void CEngine::Resume（）。

2）说明

引擎恢复服务，成员恢复向前推进，所有实体对象恢复属性更新、映射及数据交互。

9. 获取引擎状态

1）原型

virtual DWORD GetState（）。

2）说明

获取引擎当前的状态。

10. 设置尽量快推进方式

1）原型

virtual void SetFastBest（BOOL V）。

2）说明

设置仿真推进方式是否以“尽量快”模式推进。

11. 获取是否为尽量快推进方式

1）原型

virtual BOOL GetFastBest（）。

2）说明

获取仿真推进方式是否为“尽量快”模式。

12. 等待获取/释放互斥区

1）原型

virtual void Wait（）;

virtual void Release（）。

2）说明

当引擎通过 Wait 方法对互斥区进行锁定后，其他线程是无法访问引擎的数据的，只有当引擎通过 Release 方法对互斥区进行释放后才可访问。

13. 获取系统的根类信息

1）原型

virtual CClasInfoList *GetRootClsInfoList（）= 0。

2）说明

获取整个系统的根类信息，这些信息被存放在链表里。

14. 获取系统的某类信息

1）原型

virtual ClassInfo* GetClassInfo（int classid）= 0;

virtual ClassInfo* GetClassInfo（char *name）= 0。

2）说明

通过提供类 ID 或类名，获取符合条件的类信息。

A.3.3　组件管理

1. 加载组件

1）原型

virtual void LoadComponent（char* Filename）。

2）说明

解析组件描述文件，对组件接口进行检查和匹配，对不符合规范的组件进行告警，并根据模型描述文件动态生成组件模型。

2. 添加组件

1）原型

virtual COM_Info* AddCOM（char* ComName）。

2）说明

根据指定的组件名动态创建一个组件，刚创建的组件中不具备任何模型的信息。

3. 获取组件列表

1）原型

virtual DWORD GetComList（）。

2）说明

获取引擎中所有被组织管理的组件。

4. 查找组件

1）原型

virtual COM_Info* LookupCom（char *Filename）。

2）说明

查找引擎中某一指定的组件。

5. 添加类信息

1）原型

virtual ClassInfo* AddClass（char* ClsName,char *BaseName,char* ComName）。

2）说明

将类信息添加到组件中，并进行组织管理。

A.3.4 对象管理

1. 创建对象

1）原型

Virtual CObj *CreateObj（int classid）;

virtual CObj *CreateObj（char* className）;

virtual CObj *CreateObj（ClassInfo *info）。

2）说明

创建实体对象，实体对象是最基本的逻辑处理单元。

2. 删除对象

1）原型

virtual void DeleteObj（CObj *pObject）。

2）说明

删除实体对象。

3. 查找某一实体对象

1）原型

virtual CObj *LookupObj（int id）;

virtual CObj *LookupObj（char *classname）。

2）说明

查找实体对象。

4. 查找某一类实体对象

1）原型

virtual void LookupAllObjFromClass（char *clsname,CObjList* pList）;

CObjList *LookupObjFromClass（char *name）。

2）说明

查找某一类实体对象。

5. 复制对象

1）原型

virtual BOOL CopyObj（CObj *pDes,CObj *pScr）。

2）说明

复制对象，为同一类对象快速赋值提供服务。

6. 注册对象管理通知回调

1）原型

virtual void RegisterNotify（ObjMgrNotifyCB pf）;

typedef void（* ObjMgrNotifyCB）（CEngine*,DWORD,DWORD）。

2）说明

注册对象管理相关的通知回调函数，通知的内容包括对象加入、对象退出。当对象被删除时，pf 被回调传入的参数为（pEngine,'-',（DWORD）pObject）；当对象创建时，pf 被回调传入的参数为（pEngine,'+',（DWORD）pObject）。

A.3.5　事件管理

事件机制通过提供一种统一事件发送和响应接口，负责本地对象之间和远程对象之间突发性消息的传送。通过这种隐式调用方法，可以有效降低对象之间的耦合，为组件化集成提供通信手段。事件服务是引擎最核心的服务之一，不但应用模型之间可以通过事件机制进行交互，引擎内部的组件之间也可以通过事件机制进行交互。

1. 事件表示

HDOSE 事件可分为简单事件和模板事件。

1）简单事件

简单事件由 HDOSE 内部的 CEvt 类统一表示，以下为事件模型。

```
class CEvt : public CItem
{
int m_eventid;          //事件号，作为关键字标识事件类型，与对象事件响应函数对应
int m_scope;            //事件传播范围
int m_sourceid;         //事件发送方对象 ID
int m_desobjid;         //事件接收者对象 ID
char* m_desclsname;     //事件接收者的类名
double m_time;          //事件发送时间
char* m_buffer;         //事件参数缓存区，由收发双方约定其内容并确保指针的有效性
EvtOverCbFun m_fun;     //对事件执行完毕后的回调函数，通常用于异步方式发送事件
}
```

简单事件必须有唯一的事件号。可以由程序员指定一个整数作为事件号（用户负责事件号的唯一性，事件号的范围为 10~1000），也可以在本地通过注册一个名字

得到一个事件号，从而使事件号能与一个字符串相对应，由引擎保证事件号在进程内具有唯一性。

2）模板事件

模板事件是用户定义的由 CEvt 类派生的事件。与简单事件相比，由于模板事件具有用户明确定义的参数表，因此 m_buffer 是没有意义的。另外，由于模板事件有专用的名字（类名）和类 ID，因此其 m_eventid（事件号）也是没有意义的。

模板事件又可分为静态模板事件和动态模板事件。静态模板事件具有 C++源代码的表示形式，它对应一个从 CEvt 派生的类，程序可以对派生类的各项进行赋值或处理；动态模板事件由引擎根据描述信息在内存堆中动态创建，由 CEvt 指针引用，但该指针的对象具有与模板一致的类信息（ClassInfo）。

2. 事件创建

事件的创建方式与表示方式密切相关。简单事件的创建方法为：①直接将 CEvt 实例化即可（CEvt evt），然后对该实例进行赋值并发送；②如果简单事件的事件号是经过注册得到的，则可以调用 CreateEvt 函数创建。

具有静态模板的复杂事件有 C++源代码支持，也可以直接实例化；同时，它也可以通过 CreateEvt 函数创建，以在本地发送，或者通过 CreateInteraction 函数创建，以向远程发送。动态模板事件通过 CreateEvt 函数或 CreateInteraction 函数创建。

（1）未注册的简单事件，直接实例化，如 CEvt evt。

（2）经过注册的简单事件，可调用 CreateEvt（）创建，也可直接实例化，如 CEvt evt。

（3）动态模板事件，调用 CreateEvt（）创建。

（4）静态模板事件，可以调用 CreateEvt（）创建，也可直接实例化，如 CFire fire。

事件传送目的地：指定对象，指定类，也可以广播（）默认为广播（）。

事件传送方式：分为同步和异步两种方式。远程事件必定是异步的，本地事件可以异步发送，也可以同步发送。本地异步事件只能由 CreateEvt（）创建后使用。

事件管理器同时支持以截取器（事件钩子）的方式拦截其感兴趣的事件，并可在拦截后决定是否将事件继续发送到目的地。

1）原型

virtual CEvt* CreateEvt（char *name）；

virtual CEvt* CreateEvt（int evtid）。

2）说明

创建事件实例。

3. 事件发送

1）原型

virtual void SendEvent（CEvt *pEvent）;

virtual void PostEvent（CEvt *pEvent）。

2）说明

发送已创建的事件，可以异步或同步方式发送。

4. 事件过滤

事件通过过滤机制以确定最终的事件响应者。事件传播范围用于对事件接收者进行一级过滤，HDOSE 传播范围定义了三级：SCOPE_ENTITY、SCOPE_FED、SCOPE_FEDERATION，分别指实体级、成员级、联邦级。系统默认是成员级。

（1）如果明确指定事件发送对象是 RTI_OBJ，而事件被发送到别的成员，本地将不会接受事件；

（2）如果指定本地和其他成员均要接收事件，则必须明确指定 SCOPE_FEDERATION；

（3）如果同时指定了事件接收类名和对象名，则传播范围仅限于本地。

利用指定事件接收者的特征可完成对事件的第二级过滤。如果指定了接收对象 ID，则事件仅由该对象响应；如果指定了类名，则事件由该类其及所有子类的对象接收；如果既不指定类名，也不指定对象名，则事件由所有从 Clink 派生的对象接收。

5. 事件接收

事件接收是通过响应函数完成的，事件发生后，响应函数自动被调用。在响应函数内部有三种方式接收带模板的事件参数。

（1）简单事件的接收方式：直接取事件的 m_buffer 值，其中的内容由收、发双方自行约定。

（2）静态模板事件的接收方式：事件响应函数的参数就是静态模板事件的指针。例如：

```
void CPlatform::OnInit (H6Ginit *pEvt)
{ //静态模板接收交互
 m_longitude= pEvt->m_longitude;
 m_latitude= pEvt->m_latitude;
}
```

（3）动态模板事件的接收方式：事件响应函数的参数是通用的 CEvt 指针，通过宏 GetParameter 可获得参数值。例如：

```
void CPlatform::OnInit（CEvt *pEvt）
{ //动态模板接收交互
int ctlword=GetParameter（"Ctl",int）;
}
```

注意，接收方式是动态还是静态，与发送方是动态还是静态无关。

A.3.6 时间管理

1. 获取物理/逻辑时钟步长

1）原型

virtual double GetWallClock（）;

virtual double GetLogicClock（）。

2）说明

获取墙上时间或逻辑时间的步长值。

2. 重设物理/逻辑时钟步长

1）原型

virtual BOOL ResetWallClock（double period）;

virtual BOOL ResetLogicClock（double period）。

2）说明

重新设置物理或逻辑时间的步进值。

3. 获取到推进的逻辑时间

1）原型

virtual double GetGrantTime（）。

2）说明

获取逻辑时间值。

4. 获取时间前瞻仰量

1）原型

virtual double GetLookahead（）。

2）说明

获取 Lookahead 值。

A.3.7　日志管理

1. 是否记录日志

1）原型

virtual void EnableLogger（BOOL enable）。

2）说明

是否需要记录日志。

2. 创建日志文件

1）原型

virtual void SetLogFile（char *FileName,LogNotifyCB cb=0）。

2）说明

创建记录日志文件，记录的日志将被保存到该日志文件中。

3. 记录日志

1）原型

virtual BOOL AddLogLine（int type,const char * _Format, ...）。

2）说明

将一条日志记录到日志文件中。

A.3.8　记录回放服务

1. 断点保存与恢复（快照）

1）原型

virtual void SnapshotWrite（char *FileName）;

virtual void SnapshotRead（char * FileName）。

2）说明

保存系统当前场景中的所有对象状态。值得注意的是，此调用是一个异步调用，这将产生一个保存请求，需要等到引擎内部执行完该请求后，才能使调用生效。

2. 启动/暂停/恢复/停止系统记录服务

1）原型

Virtual void StartRecord（）;

Virtual void PauseRecord（）;

Virtual void ResumeRecord（）;

Virtual void StopRecord（）。

2）说明

StartRecord 服务根据当前时间信息产生一个新的记录片段；PauseRecord 调用将使系统中所有处于记录态的对象暂停数据记录；ResumeRecord 调用将使系统中所有处于记录态的对象恢复数据记录；StopRecord 调用将停止该片段的记录。

当系统处于记录状态时，停止记录服务，关闭并保存记录文件，系统在记录目录中产生一个*.ply 文件和若干对象的数据文件*.dat。*.ply 与*.sim 文件是完全兼容的，它记录系统若干状态信息和对象创建日志，回放系统根据此文件的内容对系统进行回放。

记录与快照的差别在于，快照只保存仿真某一时刻的信息，而记录保存的是某一仿真时间端的信息，记录的信息是由连续的仿真时刻信息组成的。

3. 系统回放态切换到运行态

1）原型

virtualvoid PlayToRun（）= 0。

2）说明

回放态切换到运行态，如果系统未处于回放态，调用将无效。

4. 系统回放控制

1）原型

virtual void PlayCtl（double startTime=0,DWORD rate=1）= 0。

2）说明

控制回放的时间和速度，实现回放时的快进和快倒。

A.4 应用组件（对象）接口规范

仿真引擎规范中的组件就是指模型，所有的模型都由CObj提供抽象定义，CItem提供基本的实现，CLink 是概念模型“连接”的实现，CEvt 是概念模型“事件”的实现，CNode 是仿真对象或仿真实体的实现。

HDOSE 通过 CreateObj 方法创建对象，对象创建时会调用 OnCreate 和 OnInit，完成创建及初始化。对象在被调度的每个周期内会调用 tick、simulation、output，完成预算、计算及输出工作。最后，引擎可以通过 DeleteObj 方法将对象删除，对象在被删除时会调用自身的 OnClose，完成删除时的工作。

重要的对象接口服务描述如下。

1. 类的初始化

1）原型

static void ClassInit（ClassInfo *clsinfo）。

2）说明

类的初始化函数，该函数为静态函数，主要用于对象类与交互类的属性注册。

2. 获取属性地址

1）原型

virtual char* GetAttributeAddress（char *aname,int *size,char *type）。

2）说明

获取注册的某个属性的地址。

3. 获取对象大小

1）原型

virtual int GetObjSize（）。

2）说明

获取对象所占内存的大小。

4. 获取对象参数数据

1）原型

virtual CParaEntry *GetOPD（）。

2）说明

一个实体对象可以由多个模型组装而成，该服务可以用来获取组建实体对象的实体参数。

5. 获取对象聚合对象

1）原型

virtual CObjList* GetAgts（）。

2）说明

一个实体对象可以由多个模型组装而成，该服务可以用来获取组建实体对象的实体。

6. 对象更新回调通知

1）原型

virtual void OnReflect（）。

2）说明

对象更新属性时的回调通知。

7. 仿真预测

1）原型

virtual void tick（double lasttime）。

2）说明

由系统提供运行时间给实体对象，使其可以预测下一步（lasttime 处），并在必要时更新预测结果或发送交互给其他实体。

8. 仿真计算

1）原型

virtual void Simulation（double lasttime=0）。

2）说明

系统提供运行时间给实体对象，此函数被回调时，系统的时间已经被允许推进到 lasttime，所有对象的数据都是最新的。

9. 仿真结果输出

1）原型

virtual void Output（）。

2）说明

此函数用于显示输出实体最新的数据。

10. 对象记录与回放

1）原型

virtual void Record（double lasttime）；

virtual void Play（double lasttime）。

2）说明

系统提供运行时间给实体对象，Record 函数被回调时，用于处理对象在被记录时的行为；Play 函数被回调时，用于处理对象在回放时的行为。

11. 请求对象更新

1）原型

virtual void RequestUpdate（）。

2）说明

向远程对象请求更新数据。

12. 更新对象属性

1）原型

virtual void UpdateAllAttributes（char *p）。

2）说明

更新对象被注册的所有属性并发送至订购该属性的对象。

13. 同步/异步方式发送事件

1）原型

virtual void Send（double time）;

virtual void Post（double time）。

2）说明

Send 调用表示以同步方式发送事件，此时发送的事件只能是本地事件，即本地对象之间发送的事件。

Post 调用表示以异步方式发送事件，此种发送方式既支持远程事件，也支持本地事件。

14. 增添/解除聚合对象

1）原型

virtual void AddAggregateObj（CObj *pObj）;

virtual void RemoveAggregateObj（CObj *pObj）。

2）说明

向对象中增加/解除聚合的对象。增加聚合对象服务用于将其他仿真实体对象聚合到该对象中；解除聚合对象服务用于从调度器中解除聚合的仿真实体对象。

15. 查找聚合对象

1）原型

virtual CObj* LookupAggregateObj（char *clsname）;

virtual CObj* LookupAgtObjByTag（char *tagname）。

2）说明

查找聚合对象。

附录 B

中英文缩略语对照表

缩略语	英文	中文
ABSD	Architecture-Based Software Development	基于体系结构的软件开发
ACE	the Adaptive Communication Environment	自适应通信环境
ACT-R	Adaptive Control of Thought-Rational	推理思维的自适应控制
ADL	Architecture Describe Language	体系结构描述语言
BOM	Base Object Model	基于对象模型
C^4I	Command Control Communication Computer and Intelligence	指挥自动化系统（指挥、控制、通信、计算机与情报）
C^4ISR	Command Control Communication Computer Intelligence Surveillance Reconnaissance	指挥自动化系统（指挥、控制、通信、计算机情报监视与侦察）
CAD	Computer Aided Design	计算机辅助设计
CASE	Computer Aided Software Engineering	计算机辅助软件工程
CBSD	Component-Based Software Development	基于构件的软件开发
CCTT	Closed Combat Tactical Trainer	近战战术训练系统
CFOR	Command Forces	指挥兵力
CGF	Computer Generated Forces	计算机生成兵力

续表

缩略语	英文	中文
CISE	Component-Based Integrated Simulation Environment	基于组件的一体化建模仿真环境
CLR	Common Language Runtime	公共语言运行时
CMMS	Conceptual Models of the Mission Space	任务空间概念模型
CMS	Common Middleware Services	公共服务型中间件
CoJACK	Cognitive JACK	一种高级认知体系结构
COM	Component	组件/构件
CORBA	Common Object Request Broker Architecture	公共对象请示代理体系结构
COW	Cluster Of Workstation	工作站集群
CRM	Channel Reification Model	通道具象化模型
CUDA	Compute Unified Device Architecture	统一计算设备架构
CWM	Common Warehouse Meta-model	公共仓库元模型
DDS	Data Distribution Service	数据分发服务
DEVS	Discrete Event System Specific Ations	离散事件系统规范
DIS	Distributed Interactive Simulation	分布交互仿真
DNN	Deep Neutral Network	深度神经网络
DoD	United States Department of Defense	美国国防部
DoE	Design of Experiment	实验设计
DS	Data Standard	数据标准
DSM	Distributed Shared Storage Machine	分布式共享存储处理机
DSMS	Domain-Specific Middleware Services	领域定制服务型中间件
DSSA	Domain Specified Software Architecture	领域定制软件体系结构
EADSIM	Extended Air Defense Simulation	扩展防空仿真系统
EADTB	Extended Air Defense Test Bed	扩展防空实验床
ECDES	Electronic Combat Digital Evaluation System	电子战数字评估系统
FDTD	Finite Difference Time Domain Method	时域有限差分法
FEA	Finite Element Analysis	有限元分析
FEDEP	Federation Development and Execution Process	联邦开发与执行过程

续表

缩略语	英文	中文
FEM	Finite Element Method	有限元方法
FOM	Federation Object Model	联邦对象模型
FSM	Finite State Machine	有限状态机
GA	Genetic Algorithm	遗传算法
H3M	Hybrid Heterogeneous Hierarchical Modeling	混合异构层次化建模
HDOSE	High Performance Distributed Object-Oriented Simulation Engine	高性能分布式面向对象仿真引擎
HIM	Host Infrastructure Middleware	主机支撑环境中件间
HLA	High Level Architecture	高层体系结构
HPC	High Performance Computing	高性能计算
IaaS	Infrastructure as a Service	基础设施即服务
IFOR	Intelligent Forces	智能兵力
JavaRMI	Java Remote Method Invocation	Java 远程方法调用
JMASE	Joint Modeling And Simulation Environment	联合建模与仿真环境
JMASS	Joint Modeling And Simulation System	联合建模与仿真系统
JSIMS	Joint Simulation System	联合作战仿真系统
JVM	Java Virtual Machine	Java 虚拟机
JWARS	Joint War System	联合作战仿真系统
LHD	Latin Hypercube Design	拉丁超立方设计
LVC	Live, Virtual, Constructive	实时、虚拟、构造
M&S	Modeling & Simulation	建模与仿真
MAE	Mean Absolute Error	平均绝对误差
MCM	Meta-Class Model	元类模型
MDA	Model Driven Architecture	模型驱动体系
MDF	Model Description File	模型描述文件
MIB	Management Information Base	管理信息库
MIMD	Multiple Instructions Stream Multiple Data Stream	多指令流多数据流

续表

缩略语	英文	中文
ModSAF	Modular Semi-Automated Forces	模块化半自主兵力仿真系统
MOF	Meta-Object Facility	元对象机制
MOM	Meta-Object Model	元对象模型
MPI	Message Passing Interface	消息传递接口
MPP	Massively Parallel Processor	大规模并行处理机
MRM	Multi-Resolution Modeling	多分辨率建模
MRM	Message Reification Model	消息具象化模型
MSE	Mean Squared Error	均方误差
MSMP	Modeling & Simulation Master Plan	建模与仿真主计划
OED	Orthogonal Experimental Design	正交设计
OMG	Object Management Group	对象管理组织
OMT	Object Model Template	对象模型模板
OneSAF	One Semi-Automated Forces	新一代半自主兵力仿真系统
OO	Object-Oriented	面向对象
OOA	Object-Oriented Analysis	面向对象分析
OOD	Object-Oriented Design	面向对象设计
OODA	Observation-Orientation-Decision-Action	观察—判断—决策—行动
OOP	Object-Oriented Programing	面向对象编程
OOPL	Object-Oriented Programing Language	面向对象程序设计语言
OOSE	Object-Oriented Software Engineering	面向对象软件工程
OPD	Object Parameter Data	对象参数数据
OpenMP	Open Multi-Processing	共享存储并行编程
PaaS	Platform as a Service	平台即服务
PAD	Problem Analysis Diagram	问题分析图
PCAM	Partitioning, Communication, Agglomeration, Mapping	划分、通信、组合和映射
PDES	Parallel Discrete Event Simulation	并行离散事件仿真
PDU	Protocol Data Unit	协议数据单元

续表

缩略语	英文	中文
PVP	Parallel Vector Processor	并行向量处理机
RM	Reflection Model	反射模型
RM	Reflective Memory	反射内存
RO	Receive Order	接收顺序
RTI	Run Time Infrastructure	运行支撑环境
RT-JVMs	Real-Time Java Virtual Machines	实时 Java 虚拟机
SA	System Architecture	系统体系结构
SaaS	Software as a Service	软件即服务
SAF	Semi-Automated Forces	半自主兵力
SGETPLHD	Sudoku Grouping Based ETPLHD	基于数独分组的扩展平移拉丁超立方设计
SEA	System Effectiveness Analysis	系统有效性分析
SEDRIS	Synthetic Environmental Data Representation and Interchange Specification	综合环境数据表示与交换规范
SIMD	Single Instruction Stream Multiple Data Stream	单指令流多数据流
SISC	Simulation Interoperability Standards Committee	仿真互操作标准委员会
SISD	Single Instruction Stream Single Data Stream	单指令流单数据流
SM	Shared Memory	共享内存
SMP	Simulation Model Portability	仿真模型可移植性
SMP	Symmetric Multi-Processing	对称多处理
SMP2	Simulation Model Portability 2.0	仿真模型可移植性 2.0
Soar	State, operator and result	一种基于状态、动作与结果的认知架构
SOM	Simulation Object Model	仿真对象模型
SoS	System of Systems	体系
SPEEDES	Synchronous Parallel Environment for Emulation and Discrete Event Simulation	同步并行的离散事件仿真环境
SRML	Simulation Reference Makeup Language	仿真参考标记语言

续表

缩略语	英文	中文
STK	Satellite Tool Kits	卫星仿真工具软件
TCP	Transmission Control Protocol	传输控制协议
TENA	Test and Training Enabling Architecture	实验与训练使用体系结构
TPLHD	Latin–Hypercube–Design via Translational Propagation	平移传播拉丁超立方法
TSO	Time Stamp Order	时间戳顺序
UD	Uniform Design	均匀设计
UML	Unified Modeling Language	统一建模语言
USD（A&T）	Under Secretary of Defense for Acquisition and Technology	美国国防部采办与技术办公室
VHDL-AMS	Very High Speed Integrated Circuit Hardware Description Language for Analog and Mixed Signals	支持模拟与数字信号的超高速集成电路硬件描述语言
WSOEE	Weapon Systems Operational Effectiveness Evaluation	武器系统作战效能评估
XESL	eXtensible Evolution Simulation Language	可扩展演化式仿真系统描述语言
XMI	XML Metadata Interchange	XML 元数据交换
XML	eXtensible Makeup Language	可扩展标记语言
XMSF	eXtensible Modeling and Simulation Framework	可扩展的建模与仿真框架
XSIM	XSim Studio	可扩展仿真平台

参考文献

[1] 戴中器. 中国大百科全书：自动控制与系统工程卷[M]. 北京：中国大百科全书出版社，1992.

[2] 胡晓峰. 战争工程论——走向信息时代的战争方法学[M]. 北京：科学出版社，2019.

[3] 胡晓峰，杨镜宇，吴琳，等. 武器装备体系能力需求论证及探索性仿真分析实验[J].系统仿真学报，2008.

[4] Ding J, Si G, Yang G, et al. Visualization analysis of the capability of weapon system of systems for multi-dimensional indicators[J]. Journal of Systems Engineering and Electronics(S1004-4132), 2017, 28(2)：292-300.

[5] 张宏军，韦正现，鞠鸿彬，等. 武器装备体系原理与工程方法[M]. 北京：电子工业出版社，2019.

[6] 荆涛. 海军武器装备体系对抗的建模与仿真方法研究[J]. 系统工程与电子技术，2005.

[7] 王建平，王建华，胡小佳. 基于智能体的武器装备体系评价模型研究[J]. 系统仿真学报，2009.

[8] 李伯虎. 现代建模与仿真技术发展中的几个焦点[J]. 系统仿真学报，2004，16（9）：1871-1879.

[9] 黄晓冬，谢孔树，李妮，等. 面向体系对抗的仿真支撑平台及应用[J]. 系统仿真学报，2021（8）.

[10] 王俊达，卿杜政. 柔性可扩展装备体系对抗仿真建模框架研究[J]. 现代防御技术，2020，48(4)：122-131.

[11] 张灏龙，谢平，赵院，等. 体系对抗仿真面临的挑战与关键技术研究[J]. 计算机仿真，2019，36(5)：1-5.

[12] 陆志沣，洪泽华，张励，等. 武器装备体系对抗仿真技术研究[J]. 上海航天，2019，36(4)：42-50.

[13] 李玉萍，毛少杰，居真奇，等. 装备体系分析仿真平台研究[J]. 系统仿真学报，2019，31(11)：2374-2381.

[14] 金伟新. 大型仿真系统[M]. 北京：电子工业出版社，2004.

[15] 黄晓冬，谢孔树. 高性能分布式面向对象仿真引擎研究与实现[J]. 系统仿真学报，2021（9）.

[16] 卿杜政，李伯虎，孙磊，等. 基于组件的一体化建模仿真环境（CISE）研究[J]. 系统仿真学

报，2008, 20(4)：900-904.

[17] 阮开智，袁晴晴，翟文华，等. 基于 Xsim 平台的防空导弹武器系统仿真平台设计[J]. 系统仿真学报，2020，32(1)：142-148.

[18] 汪成为. 对计算机技术创新发展的思考[J]. 中国计算机学会通讯，2007，3(1): 8-13.

[19] 朱海滨. 面向对象技术—— 原理与设计[M]. 长沙：国防科技大学出版社，1992.

[20] 邵维忠，杨芙清. 面向对象的系统分析与设计[M]. 北京：清华大学出版社，1998.

[21] Rumbaugh, James, Grady Booch, et al. Unified Modeling Language Reference Manual[M]. Massachusetts：Addison Wesley Press, 1999.

[22] Jacobson I, Booch G, Rumbaugh J. 统一软件开发过程[M]. 周伯生，等，译. 北京：机械工业出版社，2002.

[23] Object Management Group（OMG）. Unified Modeling Language Specification Version 1.5, Formal [EB/OL]. [2003-03-01]. http://www.omg.org/.

[24] Gregory T. Sullivan. Aspect-Oriented Programming using Reflection and Metaobject Protocols[J]. Communications of the ACM, 2001, 11: 95-97.

[25] Garlan D, Shaw M. An Introduction to Software Architecture[R]. Pittsburgh: Carnegie Mellon University, 1994.

[26] Shaw M, et al. Abstractions for Software Architecture and Tools to Support Them[J]. IEEE Trans. Software Engineering,1995,4(21): 314-335.

[27] Mary Shaw, Divid Garlan. Software Architecture—Perspectives on an Emerging Discipline[M]. Upper Saddle River: Prentice-Hall International, 1996.

[28] Bass L, Kazman R. Architecture-Based Development[R]. CMU/SEI-99-TR-007, 1999.

[29] Clements P, Bachmann F, Bass L, et al. Documenting Software Architectures: Views and Beyond[M]. Boston: Addison Wesley Professional, 2002.

[30] Kruchten P, Obbink H, Stafford J. The Past, Present and Future of Software Architecture[J]. IEEE Software, 2006, 23（2）: 22-30.

[31] Perry D E. Software Engineering and Software Architecture[C]. Proceedings of the International Conference on Software: Theory and Practice. Beijing: Electronic Industry Press, 2000.

[32] 张友生. 软件体系结构（第 2 版）[M]. 北京：清华大学出版社，2006.

[33] Frank Buschmann, Regine Meunier. 面向模式的软件体系结构[M]. 贲可荣，译. 北京：机械工业出版社，2003.

[34] 孙昌爱，金茂忠，刘超. 软件体系结构研究综述[J]. 软件学报，2002, 13（7）: 1228-1237.

[35] 梅宏，申峻嵘. 软件体系结构研究进展[J]. 软件学报，2006, 17（6）: 1257-1275.

[36] Kruchten P B. The 4+1 View Model of Architecture[J]. IEEE Software, 1995,12（6）: 42-50.

[37] 汪玲，戎玫. 基于 Bigraph 面向方面动态软件体系结构演化研究[J].计算机科学，2010（9）：4.

[38] 李玉龙，李长云. 软件动态演化技术[J]. 计算机技术与发展，2008（9）：83-86.

[39] 高俊，沈才梁，郑美芳，等. 一种面向自适应软件系统的体系结构描述语言[J]. 计算机应用研究，2010，27（5）: 1796-1801.

[40] 徐洪珍，曾国荪，陈波. 软件体系结构动态演化的条件超图文法及分析[J]. 软件学报，2011，22（6）: 1210-1223.

[41] Gamma E, Helm R, Johnson R, et al. Design Patterns: Elements of Reusable Object-Oriented-Software[M]. Massachusetts: Addison Wesley Press, 1995.

[42] Brian C Smith. Reflection and Semantics in a Procedural Language[R]. Boston：Massachusetts Institute Technology, 1982.

[43] Pattie Maes. Computational Reflection[D]. Belgium: Vrije Universiteit, 1987.

[44] Shigeru Chiba. A Meta-Object Protocol for C++[C]. In Proceedings of the loth Annual Conference on Object-Oriented Programming Systems，Languages and Applications，New York：ACM，1995，11: 285–299.

[45] 黄罡，梅宏，杨芙清. 基于反射式软件中间件的运行时软件体系结构[J]. 中国科学 E 辑，2004，34（2）: 121-138.

[46] Massimo A, Cazzola W. The Essence of Reflection: a Reflective Run-time Environment[C]. Proceedings of the 9th Annual ACM Symposium on Applied Computing（SAC'04）. Nicosia, Cyprus: ACM, 2004: 1503-1507.

[47] Cazzola W. Evaluation of Object-Oriented Reflective Models[C]. Proceedings of the 12th European Conference on Object-Oriented Programming （ECOOP'98）, Brussels: Belgium, 1998.

[48] 黄晓冬. 基于反射的适应性软件开发方法及其在分布交互仿真中的应用[D]. 烟台：海军航空工程学院，2005.

[49] 李刚. 适应性软件体系结构研究[D]. 北京：北京航空航天大学，2001.

[50] 黄晓冬，李伯虎，柴旭东，等. 基于反射的分布交互仿真软件框架[J]. 北京航空航天大学学报，2007, 27（4）:994-999.

[51] 宋莉莉，李群，王维平. 基于反射理论的动态变结构建模方法研究[J].计算机仿真，2009（2）:112-117.

[52] 陈洪龙，李仁发. 自适应演化软件研究进展[J]. 计算机应用研究，2010，27（10）: 3612-3616.

[53] Zeigler B P, Praehofer H, Kim T G.Theory of Modeling and Simulation: Integrating Discrete Event and Continuous Complex Dynamic Systems [M]. New York: Academic Press, 2000.

[54] 齐欢, 王小平. 系统建模与仿真[M]. 北京：清华大学出版社，2006.

[55] 龚建兴，彭勇，郝建国，等. 面向组件的仿真系统构建方法研究[J]. 系统仿真学报，2010（11）.

[56] 龚建兴. 基于 BOM 的可扩展仿真技术框架研究[D]. 长沙：国防科学技术大学, 2007.

[57] 周东祥，仲辉，邓睿，等. 复杂系统仿真的可组合问题研究综述[J]. 系统仿真学报，2007, 19（8）: 1819-1823, 1840.

[58] Victor Y Miller, Paul A Fishwich. Hybrid Heterogeneous Hierarchical Model for System

Simulation[J]. International Journal in Computer Simulation, 1995.

[59] Davis P K, Bigelow J H. Experiments In Multiresolution Modeling（MRM）[R]. Santa Monica: The RAND Corporation, 1998.

[60] Davis P K, Bigelow J H. Informing and Calibrating a Multiresolution Exploratory Analysis Model with High Resolution Simulation: The Interdiction Problem as a Case History[C]. Madison: Omnipress, 2000.

[61] Davis P K. Adaptive Designs for Multiresolution[C]. New York: Springer, 2001.

[62] Fishwich P A. Multimodeling as Unified Modeling Framework[C]. Madison: Omnipress, 1993.

[63] Fishwich P A, Zeigler B P. A Multimodel Methodology for Qualitative Model Engineering[J]. ACM Transaction on Modeling and Computer Simulation, 1992，2(1)：52-81.

[64] 黄晓冬. 复杂系统多视图多粒度建模仿真方法研究及应用[D]. 北京：北京航空航天大学，2008.

[65] Ling Xuqiang, Huang Xiaodong, Li Bohu , et al. SimFaster: A Modeling and Simulation Platform with Multiple Views for Complex System[J]. The International Journal for Computation and Mathematics in Electrical and Electronic Engineering , 2009, 6(28): 1546-1559.

[66]Reichenthal, S. SRML – Simulation Reference Markup Language[EB/OL]. [2002-12-18]. Available at: http://www.w3.org/TR/SRML.

[67] Peter Fritzson. Principles of Object-Oriented Modeling and Simulation with Modelica 2.1[M]. New York: Wiley Press, 2004.

[68] 黄晓冬，凌绪强，温玮，等. 基于 SRML 的仿真语言研究及应用[J]. 计算机仿真，2013，30(3): 285-289.

[69] 邱晓刚, 段伟. DEVS 研究进展及其对建模与仿真学科建立的作用[J]. 系统仿真学报，2009.

[70] 唐俊, 张明清, 刘建峰. 离散事件系统规范 DEVS 研究[J]. 计算机仿真，2004, 21(6):4.

[71] 刘晨，黄炎焱，李群，等. 基于 DEVS 扩展 SRML 大纲:仿真模型表示和重用的基础[J].系统仿真学报，2005，10(17)：2363-2366.

[72] 刘晨，王维平，朱一凡. 体系对抗仿真模型形式规范研究[J]，系统仿真学报，2007(1).

[73] 王霄汉，张霖，赖李媛君，等. 基于 DEVS 原子模型的智能体离散仿真构建方法[J]. 系统仿真学报，2022，34(2): 191-200.

[74] 李志华，江德，沈汉武，等. 基于量化状态的混合系统仿真方法[J]. 系统仿真学报，2021，33(8): 1775-1783.

[75] 胡建鹏，黄林鹏. 基于 P-DEVS 的可执行体系结构建模与仿真方法[J]. 系统仿真学报，2016，28(2): 283-291.

[76] 张建春，曾艳阳，徐文鹏，等. 基于改进混合 DEVS 的装备建模方法研究[J]. 系统仿真学报，2018，30(11): 4123-4131.

[77] 荣冈，肖俊，胡云苹，等. 一种基于本体的 DEVS 建模方法[J]. 系统仿真学报，2015，27(12):

2878-2890.

[78] DMSO. High Level Architecture-Frame and Rules Version 1.3[EB/OL]. [1998-04-20]. http://www.dmso.mil.

[79] BOM Product Development Group. Base Object Model (BOM) Template Specification Volume I - Interface BOM, Simulation Interoperability Standards Organization(SISO). http://www.boms.info.

[80] DMSO. HLA Federation Development and Execution Process（FEDEP）Model[EB/OL]. [1999-06-09]. http://ww.dmso.mil.

[81] Regis Dumond, Reed Little. A Federation Object Model（FOM）Flexible Federate Framework[R]. Technical Report CMU/SEI-2003-TN-007, 2003.

[82] 黄晓冬，何友，等. 一种基于 HLA 的弹性软件框架及其应用[J]. 系统仿真学报，2005(1): 95-99.

[83] 谭娟，李伯虎，柴旭东. 可扩展建模与仿真框架-XMSF 技术研究[J]. 系统仿真学报，2006，18（1）: 96-101.

[84] 苏年乐，李群，王维平. 组件化仿真模型交互模式的并行化改造[J]. 系统工程与电子技术，2010，31（9）: 2015−2020.

[85] 鄢超波，赖华贵，赵千川. 多智能体并行仿真框架[J]. 系统仿真学报，2010, S1: 191-195.

[86] 乔海泉. 并行仿真引擎及其相关技术研究[D]，长沙：国防科学技术大学，2006.

[87] 彭勇，蔡楹，钟荣华，等. 多核环境下面向仿真组件的 HLA 成员并行框架[J]. 软件学报，2012，23（8）：2188-2206.

[88] 单莹，吴建平，王正华. 基于 SMP 集群的多层次并行编程模型与并行优化技术[J]. 计算机应用研究，2006（10）：4.

[89] 陈莉丽. 基于多核集群的并行离散事件仿真性能优化技术研究[D]. 长沙：国防科学技术大学，2011.

[90] 刘奥，姚益平. 基于高性能计算环境的并行仿真建模框架[J]. 系统仿真学报，2006，18（7）：2049-2051.

[91] 苏年乐，周鸿伟，李群，等.SMP2 仿真引擎的多核并行化[J]. 系统仿真学报，2012(9)：6622-6626.

[92] 苏年乐，黄丛山，李群，等. 多核乐观并行仿真的负载均衡研究[J]. 系统仿真学报，2012(2)：8.

[93] 李伯虎，柴旭东，侯宝存，等. 一种基于云计算理念的网络化建模与仿真平台——“云仿真平台”[J]. 系统仿真学报，2009，21(17): 5292-5299.

[94] 李伯虎. 制造领域的云计算——“云制造”科学问题和核心技术的初步研究与实践[R]. 杭州：中国工程院，2012.

[95] 陶栾，郭丽琴，许睿鹏，等. 基于云平台的某武器系统多学科协同仿真技术研究与应用[J]. 系统仿真技术及其应用，2015(16): 409-412.

[96] 李伯虎. 面向云制造系统 3.0 工程的建模与仿真技术研究与实践[R]. 北京：北京仿真中心成立 30 周年学术交流会，2021.

[97] 施国强，刘泽伟，林廷宇，等. 面向复杂产品建模与仿真系统的开放式云架构设计[J]. 系统

仿真学报，2022，34(3): 442-451.

[98] European Space Agency，SMP 2.0 Handbook[K]. Europe:ESOC, 2005-11-28.

[99] 李群，雷永林，侯洪涛，等. 仿真模型可移植性规范及其应用[M]. 北京：电子工业出版社，2010.

[100] 李群，王超，王维平，等. SMP2.0 仿真引擎的设计与实现[J]. 系统仿真学报，2008，20(24): 6622-6626.

[101] 凌绪强. 多领域协同建模仿真支撑平台研究[D]. 烟台：海军航空工程学院，2012.

[102] 温玮，方伟，黄晓冬. 面向领域的仿真设计建模工具 SIMDEMO 的研究与实现[J]. 北京航空航天大学学报，2010, 36(8):981-985.

[103] 温玮，逯建军，黄晓冬，等. 建模工具 SIMDEMO 在体系对抗中的应用[J]. 火力与指挥控制，2011，36(6):186-189.

[104] 温玮，方伟，何友，等. 支持 MDD 的代码生成、映射与逆向技术研究[J]. 计算机工程与应用，2009，45(28):6-9.

[105] McKay M D, Beckman R J, Conover W J. A Comparison of Three Methods for Selecting Values of Input Variables From a Computer Code[J]. Technometrics, 1979, 21:239–245.

[106] Iman R L, Conover W J. Small Sample Sensitivity Analysis Techniques for Computer Models, with an Application to Risk Assessment[J]. Communications in Statistics Part A: Theory and Methods, 1980, 17:1749–1842.

[107] Xing Dadi, Michael, Yu Zhu. Simulation Screening Experiments Using Lasso-Optimal Supersaturated Design and Analysis: a Maritime Operations Application [C]. Proceedings of the 2013 Winter Conference, 2013:497-508.

[108] Felipe A C, Viana, Gerhard Venter, et al. An Algorithm for Fast Optimal Latin Hypercube Design of Experiments [J]. International Journal for Numerical Methods in Engineering, 2009, 82(2): 135-156.

[109]Zhai Gang, Ma Yaofei, et al. A Novel Experiment Design Method[C]. Asia Simulation Conference, 2015：28-39.

[110] 张甜甜，李妮，龚光红，等. 一种基于数独分组的快速拉丁超立方试验设计方法[J]. 系统仿真学报，2020(11)：2185-2191.

[111] 胡晓惠，申之明，等. 武器装备效能分析方法[M]. 北京：国防工业出版社，2008.

[112] 雷永林，朱智，甘斌，等. 基于仿真的复杂武器系统作战效能评估框架研究[J]. 系统仿真学报，2020，32(9)：1654-1663.

[113] 周玉臣，林圣琳，马萍，等. 武器装备效能评估研究进展[J]. 系统仿真学报，2020，32(8): 1413-1424.

[114] 燕雪峰，张德平，黄晓冬，等. 面向任务的体系效能评估[M]. 北京：电子工业出版社，2021.

[115] 王满玉，蔺美青，高玉良. 基于算子的武器装备作战效能评估柔性建模方法及应用[M]. 北京：国防工业出版社，2012.

[116] 杨峰. 装备作战效能仿真与评估[M]. 北京：电子工业出版社，2010.

[117] 罗鹏程，周经伦，金光. 武器装备体系作战效能与作战能力评估分析方法[M]. 北京：国防工业出版社，2014.

[118] 李妮. 基于仿真的设计与评估[M]. 北京：科学出版社，2014.

[119] 孟庆德，张俊，魏军辉，等. 基于 ADC 法的舰炮武器系统作战效能评估模型[J]. 火炮发射与控制学报，2015(1): 73-76，85.

[120] 张平, 李曙光, 肖南, 等. 基于指数法的装甲救护车作战效能评估[J]. 兵器装备工程学报，2016，37(11): 171-175.

[121] 梁家林，熊伟. 基于作战环的武器装备体系能力评估方法[J]. 系统工程与电子技术，2019，41(8): 1810-1819.

[122] 魏海龙，李清，黄诗晟，等. 模型驱动的武器装备系统效能评估方法[J]. 清华大学学报(自然科学版)，2019，59(11): 925-933.

[123] 李太平，陈艳，陈亮. 基于层次分析法的效能评估方法研究[J]. 电子技术与软件工程，2016(11): 96-97，210.

[124] 任俊，李宁. 基于堆栈自编码降维的武器装备体系效能预测[J]. 军事运筹与系统工程，2017，31(1): 61-67.

[125] 左钦文，张杰民，刘晓宏，等. 基于大数据及机器学习的智能作战评估方法[J]. 兵器装备工程学报，2020(2): 107-110.

[126] Kai T, Shao M, Zhou S, et al. Boosting Compound-protein Interaction Prediction by Deep Learning[J]. Methods: A Companion to Methods in Enaymology, 2016, 110: 64-72.

[127] Feng Q, Zhang B, Guo J. A Deep Learning Approach for VM Workload Prediction in the Cloud[C]. 17th IEEE/ACIS International Conference on Software Engineering, Artificial Intelligence, Networking and Parallel/Distributed Computing (SNPD), 2016: 319-324.

[128] 胡鑫武，罗鹏程，张笑楠，等. 基于体系仿真大数据的效能评估方法[J]. 火力与指挥控制，2020，45(1): 7-11,17.

[129] 蔺美青. 基于数据耕种的预警体系效能仿真评估[J]. 现代雷达，2019，41(7): 1-5.

[130] 李妮，李玉红，龚光红，等. 基于深度学习的武器装备体系作战效能智能评估及优化[J]. 系统仿真学报，2020(8): 1425-1433.

[131] 李伯虎，柴旭东，张霖，等. 面向新型人工智能系统的建模与仿真技术初步研究[J]. 系统仿真学报，2018，30(2): 349-362.

[132] 李伯虎，柴旭东，张霖，等. 面向智慧物联网的新型嵌入式仿真技术研究[J]. 系统仿真学报，2022，34(3): 419-441.